Stoff- und Wärmeumsatz metallurgischer Vorgänge

Stoff- und Wärmeumsatz metallurgischer Vorgänge

Von

Dr.-Ing. Borut Marincek

Professor für Metallurgie, Gießereikunde
und metallische Werkstoffe an der
Eidgenössischen Technischen Hochschule Zürich

Mit 47 Abbildungen

Springer-Verlag
Berlin/Göttingen/Heidelberg
1964

ISBN-13: 978-3-642-94898-5   e-ISBN-13: 978-3-642-94897-8
DOI: 10.1007/ 978-3-642-94897-8

Vorwort

Die fast stürmische Entwicklung der Metallurgie der letzten Jahrzehnte im allgemeinen und der Stahlherstellungsverfahren im speziellen hat zur Folge, daß es sogar dem erfahrenen Metallurgen schwerfällt, die Übersicht über die heute üblichen metallurgischen Prozesse zu erhalten. Die Schwierigkeiten liegen dabei vielmals in der Unübersichtlichkeit verschiedener metallurgischer Verfahren.

Ähnlichen Problemen ist auch der Studierende der Metallurgie ausgesetzt, der in möglichst kurzer Zeit einen weitgehenden Einblick in die metallurgischen Prozesse im allgemeinen, wie auch im speziellen, erhalten soll. Durch die zunehmende Fülle der Kenntnisse nehmen diese Schwierigkeiten laufend zu.

Der Dozent der Metallurgie ist deshalb vor die Frage gestellt, auf welche Art und Weise er seine Erörterungen vermitteln soll. Die erste Frage, die sich dabei stellt, ist, ob man sich mehr auf die Vermittlung der Grundlagen oder der speziellen Kenntnisse konzentrieren soll. Die Fülle des Stoffes führt zwangsläufig immer stärker vom Speziellen zu den Grundlagen. Die Erfahrung zeigt aber, daß die Grundlagen allein auch nicht das Vorteilhafteste darstellen. Am günstigsten ist die Behandlung der Grundlagen und ihre Anwendung in der Praxis. Auf diese Art erhält der junge Hörer nicht nur das theoretische Wissen, sondern auch das Können, d. h. die Fähigkeit, sein Wissen bei seiner späteren Tätigkeit zweckmäßig anwenden zu können. Zu ähnlichen Empfehlungen sind kürzlich auch die Professoren der Mathematik im Rahmen der OECE gekommen. Diese Grundwissenschaft soll für die Ingenieure vor allem in der Anwendung der Mathematik ihre Hauptbetonung erhalten.

Um den immer umfangreicheren Stoff der Metallurgie zu lehren, ist es zweckmäßig, die Erörterungen wohldurchdacht zu gestalten. Eine der Möglichkeiten besteht in der Aufteilung der einzelnen Verfahren in ihre Einzelvorgänge. Dabei zeigt sich, daß die Verfahren auf mehrere Grundvorgänge (z. B. Erhitzen, Reduktion, Oxydation, Metallurgie der Schmelze usw.) zerlegbar sind. Es ist zweckmäßig, diese Grundvorgänge für sich allein und allgemein so zu erörtern, daß sie für alle metallurgischen Prozesse gelten. Bei der späteren Erörterung der einzelnen Verfahren braucht man sich nur auf diese schon besprochenen Grundvorgänge zu beziehen, was zur kurzen und übersichtlichen Behandlung einzelner Prozesse führt.

Weiterhin ist es sinnvoll, die einzelnen Verfahren einer Gruppe (z. B. alle Stahlherstellungsverfahren) nach den gleichen Gesichtspunkten und soweit möglich, gleich zu behandeln; dadurch kann der zuletzt durchgeführte Vergleich vereinfacht und besser veranschaulicht werden.

Unter Beachtung dieser Gesichtspunkte wurde in dieser Schrift versucht, die Prozesse der Eisengewinnung (Verhütten und Frischen) nach der vorherigen Darlegung der Grundlagen (z. B. Wärmeerzeugung usw.) übersichtlich darzustellen. Eine treffende Erfassung dieser metallurgischen Verfahren ist in der Erörterung ihrer Stoff- und Wärmeumsätze — dem Ziele dieses Buches — möglich.

Im ersten Teil der vorliegenden Schrift sind die Grundlagen der stofflichen und wärmetechnischen Beziehungen metallurgischer Vorgänge dargestellt; im zweiten Teil kommen die einzelnen Prozesse zur Erörterung. Die besprochenen Grundbeziehungen und Einzelverfahren sind an zahlreichen Beispielen erörtert, um dem Leser ihre praktische Bedeutung aufzuzeigen und um die Anwendung der Grundlagen besser vor Augen zu führen. Die zahlreichen Tabellen und Abbildungen sind gewählt, um in übersichtlicher und konzentrierter Form die notwendigen Daten zu vermitteln.

Die vorliegenden Ausführungen beziehen sich auf die Metallurgie des Eisens. Die grundlegende Darstellung und die Beispiele sind jedoch so allgemein gehalten, daß eine Übertragung auf andere Gebiete, z. B. auf Ferrolegierungen, auf Gewinnung und Raffination anderer Metalle usw., leicht möglich ist.

Weil die Hauptaufgabe dieses Buches in der Vermittlung der Übersicht verschiedener metallurgischer Prozesse bestehen soll, ist von einer in die letzten Einzelheiten gehenden Wiedergabe der Stoff- und Wärmevorgänge abgesehen und von denjenigen Vorgängen, die vom mengen- und wärmetechnischen Gesichtspunkte aus nur eine untergeordnete Rolle spielen, Abstand genommen worden. Die gewählten Beispiele sind der Praxis entnommen. Weil der Stoff- und Wärmeumsatz metallurgischer Verfahren von dem Einsatz, der Arbeitsweise, der Ofengröße usw. stark abhängig ist, können die gewählten Beispiele nicht allen Varianten der Praxis entsprechen, sondern vermitteln nur das Prinzipielle, um auf verschiedene spezielle Verhältnisse angewendet werden zu können. Bei allen Stahlherstellungsverfahren wurde die Ermittlung des Stoff- und Wärmeumsatzes aus Übersichtsgründen auf die gleiche Art vorgenommen.

Der Umfang dieser Schrift entspricht etwa der Vorlesung „Stoff- und Wärmeumsatz metallurgischer Vorgänge", die der Verfasser im Rahmen einer zweistündigen Vorlesung für die Studierenden der Metallurgie an der Eidgenössischen Technischen Hochschule in Zürich während des Sommersemesters hält.

Die Notwendigkeit einer solchen Schrift ergibt sich schon aus der Tatsache, daß bereits vor 40 Jahren das Buch von RICHARDS *Metallurgische*

Berechnungen erschienen ist. Seit dieser Zeit sind aber gerade auf dem Gebiete der Stoff- und Wärmevorgänge metallurgischer Prozesse entscheidende Fortschritte erzielt worden.

Nicht zuletzt möchte der Verfasser die Leser um Nachsicht bitten, wenn sich einige Fehler eingeschlichen haben. Jedem, der sich mit den Stoff- und Wärmeumsätzen befaßt, ist die Möglichkeit der Rechenfehler, auch bei größter Sorgfalt, genügend bekannt.

Wenn es gelingt, durch die vorliegende Schrift die Kenntnisse der Metallurgie und vor allem das selbständige Denken, das für das Erfassen der metallurgischen Probleme von besonderer Bedeutung ist, im Sinne des Begreifens und des Vergleichens der einzelnen Verfahren zu fördern, dann ist das Ziel dieses Buches erreicht.

Zürich, im Herbst 1963 **B. Marincek**

Inhaltsverzeichnis

Inhaltsverzeichnis   XI

1 Einleitung

Metallurgische Prozesse oder Verfahren (z. B. Roheisenherstellung im Hochofen, Stahlherstellung im Elektro-Lichtbogenofen) können von verschiedenen Gesichtspunkten aus betrachtet werden. Oftmals erfolgt die Erörterung vom Gesichtspunkte der Beschreibung aus. Die rein metallurgische Besprechung konzentriert sich nur auf metallurgische Vorgänge, die diesen Prozessen eigen sind.

Von besonderem Interesse sind die Betrachtungen der metallurgischen Prozesse vom *stofflichen* (Betrachtung der Stoffmengen) und vom *wärmetechnischen* (Betrachtung des Wärmebedarfes) Gesichtspunkte aus, weil die dabei erhaltenen Ergebnisse für die Metallurgie, für den Betrieb und für die Wirtschaftlichkeit des Verfahrens direkt von Bedeutung sind, besonders deshalb, weil man diese Werte vielmals im voraus berechnen kann, ohne die teuren metallurgischen Versuche durchführen zu müssen.

Solche Berechnungen stofflicher und wärmetechnischer Umsetzungen sind z. B. bei der Entwicklung neuer Verfahren, bei besonderen Rohstoffverhältnissen, usw., notwendig. Auch die Kontrolle vorhandener Prozesse, ihre Beurteilung, besonders aber die Erörterung der Wege ihrer Verbesserung, kann am gründlichsten vom stofflichen und vom wärmetechnischen Gesichtspunkte aus erfolgen.

Zum *stofflichen Vorgang* eines metallurgischen Prozesses gehört zuerst die Feststellung der Rohstoffmengen, die für die Herstellung des Reaktionsproduktes notwendig sind. Sie sind weitgehend von der Zusammensetzung der Rohstoffe, sowie vom stofflichen Umsatz während des Prozesses, der metallurgisch bedingt ist, abhängig. Die stoffliche Betrachtung ergibt aber auch die Mengen der nach dem Prozeß anfallenden Reaktionsprodukte. Diese stoffliche (mengenmäßige) Betrachtung zeigt uns z. B. beim Hochofenprozeß, wieviel Eisenerz, Kalkstein, Koks und Wind gegebener Zusammensetzung je t Roheisen notwendig sind und wieviel Schlacke (Menge und Zusammensetzung) und Gichtgas (Menge und Zusammensetzung) bei der Herstellung des Roheisens bestimmter Zusammensetzung anfallen. Aber auch das Verhalten einzelner Bestandteile, z. B. des Kohlenstoffs des Kokses im Hochofen, ist einer aus solchen stofflichen Betrachtung, die gewöhnlich in der Form eines Stoffumsatzes erfolgt, bei dem (wie z. B. im Hochofen) die Menge der dem Prozeß zugegebenen Stoffe der Menge der flüssigen (Roheisen und Schlacke) und der gasförmigen (Gichtgas) Produkte gleich sein muß, ersichtlich.

Die *Wärmevorgänge* eines metallurgischen Prozesses können in wärmeverbrauchende und in wärmeliefernde eingeteilt werden.

Die *wärmeverbrauchenden Vorgänge* umfassen zuerst rein physikalische Umsetzungen, wie z. B. das Erhitzen der Stoffe, das Verdampfen der Feuchtigkeit und des Hydratwassers, das Austreiben der Kohlensäure der Karbonate, das Schmelzen, das Verdampfen, usw., und dann endotherme metallurgisch-chemische Vorgänge, wie z. B. die Reduktion der Oxyde, usw. Für alle diese Umsetzungen ist es kennzeichnend, daß sie bei ihrem Ablauf Wärme verbrauchen.

Auch die Wärmeverluste des Ofens bei einem metallurgischen Prozeß gehören zu den wärmeverbrauchenden Vorgängen. Sie setzen sich aus den Wärmemengen, die durch die Wärme-Leitung, -Konvektion und -Strahlung unumgänglich verlorengehen, zusammen.

Alle physikalischen und metallurgisch-chemischen wärmeverbrauchenden Vorgänge und die Ofen-Wärmeverluste bilden den *Wärmebedarf* eines metallurgischen Prozesses.

Die Berechnung dieses Wärmebedarfes kann mit Hilfe der *wärmeliefernden Vorgänge* erfolgen. Einen Teil der für den Prozeß notwendigen Wärme liefern die exothermen metallurgischen Reaktionen des Prozesses, die unter Wärmeabgabe ablaufen (z. B. Oxydation der Legierungselemente des Roheisens mit gasförmigem Sauerstoff, usw.) selbst, was zur Verkleinerung des Wärmebedarfes eines Prozesses (z. B. Roheisen-Erz-Verfahren der Stahlherstellung) führt. Der Umfang der exothermen Vorgänge eines Verfahrens kann aber auch so groß sein, daß insgesamt keine Wärmezufuhr notwendig ist. In diesem Falle ist eine Beheizung des Ofens überflüssig (z. B. beim Thomas-Verfahren).

Ist eine Wärmezufuhr, d. h. eine Ofenbeheizung, notwendig, dann kann diese entweder durch die bei der Verbrennung gasförmiger, flüssiger oder fester Brennstoffe freiwerdende oder durch die vom elektrischen Strom gelieferte Wärme erfolgen.

Bei jedem Prozeß muß die Summe der wärmeverbrauchenden Vorgänge (Wärmebedarf) der Summe der wärmeliefernden Vorgänge (Wärmeangebot) gleich sein, was aus der Aufstellung des *Wärmeumsatzes* ersichtlich ist.

Um eine bessere Übersicht über diese stofflichen und wärmetechnischen Vorgänge metallurgischer Prozesse zu erhalten, erfolgt im ersten Teil dieser Schrift (Allgemeines) zuerst die Erörterung der allen Prozessen gemeinsamen Vorgänge, und zwar zuerst vom stofflichen und dann vom wärmetechnischen Standpunkt aus.

Im zweiten Teil (Spezielles) soll die Behandlung der Stoff- und Wärmevorgänge verschiedener metallurgischer Prozesse der Eisenmetallurgie erfolgen.

2 Allgemeines über die Wärmewertigkeit sowie den Stoff- und Wärmeumsatz metallurgischer Vorgänge

2.1 Einleitung

Für die quantitative Erfassung der metallurgischen Vorgänge ist die Betrachtung der in Frage kommenden metallurgischen Reaktionen notwendig, weil die Reaktionen selbst die notwendige Auskunft über die Gewichts- und bei Gasen über die Volumen-Verhältnisse der reagierenden und der sich bildenden Stoffe, sowie über die bei der Reaktion abgegebene oder aufgenommene Energie- bzw. Wärmemenge geben. Sowohl *bei jeder metallurgischen Reaktion als auch bei jedem metallurgischen Prozeß muß die Summe der Mengen der Ausgangsstoffe gleich der Summe der Mengen der Produkte, die sich gebildet haben, entsprechen.*

2.2 Mengenmäßige Beziehungen metallurgischer Reaktionen

2.2.1 Gewichtsmengen

Mit Hilfe der metallurgischen Reaktion erfolgt die Berechnung des Umsatzes der Stoffmengen, die bei dem beobachteten Vorgang in Betracht kommen, weil die reagierenden Stoffe bekanntlich in Atom- bzw. Molekulargewicht-Verhältnissen reagieren. Dabei ist die Kenntnis der Atom- (s. Tab. A-I — Anhang) bzw. der Molekular-Gewichte notwendig.

Aus der Betrachtung z. B. der Oxydation des Kohlenstoffs durch die Kohlensäure

$$C + CO_2 = 2\,CO$$

$$12 + 44 \;\; = 2 \cdot 28$$

ist ersichtlich, daß Kohlenstoff und Kohlensäure in Atom- bzw. Molekular-Gewichtsmengen beliebiger Einheit (z. B. Gramm, Kilogramm, Tonne) miteinander reagieren und Kohlenoxyd in einer Menge, die dem Molekulargewicht der Reaktion entspricht, bilden.

2.2.2 Gasvolumina

Bei Vorgängen, bei denen Gase reagieren oder sich bilden, stehen die Gasvolumina im gleichen Verhältnis wie die Anzahl ihrer Moleküle. In der obigen Gleichung ist das Volumen der reagierenden Kohlensäure zu dem sich bildenden Kohlenoxyd wie 1 zu 2. Auch hier können die Volumina in beliebiger Einheit (z. B. Liter, Kubikmeter) ausgedrückt werden.

1*

2.2.3 Mol-Umsatz

Reagieren die Stoffe einer Reaktion in Mengen ihrer Atom- bzw. Molekular-Gewichte (z. B. in kg), so spricht man vom Mol-Umsatz dieser Reaktion; dabei kann man die wirklichen Volumina der reagierenden Gase in Normalkubikmetern (Ncbm gleich 1 cbm bei 0 °C und 1 Atm. Druck) ermitteln, wenn man die Molvolumina mit 22,4 multipliziert.

Für die obige Gleichung folgt daraus, daß sich beim Reagieren 12 kg Kohlenstoff mit 22,4 Ncbm CO_2 verbinden, um 44,8 Ncbm CO zu bilden.

2.2.4 Dichte der Gase

Aus der obigen Beziehung geht auch hervor, daß die Dichte eines Gases unter Normalbedingungen (0 °C und 1 Atm. Druck) angenähert gleich seinem Molgewicht dividiert durch 22,4 ist. So beträgt die Dichte des Sauerstoffs (32:22,4) 1,43, des Wasserstoffs (2,016:22,4) etwa 0,09, des Stickstoffs (28:22,4) 1,25 und der Kohlensäure (44:22,4) 1,96 kg/Ncbm.

Auch die Dichte der Luft kann bei Normalbedingungen annähernd auf diese Weise berechnet werden. Weil die Luft aus 0,209 Vol.-Teilen Sauerstoff und 0,791 Vol.-Teilen Stickstoff besteht, liegt ihre Dichte $(0,21 \cdot 1,43 + 0,79 \cdot 1,25)$ bei 1,29 (die richtige Zahl ist 1,293).

Die Dichtewerte der wichtigsten Gase sind in der Tab. A-2 (Anhang) zusammengestellt. Bei nichtidealen Gasen ist die Dichte etwas verschieden von dem nach der obigen Rechnung erhaltenen Werte.

2.2.5 Beeinflussung der Gase durch Druck und Temperatur

Bei metallurgischen Prozessen kommen höhere Drucke selten in Betracht. Bei höheren Temperaturen und normalen Drücken oder bei Vakuum gilt für die Gase das ideale Gasgesetz:

$$p \cdot v = n\,R\,T \tag{2.1}$$

oder

$$\frac{p_1 \cdot v_1}{T_1} = \frac{p_2 \cdot v_2}{T_2}, \tag{2.2}$$

dabei bedeuten: p = Druck, v = Volumen, n = Molzahl, R = Gaskonstante (gleich 1,9867 cal·grad^{-1}·mol^{-1}), T = abs. Temperatur in °K.

Mit Hilfe der Gl. (2.2), die für hohe Drücke nur annäherungsweise gilt, läßt sich das *Volumen der Gase z. B. beim Vakuum oder beim schwachen Überdruck* (bei konstanter Temperatur, d. h. $T_1 = T_2$) berechnen. Beträgt z. B. das Volumen bei Normalbedingungen (0 °C, 1 Atm.) 1 cbm, dann ist es bei 1 mm Hg $(760 \cdot 1 = 1 \cdot x)$ gleich 760 cbm und bei 2 Atm. $(760 \cdot 1 = 1520 \cdot x)$ gleich 0,5 cbm.

Auch das Volumen der Gase bei höheren Temperaturen (z. B. der heißen Gase eines Ofens) läßt sich beim gleichen Druck mit der Gl. (2.2) $(p_1 = p_2)$ ermitteln. Entsteht z. B. im Hochofen eine Gichtgasmenge von

4000 Ncbm/t Roheisen, dann entspricht sie bei z. B. 300 °C (= 573 °K) einem Volumen von $\left(\dfrac{4000}{273} = \dfrac{x}{573}\right)$ etwa 8396 cbm.

Ähnlich erfolgt die *Berechnung* mit Hilfe der Gl. (2.2), *wenn sich der Druck und die Temperatur gleichzeitig ändern.*

Für eine *ideale Gasmischung* ist der Gesamtdruck p_m gleich der Summe der Partialdrucke p_i der Komponenten (Gesetz von DALTON)

$$p_1 + p_2 + \cdots = \sum p_i = p_m. \tag{2.3}$$

Wird der Druck konstant gehalten, dann ist auch das Volumen der Mischung v_m gleich der Summe der Einzelvolumina v_i nach

$$v_1 + v_2 + \cdots = \sum v_i = v_m. \tag{2.4}$$

2.2.6 Beispiele

Aufgabe: Wie groß ist die beim Brennen von 100 t Kalkstein entweichende Menge der Kohlensäure in cbm, wenn die Abgase 400 °C heiß sind und der Barometerstand 700 mm Hg aufweist?

Lösung: Das Brennen des Kalksteines erfolgt nach der Gleichung

$$100{,}07 \text{ kg } CaCO_3 = 56{,}08 \text{ kg } CaO + 22{,}4 \text{ Ncbm } CO_2,$$

100 t Kalkstein entwickeln $\left(\dfrac{100\,000 \cdot 22{,}4}{100{,}07}\right)$ 22 400 Ncbm CO_2.

Nach der Gl. (2.2) kann nun das CO_2-Volumen bei obigen Bedingungen (400 °C, 700 mg Hg) nach

$$\frac{760 \cdot 22\,400}{273} = \frac{700 \cdot x}{673}; \quad x = 59\,954 \text{ cbm}$$

ermittelt werden.

Aufgabe: Wieviel Ncbm Sauerstoff enthält eine 40-l-Stahlflasche, wenn das Gas unter einem Druck von 150 Atm. bei 25 °C gefüllt wurde?

Lösung: Nach der Gl. (2.2) folgt annäherungsweise:

$$\frac{150 \cdot 0{,}040}{298} = \frac{1 \cdot x}{273}; \quad x = 5{,}50 \text{ Ncbm}.$$

Aufgabe: Kompressor liefert Luft von 7 Atm. Druck; dabei wird die Luft auf 80 °C erhitzt. Wieviel Ncbm so komprimierter Luft enthält ein Stahlbehälter mit 100 cbm Inhalt?

Lösung: Die Anwendung der Gl. (2.2) ergibt (ungefähr):

$$\frac{7 \cdot 100}{353} = \frac{1 \cdot x}{273}; \quad x = 541 \text{ Ncbm}.$$

2.3 Wärmetechnische Beziehungen (Wärmetechnik) metallurgischer Reaktionen

2.3.1 Einleitung

Wenn die meisten metallurgischen Vorgänge bei höheren Temperaturen ablaufen, dann ist es notwendig, die Rohstoffe auf die Reaktionstemperatur zu bringen. Der dabei sich ergebende Wärmebedarf ist vom Wärmeinhalt (Enthalpie) der in Betracht kommenden Stoffe abhängig.

Auch jede chemische und somit auch jede metallurgische Reaktion ist mit dem Verbrauch oder mit der Abgabe der Energie bzw. Wärme verbunden. Die Kenntnis der Reaktionswärme der metallurgischen Reaktion bei der Temperatur des Vorganges gestattet, die entsprechende Wärmemenge zu ermitteln.

Aber auch die Deckung der Wärmeverluste der metallurgischen Öfen muß durch die entsprechende Wärmemenge erfolgen.

Die Wärmevorgänge sind deshalb neben dem metallurgischen Verlauf selbst für den Prozeß von entscheidender Bedeutung.

Die Wärmetechnik metallurgischer Prozesse ist deshalb nicht nur von theoretischem, sondern auch von besonderem praktischem Interesse, vor allem dann, wenn der Wärmebedarf die Wirtschaftlichkeit des Verfahrens weitgehend entscheidet.

Die Wärmevorgänge sind besonders für diejenigen, die sich in das Wesen der einzelnen metallurgischen Verfahren vertiefen und sich eine gute Übersicht über verschiedene ähnliche Prozesse aneignen wollen, von besonderem Interesse.

2.3.2 Enthalpie (Wärmeinhalt) der Stoffe in Abhängigkeit von der Temperatur

Das Erhitzen einer Substanz ist mit Wärmezufuhr verbunden. Die theoretisch notwendige Wärmemenge, bezogen auf das Mol- bzw. Molekular-Gewicht, wird als Enthalpie h (= Wärmeinhalt mit der Dimension cal/Mol) bezeichnet und ist von der Molwärme c_p der entsprechenden Substanz und von der Temperatur nach

$$dh = c_p \, dT \tag{2.5}$$

abhängig (T = abs. Temperatur in °K oder $273 + $ °C). Weil auch die Molwärme temperaturabhängig ist, erfolgt ihre Tabellierung meist in der Form

$$c_p = a + b\,T - c\,T^{-2}. \tag{2.6}$$

a, b und c sind für die Substanz charakteristische Konstanten (thermodynamische Daten). Die Berechnung der Enthalpie in cal/Mol kann dann z. B. für den Temperaturbereich $T_2 - T_1$ unter Berücksichtigung der Gl. (2.5) und (2.6) nach

$$h_{T_2} - h_{T_1} = a\,(T_2 - T_1) + \frac{b}{2}\,(T_2^2 - T_1^2) - c\,\frac{T_2 - T_1}{T_2 \cdot T_1} \tag{2.7}$$

erfolgen.

Die Beziehungen (2.6) und (2.7) sind gültig, solange es sich um die gleiche Modifikation der Substanz handelt. Beim Übergang von einer Modifikation in die andere (z. B. α-Fe in γ-Fe bei 906 °C) oder beim

Übergang von einer Phase in die andere (z. B. beim Schmelzen oder Verdampfen) ändern sich meist die Konstanten der Beziehung (2.6). Weiterhin ändert sich bei den Umwandlungstemperaturen der reinen Substanzen die Enthalpie unstetig. So geht z. B. die α-γ-Umwandlung beim Eisen (906 °C) bei einer Wärmezufuhr von 0,22 kcal/Mol und die γ-δ-Umwandlung (1401 °C) bei einer Wärmezufuhr von 0,21 kcal/Mol vor sich. Auch das Schmelzen und das Verdampfen der Substanzen verläuft bei einer Wärmezufuhr (Schmelzwärme Δh_S und Verdampfungswärme Δh_V). Wenn z. B. T_2 oberhalb der Schmelztemperatur (T_S) liegt, dann erfolgt die Berechnung des Wärmeinhaltes nach

$$
\left.
\begin{aligned}
h_{T_2} - h_{T_1} &= a_s(T_S - T_1) + \frac{b_s}{2}(T_S^2 - T_1^2) - c_s \frac{T_S - T_1}{T_S \cdot T_1} + \Delta h_S + \\
&+ a_l(T_2 - T_S) + \frac{b_l}{2}(T_2^2 - T_S^2) - c_l \frac{T_2 - T_S}{T_2 \cdot T_S}.
\end{aligned}
\right\}
\tag{2.8}
$$

Die Indizes bei den Konstanten der Molwärme bedeuten, daß es sich einmal um die feste (Index s) und ein anderes Mal um die flüssige (Index l) Phase handelt. Δh_S bezeichnet die Schmelzwärme, T_S die Schmelztemperatur. Liegt T_2 oberhalb der Umwandlungs-, Schmelz- und Verdampfungs-Temperatur, dann muß die Berücksichtigung aller dieser Umwandlungen, sinngemäß der Gl. (2.8) erfolgen. Einige solche Wärmeinhalts-Kurven sind aus der Abb. A-1 ersichtlich.

Die Berechnung des Wärmeinhaltes nach den Gl. (2.7) und (2.8) kann nur erfolgen, wenn die entsprechenden Werte (thermodynamischen Daten — s. z. B. [1]) vorliegen. Weil die Daten in cal/Mol vorhanden sind, ist noch die Umrechnung in die technische Einheit (kcal/kg) notwendig.

Stoffe komplizierterer Zusammensetzung (z. B. Stahl, Roheisen, Schlacke, usw.) haben einen Entartungsintervall. Ihre Wärmeinhalte sind auch von der Zusammensetzung abhängig. Die genaue Berechnung der Wärmeinhalte ist dann, weil wenige solche Daten vorhanden sind, nur selten möglich.

Weil sich die Gase im Bereiche des Normaldruckes und vor allem bei hohen Temperaturen weitgehend ideal verhalten, ergibt sich der Wärmeinhalt einer Gasmischung aus der Addition der Wärmeinhalte der Gasbestandteile. Bei festen Stoffen und bei Schmelzen ist die Addition der Wärmeinhalte der Bestandteile nur dann gestattet, wenn keine Reaktionen oder andere Zwischenwirkungen unter den Bestandteilen erfolgen, wenn es sich also um die idealen Mischungen handelt. In anderen Fällen müssen die Wärmeumsetzungen zwischen den Bestandteilen der Mischung Berücksichtigung finden.

Die Erfassung der Wärmeinhalte technisch interessanter Stoffe erfolgt deshalb meist im Kalorimeter; die Wiedergabe geschieht in der Kurven- oder Tabellenform.

In vielen technischen Büchern ist die mittlere spezifische Wärme (in kcal/kg °C oder in kcal/cbm °C) in der Tabellenform dargestellt. Der Wärmeinhalt ergibt sich dann durch die Multiplikation des der Temperatur entsprechenden Wertes mit der Temperatur.

Alle Wärmeinhalt-Angaben, auch die nach Gl. (2.7) und (2.8) berechneten Werte, sind mehr oder weniger mit Fehlern behaftet. Bei angegebener Fehlergrenze — bei neueren Angaben meist der Fall — soll diese bei der Berechnung Berücksichtigung finden.

Beispiel der Ermittlung des Wärmeinhaltes einer Substanz mit Hilfe thermodynamischer Daten.

Aufgabe: Wieviel Wärme ist notwendig, um 1000 kg Nickel verlustlos von der Raumtemperatur (25 °C) auf 1700 °C (1973 °K) zu erhitzen?

Daten:

$$c_p\,(\alpha - \mathrm{Ni}) = 4{,}26 + 6{,}40 \cdot 10^{-3} \cdot T;$$

$$T_U = 626\,°\mathrm{K}; \quad \Delta h_U = 92 \text{ cal/Mol}$$

$$c_p\,(\beta - \mathrm{Ni}) = 6{,}99 + 0{,}905 \cdot 10^{-3} \cdot T;$$

$$T_S = 1725\,°\mathrm{K}; \quad \Delta h_S = 4200 \text{ cal/Mol}$$

$$c_p\,(l) = 8{,}55.$$

Berechnung: (s. Gl. (2.8))

$$h_{1973} - h_{298} = a\,(\alpha - \mathrm{Ni})\,(626 - 298) + \frac{b\,(\alpha - \mathrm{Ni})}{2}\,(626^2 - 298^2) +$$

$$+ \Delta h_U + a\,(\beta - \mathrm{Ni})\,(1725 - 626) + \frac{b\,(\beta - \mathrm{Ni})}{2}\,(1725^2 - 626^2) + \Delta h_S +$$

$$+ a\,(l)\,(1973 - 1725) = 17\,630 \text{ cal/Mol}.$$

Lösung: Für die Erhitzung von Nickel von 25 °C auf 1700 °C sind 17 630 cal/Mol oder 300 288 kcal/1000 kg nötig.

Beispiel für die Berechnung des Wärmeinhaltes eines Gases mit Hilfe der mittleren spezifischen Wärme.

Aufgabe: Wie groß ist die Wärmeaufnahme von 1 Ncbm CO_2 während der Erhitzung von O auf 1000 °C?

Daten: Mittlere spezifische Wärme für CO_2 bei 1000 °C beträgt 0,529 kcal/Ncbm.

Lösung: Bei der Erhitzung von 0 °C auf 1000 °C nimmt CO_2 theoretisch $0{,}529 \cdot 1000 = 529$ kcal/Ncbm auf.

2.3.3 Bildungs- und Reaktionswärme metallurgischer Reaktionen

1. Bildungswärme

Wenn bei einer bestimmten Temperatur zwei Elemente reagieren, dann wird dabei Wärme frei oder gebunden. Diese Wärmemenge, die als Bildungswärme bekannt ist, beträgt z. B. für die Reaktion zwischen Si und O_2 bei 25 °C (298 °K):

$$\mathrm{Si} + O_2 = SiO_2; \quad \Delta H_{SiO_2\,(298°)} = -210{,}2 \text{ kcal/Mol}.$$

Die freiwerdende Bildungswärme ist negativ. Die Bildungswärme eines Elementes im Bezugszustande und bei der Raumtemperatur ist gleich Null. Die Bildungswärme wird gewöhnlich für die Raumtemperatur von 25 °C = 298 °K (s. Tab. A-III) angegeben.

2. Reaktionswärme

Die Reaktionswärme einer Reaktion (ΔH, Reaktionsenthalpie oder Wärmetönung der Reaktion) ist gleich der Summe der Bildungswärmen der entstehenden Stoffe, vermindert um die Summe der Bildungswärmen der Ausgangsstoffe.

So beträgt z. B. die Reaktionswärme der Gleichung $C + CO_2 = 2\,CO$ bei 298 °K ($\Delta H_C = 0$) (s. Tab. A-III):

$$\Delta H_{298} = 2\,\Delta H_{CO} - \Delta H_{CO_2} = -52\,832 + 94\,052$$

$$= +41\,220 \text{ cal/Mol Umsatz}.$$

Diese positive Reaktionswärme (die Wärme wird gebunden, die Reaktion verläuft endotherm) bezieht sich nur auf den Reaktionsablauf bei 298 °K (25 °C).

Für die metallurgischen Berechnungen kommt meist die Reaktionswärme bei 25 °C in Betracht. Vielmals ist es aber nötig, die Reaktionswärme bei höherer Temperatur, z. B. bei der Temperatur des Stahlofens, zu kennen.

Die Reaktionswärme der bei höherer Temperatur verlaufenden Vorgänge kann auf zwei Wegen errechnet werden: Einerseits entspricht sie der *Summe der Reaktionswärmen bei der Raumtemperatur und der Wärme, die notwendig ist, um die Reaktionsprodukte auf die Endtemperatur zu bringen.*

Gewöhnlich wird dieser Weg beschritten, weil die meisten Reaktionswärmen bei Raumtemperatur bekannt sind.

Andererseits entspricht die Reaktionswärme auch der *Wärmemenge, die in Betracht kommt, um die Ausgangsstoffe der Reaktion auf die hohe Temperatur (Endtemperatur) zu bringen, vermehrt um die Reaktionswärme des Vorganges bei der Endtemperatur.* Weil die Reaktionswärme bei hohen Temperaturen meist fehlt oder infolge der fehlenden Daten nicht errechenbar ist, kommt bei den metallurgischen Berechnungen meist, wie schon gesagt, der erste, oben angezeigte Weg für die Ermittlung der Reaktionswärme bei höherer Temperatur in Betracht.

Als Beispiel soll die Reaktionswärme der Gleichung

$$Fe_2O_3 + 3\,C = 2\,Fe + 3\,CO$$

bei 1000 °C (1273 °K) errechnet werden.

Die Reaktionswärme dieser Gleichung bei 298 °C beträgt

$$\Delta H_{298°} = 3\Delta H_{CO} - \Delta H_{Fe_2O_3} = 3(-26\,400) - (-197\,000)$$
$$= +117\,800 \text{ cal/Mol Umsatz } (111{,}70 \text{ g Fe}) \text{ oder } 1055 \text{ kcal/kg Fe}.$$

Der Wärmeinhalt bei 1273 °K, bezogen auf 298 °K, beträgt für 3 CO $+$ 20854 cal und für 2 Fe $+$ 16283 cal, zusammen also $+$ 37137 cal. Somit beträgt die Reaktionswärme der obigen Reaktion bei 1000 °C (Ausgangszustand 25 °C) $+$ 154937 cal je Molumsatz (111,70 g Fe) oder 1387 kcal/kg Fe.

Bei genauer Berechnung ist zu beachten, daß die Reaktionswärmen bei 25 °C, und die Wärmeinhalte meist ab 0 °C angegeben sind; der Unterschied ist allerdings gering.

2.4 Wärmeverbrauchende Vorgänge metallurgischer Prozesse

2.4.1 Einleitung

Die meisten metallurgischen Prozesse brauchen Wärme, die vor allem für die Erhitzung der Rohstoffe auf die Reaktionstemperatur bzw. auf die Endtemperatur inkl. Schmelzen, für die wärmeverbrauchenden Reaktionen und für die Deckung der Ofenverluste gebraucht wird.

2.4.2 Wärmeinhalt verschiedener metallurgischer Stoffe in Abhängigkeit von der Temperatur

Der Wärmeinhalt verschiedener Metalle und verschiedener bei der Eisenherstellung in Betracht kommender Stoffe ist in der Abb. A-1 bis 5 graphisch dargestellt. Der Wärmeinhalt verschiedener Gase ist aus den Kurven der Abb. A-3 ersichtlich.

Weiterhin sind die Wärmeinhalte verschiedener Stoffe der Tab. A-XIII zu entnehmen.

Die Wärmeinhalte der wichtigsten technischen Gase sind bis 2400 °C in der Tab. A-XII zusammengestellt.

2.4.3 Reaktionswärme verschiedener metallurgischer Reaktionen

Die wichtigsten Reaktionen der Verbrennungs-, der Erzvorbereitungs- und der Eisengewinnungs-Probleme sind in den Tab. A-VII und A-IX zusammengestellt. Die Reaktionswärmen (in kcal) beziehen sich auf 1 kg des wichtigsten Stoffes. Die Gase sind in Ncbm angegeben.

Die Reaktionen der Stahlherstellung sind in der Tab. A-XI zusammengefaßt.

2.4.4 Wärmeverluste metallurgischer Prozesse

Grundsätzlich gehören zu den Wärmeverlusten alle Wärmemengen, die dem metallurgischen Prozeß verlorengehen.

Zuerst zählen hierzu die Wärmeverluste, die in der Form der heißen Reaktionsprodukte (z. B. als heiße Gase und Dämpfe, flüssige Metall- und Schlackenschmelze) aus dem Prozesse scheiden. Diese Wärmeverluste sind nur teilweise von der Arbeitsweise (z. B. von der Gichtgastemperatur im Hochofen) abhängig. Aus dem Wärmeumsatz der metallurgischen Prozesse sind diese Wärmeverluste gut ersichtlich. Sie sind weitgehend mengenabhängig und zählen nicht zu den Ofenverlusten.

Zu den Ofenverlusten gehören diejenigen Wärmeverluste, die durch die Ofenkonstruktion gegeben sind. Sie bestehen aus Wärmeverlusten des Ofens durch Leitung, Konvektion und Strahlung (des Ofenkörpers und der Ofenteile). Die Wärmeverluste sind durch die Ofenkonstruktion beeinflußbar. Aus diesem Grunde sind bei kleineren Ofeneinheiten diese Verluste wesentlich größer als bei großen Öfen, wenn man sie z. B. auf 1 t des Produktes bezieht. Die Berechnung dieser Wärmeverluste verschiedener metallurgischer Öfen ist in der Spezialliteratur [3, 4, 5] erörtert.

Weiterhin sind die Ofenverluste auch sehr stark von der Arbeitsweise abhängig. Die Schachtöfen weisen meist kleinere Ofenverluste auf als z. B. die Drehrohröfen. Ausgesprochen groß ist z. B. der Unterschied zwischen dem Thomaskonverter und dem Siemens-Martin-Ofen, bei dem die Wärmeverluste des Ofens bis 15mal größer als die des Konverters je t Stahl sind, woraus hervorgeht, warum die Ofenverluste vielmals von entscheidender Bedeutung sein können.

2.5 Wärmeerzeugende Vorgänge metallurgischer Prozesse

Weil die meisten metallurgischen Prozesse Wärme benötigen, ist die Wärmeerzeugung einer der bedeutsamen Vorgänge der Metallurgie.

Grundsätzlich gibt es zwei Wege, nach denen heute in der Metallurgie die Wärme erzeugt wird.

Der eine Weg nützt die chemische Energie und gewinnt die Wärme durch Oxydation verschiedener Stoffe, z. B. von Al, Si, C usw. In den ersten zwei Fällen handelt es sich, wenn die Wärmeerzeugung weitgehend auf der Oxydation dieser Elemente basiert, um alumo- oder silikothermische Wärmeerzeugung. Die Oxydation des C in der Form verschiedener C-Träger (Gase, Heizöl, Kohlen, Koks), Brennstoffe genannt, ist als Verbrennung bekannt. Oft bezeichnet man die Kohleverbrennung auch als „karbothermische" Wärmeerzeugung.

Der zweite Weg der Wärmeerzeugung nützt den elektrischen Strom als Wärmeträger (als „elektrische Wärme") aus, ist also eher physikalischer Art.

Beide wärmeerzeugenden Vorgänge, d. h. die Wärmegewinnung durch Oxydation im allgemeinen und durch Verbrennung im speziellen, sowie die Wärmeerzeugung mit Hilfe des elektrischen Stromes sind für metallurgische Prozesse von so großer Bedeutung, daß diese Vorgänge in den folgenden Abschnitten zu eingehender Erörterung kommen sollen.

2.6 Wärmeumsatz metallurgischer Reaktionen

Eine Gegenüberstellung der wärmeerzeugenden und der wärmeverbrauchenden Vorgänge eines metallurgischen Prozesses führt zu seinem Wärmeumsatz, auch Wärmebilanz oder Wärmehaushalt genannt.

Bei jedem Wärmeumsatz müssen die Wärmeeinnahmen (wärmeliefernden Vorgänge) den Wärmeausgaben (wärmeverbrauchenden Vorgänge) gleich sein (deshalb Wärmebilanz). Die bestechende Einfachheit dieser Definition kann aber dadurch zu unterschiedlichen Ergebnissen führen, weil unterschiedliche Wärmemengen bei wärmeverbrauchenden und bei wärmeliefernden Vorgängen eingesetzt werden können.

So oxydiert z. B. C im Elektro-Verhüttungsofen nur bis CO. In der Wärmeumsatz-Rechnung kann aber für C CO-(3020 kcal/kg) oder, was fast immer der Fall ist, CO_2-(7943 kcal/kg) Wert eingesetzt werden, wodurch die Gesamthöhe des Wärmeumsatzes um ein Mehrfaches ansteigt. Die Gleichheit der wärmeliefernden und der wärmeverbrauchenden Vorgänge wird dabei in beiden Fällen erreicht; beim CO_2-Heizwert braucht auf der wärmeverbrauchenden Seite der Heizwert des aus CO bestehenden Gichtgases eingesetzt werden, was beim CO-Heizwert nicht der Fall ist.

Es ist vom Vorteil, wenn bei den Wärmeeinnahmen die tatsächlich im Ofen entwickelten Wärmemengen, inkl. eingebrachte Wärmemengen (wie z. B. Heißwindwärme), enthaltend sind. Beim Hochofen müßte dann nur die Verbrennung des Heizkokses bis CO, die Windwärme und die der indirekten Reduktion entsprechende Oxydation des CO zu CO_2 unter den Wärmeeinnahmen figurieren, wobei dann der Heizwert des Gichtgases nicht zu berücksichtigen ist.

Aus diesen Erörterungen ist ersichtlich, daß die Wärmeumsatz-Rechnungen (Wärmebilanzen) eines metallurgischen Vorganges nur dann vergleichbar sind, wenn sie wirklich unter gleichen Gesichtspunkten aufgestellt sind.

2.7 Wärmewirkungsgrad metallurgischer Prozesse

Der Wärmewirkungsgrad soll die Wärmeausnützung eines Prozesses aufzeigen und stellt den Quotienten

$$\eta = \frac{\text{Nutzwärmemenge}}{\text{Gesamtwärmebedarf}}$$

dar. Trotz dieser klaren Beziehung ist es nicht immer einfach, vergleichbare Wirkungsgrade zu ermitteln. Der Grund liegt darin, daß der Begriff der Nutzwärmemenge, und der des Gesamtwärmebedarfes, zu verschiedener und bis heute nicht einheitlicher Auslegung führt.

So kann z. B. die Nutzwärmemenge der beim Prozeß aufgenommenen Wärme entsprechen. Gewöhnlich gehören die Wärmeverluste z. B. durch Abgase nicht, der Wärmeinhalt des Produktes und der Schlacke jedoch zur Nutzwärme.

Vielmals kommt nur diejenige Wärmemenge als Nutzwärmemenge in Betracht, die für die Durchführung der Prozeß-Reaktionen unbedingt notwendig ist, sowie die für die Erhitzung des Reaktionsproduktes (z. B. des Stahls) und der Schlacke notwendige Wärme. Der Wärmeinhalt der heißen Gase zählt nicht zur Nutzwärme.

Der Wärmewirkungsgrad kann aber auch deshalb zu verschiedenen Werten führen, weil der Umfang des Gesamtwärmebedarfes verschieden ausgelegt wird.

Im allgemeinen ist der Gesamtwärmebedarf der gesamten durch die Brennstoffe oder den elektrischen Strom zugeführten Wärmemenge gleich. Bei den üblichen Öfen ist die Ermittlung des Gesamtwärmebedarfes verhältnismäßig einfach. Bei den mit Heißwind arbeitenden Öfen (z. B. Hochofen, Siemens-Martin-Ofen, usw.) zählt die Heißwindwärme zum Gesamtwärmebedarf. Bei den Stahlöfen kommt noch diejenige Wärmemenge hinzu, die sich während des Prozesses bei der Oxydation entwickelt.

Bei dieser Auslegung des Wärmewirkungsgrades kann z. B. diskutiert werden, ob es richtig ist, die Schlackenwärme zur Nutzwärmemenge zu zählen. Wenn der Schlacke eine wesentliche metallurgische Arbeit obliegt, ist das sicher richtig (z. B. beim Thomas- oder Hochofenverfahren). Anders liegen die Verhältnisse, wenn z. B. aus Rohstoffgründen die Schlackenmenge groß wird (z. B. bei der sauren Schlackenführung des Hochofens). Weil aber beim Arbeiten mit mehr Schlacke auch der Gesamtwärmebedarf zunimmt, ändert sich der Wärmewirkungsgrad dadurch nicht wesentlich.

Bei den mit Kohle arbeitenden Öfen ist der Umfang der C-Oxydation für den Wärmewirkungsgrad entscheidend, weil die C-Verbrennung bis CO oder CO_2 vor sich gehen kann. Wenn im Ofen die Oxydation nur bis CO erfolgt (z. B. im Hochofen, Elektroniederschachtofen), dann ist der Wärmewirkungsgrad sehr niedrig; damit kommt zum Ausdruck, daß im Ofen C schlecht ausgenützt ist. Bei der weitgehenden Verbrennung bis CO_2 (z. B. bei der Sinterung der Eisenerze), wo die Wärmeausnützung des C vollständig ist, resultiert ein hoher Wärmewirkungsgrad.

Es ist angebracht, bei der Betrachtung verschiedener Wärmewirkungsgrade immer zu beachten, wie diese ermittelt worden sind und Vergleiche erst dann anzustellen, wenn es sich um nach gleichen Prinzipien berechnete Wirkungsgrade handelt.

3 Wärmeerzeugung

3.1 Einleitung

Wärme ist die Grundlage sowohl des Lebens als auch aller technischer Prozesse. Die Gewinnung der meisten Metalle erfolgt in Öfen unter Wärmeaufwand; in vielen Fällen kommt die Wärme auch bei der Raffination und der Weiterverarbeitung der Metalle in Betracht. Diese Wärme liefern entweder die Brennstoffe (Oxydation) oder die elektrische Energie. Nicht die Kraftmaschine, sondern der Ofen ist der größte Energieverbraucher. Aus diesem Grunde ist es erklärlich, daß rund zwei Drittel des Gesamt-Energieverbrauches der Welt in Form von Wärme erfolgt. Weil der größte Teil der mechanischen und der elektrischen Energie auch aus der Wärme resultiert, ist es verständlich, daß rund vier Fünftel der Weltenergie aus den Brennstoffen stammt.

Alle metallurgischen Prozesse, die in Öfen ablaufen, benötigen Wärme, und zwar für die Deckung der wärmeverbrauchenden Vorgänge (s. unter 2.4). Wenn ein Verfahren ohne Wärmezufuhr von außen vor sich geht (z. B. Thomas-Verfahren), dann geht während des Prozesses im Einsatz die Wärmeerzeugung vor sich (beim Thomas-Verfahren reagieren die Legierungselemente des Roheisens mit dem gasförmigen Sauerstoff). Die metallurgischen Vorgänge, die selbst zu wenig oder sogar keine Wärme liefern, sind auf eine dem Prozeß entsprechende Wärmezufuhr angewiesen, wobei die Wärmezufuhr entweder von außen (z. B. durch Heizgase im Siemens-Martin-Ofen oder durch elektrische Energie im Elektro-Lichtbogenofen) oder im Einsatz durch Verbrennung (z. B. durch Koksverbrennung im Hochofen oder im Kupolofen) bzw. durch elektrische Energie (im Elektro-Reduktionsofen oder im Induktionsofen) erfolgt.

Dabei ist die Wärmeerzeugung ein wesentlicher Teil der metallurgischen Prozesse und deshalb für das Verständnis der Vorgänge unentbehrlich.

3.2 Wärmewertigkeit (Wärmequalität)

Weil die metallurgischen Prozesse bei höheren Temperaturen vor sich gehen, ist es notwendig, bei der Wärmeerzeugung zu beachten, daß die notwendige Wärmemenge bei der dem Vorgang entsprechenden Temperatur zur Verfügung steht. Es ist verständlich, daß eine Flamme, die z. B. eine Spitzentemperatur von 1300 °C aufweist, keinen Stahl mit einem Schmelzpunkt von 1500 °C zum Schmelzen bringt. Wenn nur die Kalorienmengen entscheidend wären, dann hätte man ja unerschöpfliche Wärmemengen im Wasser der warmen Meere bei einer Temperatur von z. B. 30—40 °C zur Verfügung.

Bei den metallurgischen Vorgängen muß deshalb neben der Wärmemenge auch die Wärmewertigkeit (Wärmequalität), d. h. die Wärme bei

entsprechender Temperatur, Berücksichtigung finden. In der Praxis muß
die Wärme sogar bei höherer Temperatur als der Vorgang selbst abläuft,
zur Verfügung stehen, um das notwendige Wärmegefälle zu erzielen.

Deshalb soll der Begriff der Wärmewertigkeit (Wärmequalität), d. h.
der Wärmemenge bei bestimmter Temperatur, bei der Erörterung der
Wärmeerzeugung Mitberücksichtigung finden.

3.3 Wärmeerzeugung durch Verbrennung

3.3.1 Einleitung

Die Nutzbarmachung der in den Brennstoffen — die keine Energie,
sondern nur Energieträger sind — vorhandenen Energie geht durch die
Verbrennung vor sich. Die Verbrennung ist die wichtigste Grundlage jegli-
chen technischen Schaffens und allen menschlichen Lebens. Jeder Inge-
nieur, besonders aber jeder Metallurge, soll deshalb die Grundlagen der
Verbrennungsvorgänge beherrschen.

Die Energie wird nicht erzeugt, sondern nur gewandelt. So liefert
z. B. 1 kWh elektrischer Energie 860 kcal. Bei der Verbrennung kommt
dagegen nur ein Teil der Wärme zur Ausnützung; es liegt in der Hand
des Verbrauchers, den Wirkungsgrad günstig zu beeinflussen.

Die Verbrennung ist eine Gasreaktion, bei der aus der Brennstoff-
energie durch die Oxydation die Befreiung der Wärme erfolgt.

Die Verbrennung erfolgt, wenn der Brennstoff in der Gasform vorliegt; die nicht gasförmigen Brennstoffe müssen zuerst in den gasförmigen Zustand gebracht werden, was bei den flüssigen Brennstoffen durch
die Verdampfung oder Vernebelung und bei festen Brennstoffen durch die
Vergasung erfolgt. Die gasförmigen Brennstoffe liegen in einer der Verbrennung günstigen Form vor.

Die Verbrennung ist eine derartig rasch verlaufende Oxydation, bei
der die Wärme so im Überschuß nach außen abgegeben wird, daß die
Reaktion von sich aus weiter verläuft und sich dabei eine Flamme bildet.

Weiterhin ist für die Verbrennung notwendig, daß eine gute Mischung
zwischen dem Brennstoff und dem gasförmigen Sauerstoff, gewöhnlich
in der Form der Luft, erfolgt.

Nun soll der Verbrennungsvorgang an verschiedenen Brennstoffen,
soweit das für den Metallurgen von Interesse ist, behandelt werden, wobei vor allem am Beispiele eines Gases die Verbrennung erörtert werden
soll.

3.3.2 Verbrennung gasförmiger Brennstoffe

1. Zusammensetzung und Eigenschaften gasförmiger Brennstoffe

Die Zusammensetzung und die Eigenschaften der in der Industrie üblichen gasförmigen Brennstoffe sind aus der Tab. A-IV ersichtlich: dazu

gehören zuerst das Naturgas, dann die technischen Gase, die bei der Ent-
gasung, d. h. bei der Erhitzung der Brennstoffe entstehen und zuletzt
Gase, deren Herstellung bei der unvollständigen Verbrennung der Kohle
erfolgt. Die Zusammensetzung ist in Volumenprozenten angegeben. Auch
bei den später durchgeführten Berechnungen werden diese Einheiten
gebraucht. Besonders die durch die Vergasung erzeugten Gase enthalten zuerst größere Wasserdampfmengen, die aber bei der Abkühlung weitgehend zur Ausscheidung kommen. Die gefundenen Analysenwerte beziehen sich gewöhnlich auf das wasserfreie, d. h. trockene Gas. Die Daten
einzelner Gasbestandteile sind aus der Tab. A-II ersichtlich.

2. Chemische Grundlagen der Verbrennung

Die Verbrennung der Heizgase mit der Luft, die bekanntlich aus etwa
21 Vol.-% Sauerstoff und 79 Vol.-% Stickstoff (inkl. Edelgase)[1] besteht
(4,762 cbm Luft/cbm O_2), erfolgt bei 25 °C nach folgenden Gleichungen
(s. auch Tab. A-VII), wobei cbm in diesem Buche Normalkubikmeter
bedeutet:

$$1 \text{ cbm } H_2 + 0,5 \text{ cbm } O_2 \; (+ 1,88 \text{ cbm } N_2)$$
$$= 1 \text{ cbm } H_2O(g)(+ 1,88 \text{ cbm } N_2) + 2580 \text{ kcal} \qquad (3.1)$$

$$1 \text{ cbm } CO + 0,5 \text{ cbm } O_2 \; (+ 1,88 \text{ cbm } N_2)$$
$$= 1 \text{ cbm } CO_2 \; (+ 1,88 \text{ cbm } N_2) + 3027 \text{ kcal} \qquad (3.2)$$

$$1 \text{ cbm } CH_4 + 2 \text{ cbm } O_2 \; (+ 7,53 \text{ cbm } N_2) = 1 \text{ cbm } CO_2 +$$
$$+ 2 \text{ cbm } H_2O(g) \; (+ 7,53 \text{ cbm } N_2) + 8562 \text{ kcal} \qquad (3.3)$$

Der Luftüberschuß liegt bei der Verbrennung der gasförmigen Brennstoffe zw. 0 und 10% ($n = 1,0$ bis $1,1$; $n =$ Luftfaktor). Soll das
Abgas keinen freien Sauerstoff enthalten (reduzierende Atmosphäre),
dann muß $n < 1$ sein (unvollständige Verbrennung); gewöhnlich genügt
es zu diesem Zwecke, mit $n = 0,9$ bis $0,95$ zu arbeiten, weil bei noch
kleineren n-Werten der Wärmewirkungsgrad zu stark zurückgeht. Die
für die Verbrennung notwendige theoretische Luftmenge ($n = 1$) ist dann

$$\text{cbm Luft} = 2,38 \, \frac{H_2 + CO}{100} \, \text{cbm} + 9,53 \, \frac{CH_4}{100} \, \text{cbm}, \qquad (3.4)$$

wobei $CO + H_2 + CH_4 = 1$ cbm Gas bedeutet. Bei Luftüberschuß oder
bei Luftmangel ist es notwendig, die obige Luftmenge [Gl. (3.4)] mit n
zu multiplizieren.

Die obigen Gleichungen bestimmen die räumlichen Beziehungen zwischen dem Heizgas, der Luft und dem Abgas.

---

[1] Trockene Luft weist folgende Zusammensetzung auf: 21,00% O_2, 78,05% N_2,
0,92% Ar, 0,03% CO_2.

3. Heizwert

Den Heizwert eines Heizgases bestimmen seine brennbaren Gasbestandteile nach der Formel

$$H_U = 3027 \cdot CO + 2580 \cdot H_2 + 8562 \cdot CH_4 \quad (\text{kcal/Ncbm}), \qquad (3.8)$$

wenn $CO + H_2 + CH_4 = 1$ Ncbm Gas bedeutet. Die Heizwerte der technischen Gase sind aus der Tab. A-IV ersichtlich. $H_U =$ unterer Heizwert[1].

4. Wärmetechnische Grundlagen der Verbrennung

Die Verbrennung ist eine Energieumwandlung, bei der die chemische Energie der brennbaren Teile des Heizgases in die fühlbare Wärme der Verbrennungsgase übergeht. Nach dem Satz der Erhaltung der Energie ist

$$H = i \cdot V \ \text{kcal/cbm} \qquad (3.5)$$

d. h., der Heizwert H^1 ist gleich dem Produkt aus i (Wärmeinhalt des Verbrennungsgases) und V (Menge des Verbrennungsgases je cbm Frischgas), wobei als Heizwert diejenige Wärmemenge in Betracht kommt, die 1 cbm trockenes Heizgas bei vollständiger Verbrennung bei der Raumtemperatur (25 °C, s. Tab. A-VII) abgibt.

Aus der Gl. (3.5) geht hervor, daß der Wärmeinhalt der Verbrennungsgase i

$$i = \frac{H}{V} \ \text{kcal/cbm} \qquad (3.6)$$

durch den Quotient zwischen dem Heizwert und der Menge der gebildeten Verbrennungsgase bestimmt ist. Der Wärmeinhalt und somit die Temperatur der Verbrennungsgase ist um so größer, je besser die Ausnützung des Heizwertes H (weitgehend bei der theoretischen Luftmenge und beim Luftüberschuß, abnehmend beim Luftmangel), und je kleiner die Menge der Verbrennungsgase V (mit wachsendem Luftüberschuß ist V größer, deshalb i kleiner) ist.

Die bei der Verbrennung auf hohe Temperatur erhitzten Verbrennungsgase geben im Ofen ihre Wärme an das Wärmegut ab, wobei ein Temperaturgefälle notwendig ist. Die den Ofen verlassenden Abgase führen den unausgenützten Rest der Wärme mit sich. Der Wärmeinhalt der Abgase i_A ist dabei von der Abgastemperatur abhängig.

Der thermische Wirkungsgrad ist dann

$$\eta = \frac{i - i_A}{i}, \qquad (3.7)$$

d. h., die Verbrennung ist um so wirtschaftlicher und der thermische Wirkungsgrad um so höher, je kälter die Abgase sind (je kleiner i_A).

---

[1] „Unterer" Heizwert, weil die Verdampfungswärme des Wasserdampfes hier nicht berücksichtigt ist.

Wärmetechnisch sind deshalb besonders diejenigen Prozesse günstig, die nach dem Gegenstromprinzip und mit der Vorwärmung der Luft durch die Abgase arbeiten. Der Wirkungsgrad ist im allgemeinen um so schlechter, je höher die Ofentemperatur ist.

5. Verbrennungstemperatur

Der Wärmeinhalt der Abgase ist gleich

$$i = c \cdot t \text{ kcal/cbm}, \tag{3.9}$$

wobei c die mittlere spezifische Wärme der Abgase bei der Temperatur t darstellt.

Die Verbrennungstemperatur ist dann [s. auch Gl. (3.5)]

$$t = \frac{i}{c} = \frac{H}{c \cdot V} . \tag{3.10}$$

Die Verbrennungstemperatur ist um so höher, je größer der Wärmeinhalt i bzw. je höher die bei der Verbrennung entwickelte Wärmemenge H, je kleiner das Volumen des Verbrennungsgases V und je kleiner c ist.

Das Erreichen der nach der Gl. (3.10) berechneten Temperatur ist in der technischen Feuerung nicht möglich, weil ein Teil der Wärme als Verlustwärme (Ofenwandverluste usw.) an die Umgebung und dadurch dem Verbrennungsprozeß verlorengeht, und weil die Verbrennung, besonders bei sehr hohen Temperaturen, nicht vollständig zu Kohlensäure und Wasserdampf erfolgt. Aus diesen Gründen liegt die in der Praxis erreichbare „Flammentemperatur" meist bis einige hundert Grad niedriger.

Die nach der Gl. (3.10) berechnete Temperatur trägt die Bezeichnung *kalorimetrische Verbrennungstemperatur*. Wenn man die entsprechend den Gleichgewichten erfolgte unvollständige Verbrennung berücksichtigt, dann resultiert daraus die *theoretische Verbrennungstemperatur*. Bei der Berücksichtigung der Ofenverluste, die z. B. 20% der Gesamtwärme ausmachen, ist die für die Praxis wichtige „Flammentemperatur" errechenbar.

6. Vollständige und unvollständige Verbrennung

Bei vollständiger Oxydation der brennbaren Gasbestandteile erfolgt vollständige Verbrennung des Gases. Dafür ist neben der guten Mischung zwischen dem Heizgas und der Luft auch eine genügend große Luftmenge (wenigstens theoretische Luftmenge) notwendig. Die Verbrennung ist vollständiger, wenn man mit einem Luftüberschuß arbeitet. Weil aber der Luftüberschuß die Herabsetzung der Flammentemperatur zur Folge hat, ist bei der erfolgreichen Verbrennung das Arbeiten mit der theoretischen Luftmenge oder mit einem schwachen Luftüberschuß erforderlich. Die Abgase, die sich bei der vollständigen Verbrennung bilden, haben einen oxydierenden Charakter, der beim Arbeiten mit Luftüberschuß zunimmt.

Die unvollständige Verbrennung erfolgt, wenn die Verbrennung unter Luftmangel vor sich geht, d. h. beim Arbeiten mit einer im Vergleich zur theoretischen kleineren Luftmenge. In diesem Falle bleibt ein Teil der brennbaren Gase unverändert; die Abgase haben einen reduzierenden Charakter, der um so stärker ist, je unvollständiger die Verbrennung.

Die Verbrennung kann aber auch beim Luftüberschuß unvollständig vor sich gehen, wenn sich infolge der hohen Verbrennungstemperatur die Kohlensäure und der Wasserdampf nur teilweise bilden, was um so stärker der Fall ist, je höher die Temperatur.

Bei der Kohlensäure erfolgt nach der Gleichung

$$2\,CO_2 = 2\,CO + O_2$$

beim Atmosphärendruck 1%-Zerfall (Dissoziation) bei etwa 1700 °C und erreicht 10% schon um 2200 °C. Beim kleineren CO_2-Partialdruck erniedrigen sich diese Temperaturen.

Der Zerfall des Wasserdampfes nach der Gleichung

$$2\,H_2O = 2\,H_2 + O$$

ist bei gleicher Temperatur kleiner als bei der Kohlensäure und erreicht bald über 1700 °C und Atmosphärendruck den Betrag von 1%.

Solche Verhältnisse führen dazu, daß durch die Verbrennung dieser Gase die höchsten Temperaturen nicht erreichbar sind.

7. Stoff- und Wärmeumsatz

Weil weder Stoff noch Wärme entstehen oder verschwinden kann, müssen bei der Verbrennung, ähnlich wie bei anderen Prozessen, die Ausgangsstoff- und Wärmemengen den nach dem Prozeß erhaltenen Stoff- und Wärmemengen gleich sein.

Diese Beziehungen sollen am Beispiel der CO-Verbrennung zur Erörterung kommen (s. Abb. 3.1). Geht dieser Vorgang mit der theoretischen Luftmenge ($n = 1$) vor sich, wodurch die vollständige Verbrennung erfolgt, dann kommen auf 1 Ncbm CO, entsprechend der Gl. (3.2), 2,38 Ncbm Luft in Betracht und 3020 kcal sind dabei frei. Ein Teil der Wärme deckt die Verluste und geht somit dem Verbrennungsraume verloren. Betragen die Verluste z. B. 20% der gesamt entwickelten Wärmemenge (hier 604 kcal), dann wird die übrige Wärmemenge (2416 kcal) von 2,88 Ncbm Verbrennungsgasen (Abgas) aufgenommen (839 kcal/ Ncbm Abgas). Diese Wärmemenge erhitzt die Abgase auf eine Flammentemperatur, die sich nach der Gl. (3.10) berechnen läßt.

Für den Fall der Abb. 3.1 und $n = 1$ erfolgt die Berechnung der Flammentemperatur wie folgt:

2*

2,88 Ncbm Abgase bestehen aus 34,7% CO_2 und 65,3% N_2 (s. Gl. 3.2).
Bei 1900 °C liegt der Wärmeinhalt dieser Abgase unter Berücksichtigung
der Gaswärmeinhalte (s. Tab. A-XII) bei 822 kcal/Ncbm. Weil 1 Ncbm

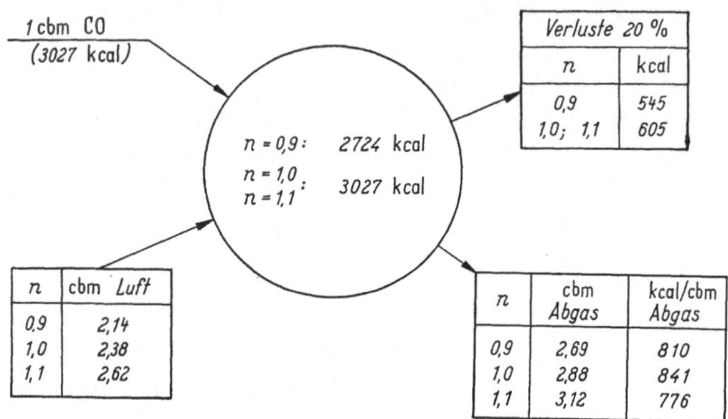

Verluste 20 %	
n	kcal
0,9	545
1,0; 1,1	605

n	cbm *Luft*
0,9	2,14
1,0	2,38
1,1	2,62

n	cbm Abgas	kcal/cbm Abgas
0,9	2,69	810
1,0	2,88	841
1,1	3,12	776

Abb. 3.1 Skizze der Verbrennung von 1 cbm CO mit Luft

Abgas eine Wärmemenge von 841 kcal enthält, liegt die Temperatur des
Gases bei 1944 °C; d. h. bei der Verbrennung von CO mit der theoretischen Luftmenge liegt die Flammentemperatur unter Berücksichtigung
von 20% Verlust bei 1944 °C.

Die für die Prozesse nützliche Wärmemenge muß oberhalb der Temperatur, die der zu erhitzende Stoff aufweist, liegen. Will man z. B. eine
Stahlschmelze von 1600 °C erhitzen, dann kommt nur diejenige Wärmemenge in Betracht, die oberhalb dieser Temperatur zur Verfügung steht.

Die bei der Verbrennung von 1 Ncbm CO bei verschiedenen Temperaturen zur Verfügung stehenden Wärmemengen sind aus der Abb. 3.2
ersichtlich. Diese Darstellungsart ist als ,,Wärmemenge-Temperatur-
Schaubild'', in diesem Falle für die CO-Verbrennung, bekannt. Aus diesem Schaubilde ist bei jeder Temperatur die zur Verfügung stehende
Wärmemenge, d. h. die Wärmewertigkeit (Wärmequalität), ersichtlich (s.
Abb. 3.2). Oberhalb 1600 °C stehen im vorliegenden Falle (Abb. 3.2) nur
400 kcal, d. h. $^1/_6$ der bei der Verbrennung, abzüglich Wärmeverluste,
freiwerdenden Wärmemenge zur Verfügung.

Aus der Abb. 3.2 ist auch die Bedeutung einer möglichst hohen Verbrennungstemperatur erkennbar. Die Verbrennungstemperatur und somit der Wärmeinhalt der Abgase ist entsprechend der Gl. (3.10) —
$t = H/(c \cdot V)$ — um so höher, je höher bei unveränderter Abgasmenge die
bei der Verbrennung freiwerdende Wärmemenge H, oder je kleiner bei
unveränderter Wärmemenge die Abgasmenge ist.

Der erste Fall kann durch die Vorwärmung der Luft und des Heizgases, der zweite durch die Anwendung der an Sauerstoff angereicherten

Luft oder des reinen Sauerstoffs zur Verwirklichung kommen. Auch die
verschiedenen Luftmengen können die Verbrennungstemperatur beeinflussen.

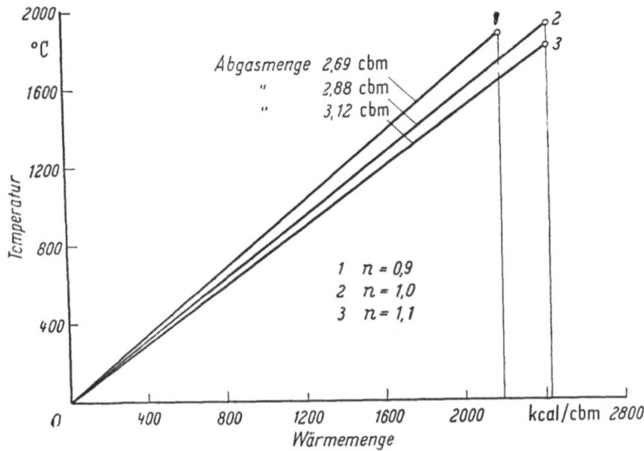

Abb. 3.2 Verbrennung von CO mit unterschiedlichen Luftmengen (Wärmemenge-Temperatur-
Schaubild)

a) Verbrennung in Abhängigkeit von der Luftmenge soll am Beispiele der
Kohlenoxyd-Verbrennung besprochen werden. In der Tab. 3-I ist die

Tabelle 3-I. *Kohlenoxyd-Verbrennung in Abhängigkeit der Luftmenge*

Luftmenge $n =$	0,9	1,0	1,1
Nötige Sauerstoffmenge in cbm/1 cbm CO	0,45	0,50	0,55
Nötige Luftmenge (cbm/cbm CO)	2,14	2,38	2,62
Abgaszusammensetzung: CO	0,10 (3,7%)	—	—
CO_2	0,90 (33,5%)	1,00 (34,7%)	1,00 (32,1%)
N_2	1,69 (62,8%)	1,88 (65,3%)	2,07 (66,3%)
O_2	—	—	0,05 (1,6%)
Abgasmenge (cbm/cbm CO)	2,69	2,88	3,12
Wärmeentwicklung (kcal/cbm CO)	2724	3027	3027
Wärmeentwicklung (kcal/cbm CO) bei 20% Verluste ($\eta = 0,8$)	2179	2422	2422
Wärmeinhalt der Abgase (kcal/cbm Abgas)	810	841	776
Wärmeinhalt der Abgase bei 1900 °C (kcal/cbm)	817	822	811
Flammentemperatur (°C)	1884	1944	1818

Verbrennungsrechnung unter Luftmangel (mit 90% der theoretischen
Luftmenge, d.h. Luftfaktor $n = 0,9$), mit der theoretischen Luftmenge
($n = 1$), und mit 10% Luftüberschuß ($n = 1,1$) aufgeführt. Aus der Abb. 3.3
ist ersichtlich, daß die Verbrennung am besten bei der theoretischen

Luftmenge vor sich geht. Beim Luftüberschuß ist zwar der gesamte Heizwert des Brennstoffes ausgenützt; durch die größere Luft- und somit Abgasmenge sinkt aber die Wärmemenge je Ncbm Abgas und damit auch
die Verbrennungstemperatur.

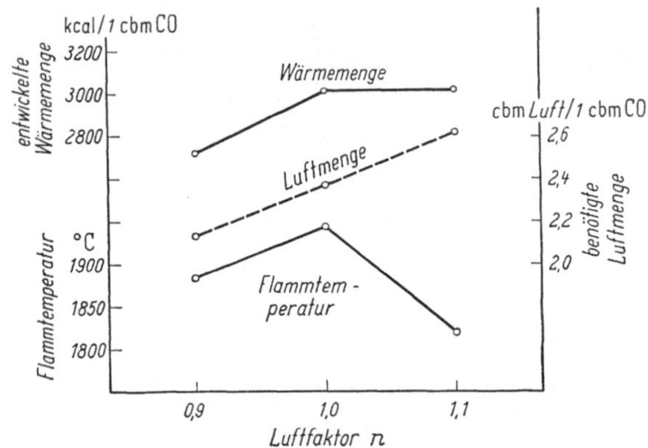

Abb. 3.3 Einfluß der Luftmenge auf die Verbrennung des CO

b) Luft- und Gas-Vorwärmung. Wenn die Verbrennungsluft und das
Gas (oder nur eines der beiden) vorgewärmt sind, dann erhöhen sich die
bei der Verbrennung befreiten Wärmemengen bei unveränderten Stoffmengen (d. h. Gas- und Luftmenge). Die Vorwärmung ist besonders
dann wirtschaftlich, wenn sie durch die heißen Abgase erfolgt. Kommen
z. B. die für die Verbrennung notwendigen Gase (z. B. 1 Ncbm CO und
2,38 Ncbm Luft) mit 500 °C in den Verbrennungsraum, so führen sie
547 kcal mit sich (s. Abb. 3.4); bei der Verbrennung sind dann 3560 kcal

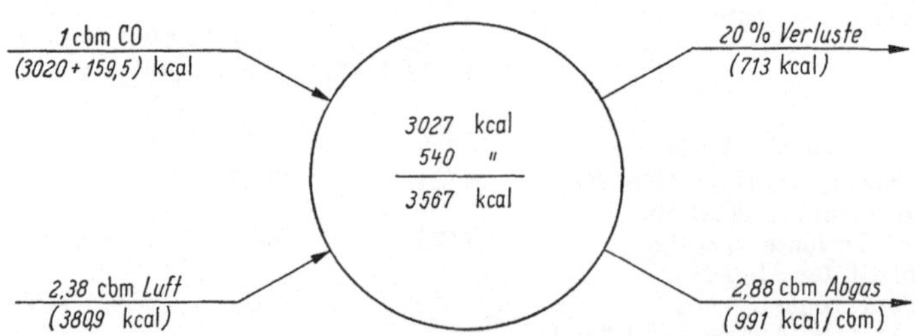

Abb. 3.4 Einfluß der Luft- und Gasvorwärmung (500 °C) auf die Kohlenoxyd-Verbrennung

frei, also etwa 18% mehr als ohne die Vorwärmung. Diese Wärmemenge
verteilt sich wieder auf Abgase und Verluste. Bei der Annahme, daß die
Verluste wieder 20% (713 kcal) betragen, enthalten die Abgase 991 kcal/
cbm, was einer Verbrennungstemperatur von etwa 2300 °C entspricht. Die

wahre Flammentemperatur liegt wegen der Kohlensäure-Dissoziation tiefer. Weil die Luftmenge bei der Vorwärmung gleich bleibt, sinkt dabei die notwendige Luftmenge (im obigen Beispiel von 0,75 Ncbm auf 0,64 Ncbm Luft/1000 kcal), wenn man die gleiche Wärmemenge betrachtet, was für Prozesse, die aus Qualitätsgründen unter kleinerer Luftmenge besser verlaufen (kleinere Oxydation, z. B. Kupolofen), von Bedeutung ist. Ähnliche Veränderungen sind durch Vorwärmung auch bei der Gas- und bei der Abgasmenge (kleinere Gas- und Abgasmenge je 1000 kcal) feststellbar.

Bei der Erhitzung z. B. der Stahlschmelze bei 1600 °C stehen durch Vorwärmung (auf 600 °C) oberhalb dieser Temperatur 830 kcal/cbm CO (s. Abb. 3.5) zur Verfügung, im Vergleich zu nur 400 kcal ohne Vorwärmung,

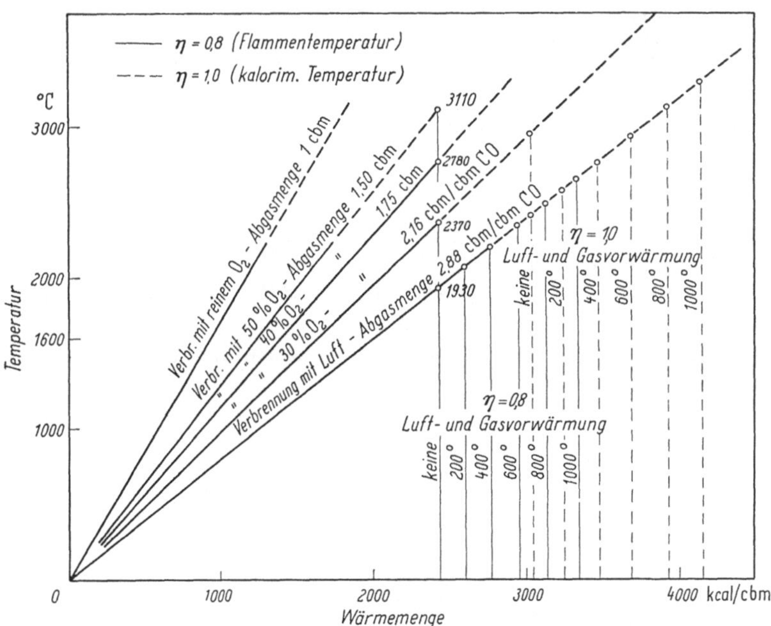

Abb. 3.5 Einfluß der Vorwärmung und der Sauerstoffanreicherung auf die Verbrennung von 1 cbm CO (Wärmemenge-Temperatur-Schaubild)

woraus die Bedeutung der Vorwärmung für die Erzeugung hoher Temperaturen in der Metallurgie hervorgeht. Dieses Beispiel zeigt auch, daß durch die Vorwärmung eine Umwandlung der bei niedriger Temperatur vorhandenen Wärme der vorgewärmten Luft- und Gasmengen in die hochwertige Wärme, die bei hohen Temperaturen zur Verfügung steht, erfolgt.

Wird nur die Luft allein (2,38 cbm je 1 cbm CO) erhitzt, z. B. auf 200 °C, 400 °C und 600 °C, dann führt die heiße Luft 150, 304 und 464 kcal der

Verbrennung zu (s. Tab. 3-II), wodurch die Verbrennungstemperatur auf rd. 2027, 2140 und 2243 °C steigt.

Bei gleichzeitiger Gasvorwärmung erhöht sich die Wärmemenge um den Wärmeinhalt des heißen Gases (63 kcal bei 200 °C, 128 kcal bei 400 °C und 195 kcal bei 600 °C). Weil die Gasmenge nur 1 cbm im Gegensatz zu 2,38 cbm Luft beträgt, ist der Einfluß der Gasvorwärmung bei gleicher Temperatur entsprechend kleiner (s. Tab. 3-II). Die Flammentemperatur

Tabelle 3-II. *Einfluß der Luft- und Gasvorwärmung auf die Verbrennung von Kohlenoxyd ($n = 1$)*

Vorwärmtemperatur °C	0	200	400	600	800	1000
Wärmeinhalt der Luft (kcal/cbm Luft)	—	63	128	195	266	338
Wärmeinhalt der 2,38 cbm Luft (kcal/cbm CO)	—	150	304	464	633	805
Wärmeinhalt der 1 cbm CO (kcal/cbm)	—	63	127	194	265	337
Wärmeinhalt der 2,88 cbm Abgase (kcal/cbm CO)	3027	3240	3458	3685	3925	4169
Kalorim. Temperatur in °C	(2370)	(2540)	(2710)	(2890)	(3070)	(3270)
Wärmeinhalt der 2,88 cbm Abgase bei $\eta = 0,8$ in kcal/cbm CO	2422	2592	2766	2948	3140	3335
Flammentemperatur bei $\eta = 0,8$ in °C	1945	2072	2222	(2310)	(2461)	(2614)

in Abhängigkeit von der Luft- und Gasvorwärmung ist in der Abb. 3.6 dargestellt.

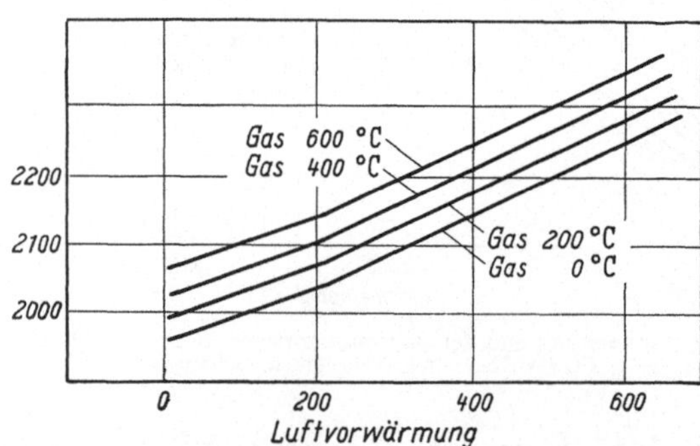

Abb. 3.6 Einfluß der Luft- und der Gasvorwärmung auf die Flammentemperatur ($\eta = 0,8$) bei der Verbrennung des Kohlenoxyds

Aus dieser Betrachtung folgt, daß sich durch die Vorwärmung die bei der Verbrennung entwickelte Wärmemenge vergrößert und — da die Abgasmenge gleich bleibt — der Wärmeinhalt und hiermit die Temperatur der Abgase erhöht, oder, anders ausgedrückt, die durch die Vorwärmung erreichte Erhöhung der bei der Verbrennung freiwerdenden Wärmemenge ist nicht mit der Vergrößerung der Abgase verbunden. Durch die Vorwärmung wandelt sich die Wärme der Heißluft und des Heißgases (z. B. bei 500 °C) in die hochwertige Wärme bei höchster Temperatur (s. Abb. 3.5) um und kommt dadurch der Erhöhung der Verbrennungstemperatur, sowie der Vergrößerung der bei den höchsten Temperaturen verfügbaren Wärmemenge zugute.

Aus dem Wesen der Vorwärmung, d. h. aus der Umwandlung der minderwertigen in die hochwertige Wärmequalität, folgt die Bedeutung dieser Arbeitsweise für die metallurgischen Prozesse.

Für die metallurgischen Verfahren ist weiterhin von Bedeutung, daß die durch die Vorwärmung in den Verbrennungsprozeß gebrachte Wärmemenge keine stofflichen Verunreinigungen mit sich bringt, was sonst bei der Verbrennung der Brennstoffe an und für sich der Fall ist. Die durch die Vorwärmung eingebrachte Wärmemenge ist bezüglich der Reinheit der mit dem elektrischen Strom erzeugten, reinen Wärme gleich. Anderseits ist für die metallurgischen Prozesse auch von Wichtigkeit, daß die Luft-, Gas- und Abgasmenge, bezogen auf die im Ofen entwickelte gleiche Wärmemenge, mit der Vorwärmung sinkt, d. h. die Stoffmengen sind dabei immer kleiner.

c) Sauerstoffanwendung. Im Gegensatz zur Vorwärmung wird durch die Sauerstoffanwendung die Menge der bei der Verbrennung freiwerdenden Wärme nicht erhöht, sondern die Menge des zugeführten sauerstoffhaltigen Gases an Stelle der Luft wegen des höheren Sauerstoffgehaltes bei geringer Menge des Ballaststickstoffes (s. Abb. A.9 verkleinert) und somit auch die Abgasmenge vermindert. Weil sich die Verbrennungswärme auf eine kleinere Abgasmenge verteilt, steigt der Wärmeinhalt, somit die Temperatur der Abgase (s. auch Abb. 3.5) und die Verbrennungstemperatur.

Wird z. B. 1 cbm CO statt mit Luft mit 30% Sauerstoff verbrannt, dann beträgt die Verbrennungsluftmenge nur 1,67 cbm und die Abgasmenge 2,17 cbm. Weil die freiwerdende Wärme gegenüber der Verbrennung mit Luft unverändert bleibt (gleich 3027 kcal), steigt der Wärmeinhalt der Abgase bei $n = 1,0$ auf rd. 1395 und bei $\eta = 0,8$ auf rd. 1116 kcal/cbm, was einer Verbrennungstemperatur von etwa 2400 °C entspricht. Die wahre Flammentemperatur liegt wegen der Kohlensäuredissoziation tiefer.

Der Einfluß der Sauerstoffanwendung beim 30-, 40-, 50- und 100-prozentigen Sauerstoff im Vergleich mit der Luft ist aus der Tab. 3-III ersichtlich (s. auch Abb. 3.7 sowie 3.5). Der hohe Wärmeinhalt und dadurch die hohe Temperatur der Abgase ist die Folge der immer kleiner werdenden Abgasmenge, die bei Luft 2,88 cbm, bei 30% Sauerstoff 2,17 cbm und bei 40% Sauerstoff nur noch 1,75 cbm je cbm CO beträgt.

Tabelle 3-III. *Einfluß der Sauerstoffanwendung auf die Verbrennung des Kohlenoxyds*
$(n = 1)$

Sauerstoffgehalt (%)	21	30	40	50	100
O_2-Menge (cbm/cbm CO)	0,50	0,50	0,50	0,50	0,50
N_2-Menge (cbm/cbm CO)	1,88	1,17	0,75	0,50	—
Abgasmenge (cbm/cbm CO)	2,88	2,17	1,75	1,50	1,0
Abgaszusammensetzung: % CO_2	34,7	46,1	57,2	66,7	100,0
% N_2	65,3	53,9	42,8	33,3	—
Wärmeinhalt der Abgase bei $\eta = 0,8$ (kcal/cbm Abgas)	841	1116	1384	1615	2422
Wärmeinhalt des Abgases bei 2400 °C (kcal/cbm)	1063	1127	1189	1252	1428
Flammentemperatur ($\eta = 0,8$) (°C) rd.	1900	(2380)	(2790)	(3120)	(4070)

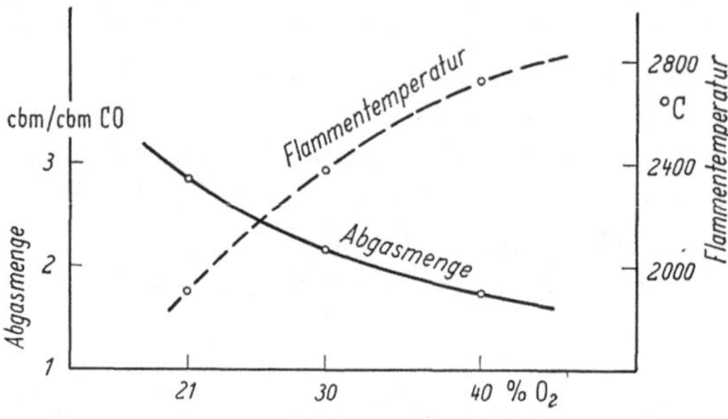

Abb. 3.7 Einfluß der Sauerstoffanwendung auf die Verbrennung des Kohlenoxyds

Verbrennt man das Kohlenoxyd mit reinem Sauerstoff, dann sinkt die Abgasmenge auf 1 cbm je cbm CO. Dabei steigt die hypothetische Flammentemperatur bei $\eta = 0,8$ auf über 4000 °C.

Durch die Sauerstoffanwendung wird also keine Erhöhung der bei der Verbrennung freiwerdenden Wärmemenge erreicht; die Temperaturerhöhung erfolgt durch die Zunahme des Wärmeinhaltes der bei der Verbrennung sich bildenden Abgase, was infolge der kleineren Abgasmenge möglich ist. Gleichzeitig erhöht sich die bei hohen Temperaturen zur Verfügung stehende Wärmemenge (s. Abb. 3.5).

8. Wärmemenge-Temperatur-Schaubild

Die Ablesung des Anteils der „verfügbaren Wärme" bei einer Temperatur, somit die Wärmequalität, erfolgt mit Hilfe des Wärmemenge-Temperatur-Schaubildes, das für die CO-Verbrennung aus den Abb. 3.2 und 3.5 ersichtlich ist. Der waagrechte Abstand zwischen der rechten Wärmemenge-Senkrechten und den von oben rechts nach unten links laufenden Linien ist ein Maß für die bei einer bestimmten Temperatur verfügbare Wärmemenge. So folgt z. B. aus der Abb. 3.5, daß bei der CO-Verbrennung ($n = 1$, $\eta = 0,8$) z. B. bei 1600 °C etwa 420 kcal, bei der Gas- und Luft-Vorwärmung auf 600 °C etwa 920 kcal und beim Arbeiten mit 40% O_2 1040 kcal je cbm CO verfügbar sind. Aus dem Schaubild ist auch ersichtlich, daß vom Standpunkt der verfügbaren Wärme, d. h.

der Wärmequalität, bei tieferen Arbeitstemperaturen der Luftvorwärmung und bei höheren Temperaturen der Sauerstoffanwendung der Vorzug zu geben ist.

9. Beispiel der Verbrennungsrechnung für Stadtgas

Für das Stadtgas, das aus

$$1,0\% \ CO$$
$$63,6\% \ H_2$$
$$19,5\% \ CH_4$$
$$13,2\% \ CO_2$$
$$2,7\% \ N_2$$

besteht, soll der Heizwert, die nötige Verbrennungsluftmenge, die Abgasanalyse, der Wärmeinhalt je cbm Abgas und die Flammentemperatur (bei 20% Verlusten) berechnet werden.

Die Berechnung ist aus der Tab. 3-IV ersichtlich. Der Heizwert beträgt 3340 kcal/cbm, die nötige Verbrennungsluftmenge 3,44 cbm; das

Tabelle 3-IV. *Verbrennung eines Gases (bezogen auf 1 cbm Heizgas)*

cbm	Heizwert der Gasbestandteile in kcal/cbm	Heizwert des Heizgases in kcal/cbm	O_2-Bedarf in cbm	Abgaszusammensetzung	Abgaszusammensetzung in %
0,010 CO	3027	30	0,005	0,010 cbm CO_2	
0,132 CO_2	—	—	—	0,132 cbm CO_2	
0,195 CH_4	8562	1670	0,390	0,195 cbm CO_2 0,337 cbm CO_2 0,390 cbm H_2O	8,3
0,636 H_2	2580	1640	0,318	0,636 cbm H_2O 1,026 cbm H_2O	25,2
0,027 N_2	—	—	—	0,027 cbm N_2 2,682 cbm N_2 2,709 cbm N_2 (Luft)	66,5
	Total	3340	0,713	Abgas 4,072 cbm	100,0

Luftmenge ist gleich $0,713 : 0,21 = 3,395$ cbm (darin 2,682 cbm N_2)

Abgas besteht aus 8,3% CO_2, 25,2% H_2O und 66,5% N_2, der Wärmeinhalt je cbm Abgas liegt bei 655 kcal ($\eta = 0,8$).

Die Flammentemperatur (angenommene Wärmeverluste 20%) kann mit Hilfe der Wärmeinhalte der Glasbestandteile (s. Tab. A/XII) wie folgt ermittelt werden:

Abgaszusammensetzung	*Wärmeinhalt bei 1600 °C*
8,3% CO_2	(904) 75,0
25,2% H_2O	(709) 178,6
66,5% N_2	(558) 371,1
	624,7 kcal/cbm

Die Flammentemperatur liegt dann bei etwa 1680 °C $\left(\dfrac{656}{624,7} \cdot 1600 \right)$.

3.3.3 Verbrennung flüssiger Brennstoffe

1. Zusammensetzung und Eigenschaften flüssiger Brennstoffe

Die Bedeutung der flüssigen Brennstoffe für die Wärmeerzeugung nimmt ständig zu. Diese Entwicklung begünstigten in letzter Zeit vor allem die steigenden Kohlenpreise und die günstigen Preise der flüssigen Brennstoffe. Aber auch die wirtschaftliche Lagerung und der Transport im Werk, sowie die bequeme Verfeuerung bei guter Regulierbarkeit führen dazu, daß in der metallurgischen Industrie der Verbrauch der flüssigen Brennstoffe im Steigen begriffen ist. Für Glühöfen, Trockenöfen, Siemens-Martin-Öfen usw. kommen heute immer mehr flüssige Brennstoffe in Betracht.

Die Zusammensetzung und die Eigenschaften der üblichen flüssigen Brennstoffe ist aus der Tab. A-V ersichtlich. Als unerwünscht ist Schwefel zu nennen, dessen Menge bis 2% und mehr betragen kann.

2. Verbrennung flüssiger Brennstoffe

Die für die Verbrennung notwendige *theoretische Sauerstoffmenge* in cbm/kg Brennstoff ist gleich

$$\text{cbm } O_2 = 22{,}4 \left(\frac{\text{kg C}}{12} + \frac{\text{kg H}}{4{,}03} + \frac{\text{kg S} - \text{kg O}}{32} \right) \quad \Bigg\} \quad (3.11)$$
$$= 1{,}865 \text{ kg C} + 5{,}56 \text{ kg H} + 0{,}70 \, (\text{kg S} - \text{kg O}) \, .$$

Die entsprechende *praktische Luftmenge/kg* Brennstoff ist dann ($n =$ Luftfaktor)

$$\text{cbm Luft} = 4{,}76 \cdot n \, (\text{cbm } O_2) \quad \Bigg\} \quad (3.12)$$
$$= n \cdot [8{,}89 \text{ kg C} + 26{,}5 \text{ kg H} + 3{,}33 \, (\text{kg S} - \text{kg O})] \, .$$

Als *Heizwert* kommt der Wert der Tab. A-V in Betracht. Im allgemeinen liegt der Heizwert der flüssigen Brennstoffe zwischen 9200 und 10000 kcal/kg (Anhaltszahl 10000 kcal/kg).

Die Abgasmenge/kg Brennstoff ist gleich

$$\text{cbm Abgasmenge} = (\text{kg C}) \, 1{,}865 \text{ cbm } CO_2 + 11{,}11 \, (\text{kg H}) \text{ cbm } H_2O +$$
$$+ 0{,}70 \, (\text{kg S}) \text{ cbm } SO_2 + 0{,}79 \, (\text{cbm Luft}) \text{ cbm } N_2 + \quad (3.13)$$
$$+ 0{,}21 \left(\frac{n-1}{n} \right) (\text{cbm Luft}) \text{ cbm } O_2 \, .$$

Mit diesen Gleichungen kann die Berechnung der Verbrennung der flüssigen Brennstoffe durchgeführt werden.

Für die Vorwärmung der Luft und für die Anwendung der an Sauerstoff angereicherten Luft kommen ähnliche Überlegungen wie *beim Gas* (s. dort) in Betracht.

3. Beispiel der Verbrennungsrechnung für Heizöl

Aufgabe: Heizöl mit 86,37% C, 11,30% H, 1,14% O und 0,60% S, sowie mit einem Heizwert von $H_u = 9800$ kcal/kg ist bei $n = 1,2$ mit Luft zu verbrennen. Es sind zu bestimmen die notwendige Luftmenge, die Abgasmenge und die kalorimetrische Flammentemperatur bei $\eta = 0,8$.

Lösung: Die *notwendige Luftmenge* je kg Heizöl beträgt nach der Gl. (3.12) bei $n = 1$:

$$8,89 \cdot 0,8637 + 26,5 \cdot 0,113 + 3,33 \cdot (0,006 - 0,0114)$$

$$= 7,68 + 2,99 - 0,02 = 10,65\,.$$

Bei $n = 1,2$ braucht man 12,78 cbm Luft/1 kg Heizöl.

Die *Abgasmenge* ist dann nach der Gl. (3.13):

$$1,867 \cdot 0,8637 \text{ cbm } CO_2 + 11,11 \cdot 0,113 \text{ cbm } H_2O + 0,70 \cdot 0,006 \text{ cbm } SO_2 +$$

$$+ 0,79 \cdot 12,78 \text{ cbm } N_2 + 0,21 \cdot 0,167 \cdot 12,78 \text{ cbm } O_2 = 1,613 \text{ cbm } CO_2 +$$

$$+ 1,255 \text{ cbm } H_2O\ (+ 0,004 \text{ cbm } SO_2) + 10,096 \text{ cbm } N_2 + 0,448 \text{ cbm } O_2$$

$$= 13,416 \text{ cbm Abgas/kg Heizöl}\,.$$

Der Wärmeinhalt der Abgase beträgt bei $\eta = 0,8$

$$9800 \cdot 0,8 : 13,416 = 584 \text{ kcal/cbm Abgas}\,,$$

was einer Flammentemperatur von etwa 1530 °C (s. Tab. 3-V) entspricht.

Tabelle 3-V. *Verbrennung des Heizöls; Berechnung der Flammentemperatur ($n = 1,2$)*

Abgasmenge je kg Heizöl	kcal/cbm bei 1500 °C	kcal je kg Heizöl
1,611 cbm CO_2	840,0	1'353
1,255 cbm H_2O	657,0	825
10,096 cbm N_2	520,5	5'255
0,448 cbm O_2	547,5	245
13,410 cbm		7'678

7'678 : 13,41 = 573 kcal/cbm Abgas bei 1500 °C
584 kcal/cbm entsprechen einer Flammentemperatur von etwa 1530 °C
$\left(\dfrac{584}{573} \cdot 1500 \right).$

Bei der Vorwärmung der Luft kommt die in der Heißluft enthaltene Wärmemenge, z. B. bei einer Heißlufttemperatur von z. B. 1000 °C 4320 kcal (12,78 cbm Luft je 338 kcal) je kg Heizöl dazu. Weil dabei die Abgasmenge gleichbleibt (13,416 cbm), liegt der Wärmeinhalt der Abgase bei $\eta = 0,8$ mm kcal/cbm — $(9800 + 4320) \cdot 0,8 : 13,416$ —, was einer Flammentemperatur von etwa 2140 °C entspricht.

Die Heizölvorwärmung kommt wegen der Zersetzung des Heizöls nicht in Betracht.

Beim Arbeiten mit an Sauerstoff angereicherter Luft bleibt die bei der
Verbrennung entwickelte Wärmemenge unverändert; wegen der kleine-
ren Abgasmenge steigt der Wärmeinhalt der Abgase und somit die
Flammentemperatur.

3.3.4 Verbrennung fester Brennstoffe
(Karbothermische Wärmeerzeugung)

1. Zusammensetzung und Eigenschaften fester Brennstoffe

Die festen Brennstoffe liefern den größten Teil der für die metallur-
gischen Prozesse notwendigen Wärme. Die Zusammensetzung dieser
Brennstoffe geht aus der Tab. A-VI hervor. Weiterhin ist die Elementar-
Zusammensetzung der festen Brennstoffe aus der Abb. A.6 und die
Elementar-Zusammensetzung, der Heizwert und die flüchtigen Bestand-
teile der Ruhrkohlen aus der Abb. A.7 ersichtlich.

Die festen Brennstoffe bestehen vor allem aus festem (fixem) Kohlenstoff, der durch die Asche, Feuchtigkeit, Schwefel usw. verunreinigt ist.
Deshalb ist auch die Beeinflussung derjenigen metallurgischen Prozesse,
die feste Brennstoffe brauchen, wie z. B. die Herstellung des Roheisens
im Hochofen, durch den Brennstoff noch stärker ausgeprägt als bei der
Gas- oder Heizöl-Anwendung. Das ist auch einer der Gründe, daß die
festen Brennstoffe oft zuerst zur Vergasung und erst dann als Gas für
die Wärmeerzeugung zur Anwendung kommen (z. B. das Arbeiten mit
dem Gasgenerator beim Siemens-Martin-Ofen).

2. Heizwert

Für die Beurteilung der festen Brennstoffe ist der *Heizwert* H_u, der
in der Regel im Kalorimeter bestimmt wird, von Bedeutung, der derjenigen
Wärmemenge, die bei der vollständigen Verbrennung des festen Brennstoffes im Sauerstoff (d. h. zu CO_2, SO_2, H_2O — dampfförmig) frei wird,
wobei die Reaktionsprodukte die Raumtemperatur aufweisen, entspricht.

Annäherungsweise ist die Berechnung des Heizwertes der festen
Brennstoffe, somit auch des Kokses, nach folgender Gleichung möglich (3):

$$H_u = 81\,(\%\ C) + 290\left(\%\ H - \frac{\%\ O}{8}\right) +$$

$$+\ 25\,(\%\ S) - 6\,(\%\ \text{Feucht.})\ \text{kcal/kg Rohkoks}.$$

Für Koks der Zusammensetzung S. 37 folgt nach dieser Gleichung:
(0,954 ist der Umrechnungsfaktor von Trocken- auf Rohkoks):

$$\frac{H_u}{0,954} = 81 \cdot 87,30 + 290\,(0,36 - 0,07) + 25 \cdot 0,9 - 6 \cdot 4,8$$

$$= 7071 + 84 + 23 - 29 = 7\,149;$$

$$H_u = 6\,820\ \text{kcal/kg Koks feucht}.$$

3. Verbrennung des reinen Kohlenstoffs

Der *reine Kohlenstoff* der festen Brennstoffe kann sowohl zum Kohlenoxyd (Vergasung) als auch zur Kohlensäure (Verbrennung) bzw. zu Kohlenoxyd-Kohlensäure-Gemischen oxydiert werden. Bei der Verbrennung mit der Luft gelten (s. auch Tab. A-VII) folgende Beziehungen[1]:

$$1{,}000 \text{ kg C} + 0{,}933 \text{ cbm O}_2 \ (4{,}442 \text{ cbm Luft})$$
$$= 1{,}867 \text{ cbm CO} + 3{,}509 \text{ cbm N}_2 + 2300 \text{ kcal}, \qquad (3.14)$$

$$1{,}000 \text{ kg C} + 1{,}867 \text{ cbm O}_2 \ (8{,}891 \text{ cbm Luft})$$
$$= 1{,}867 \text{ cbm CO}_2 + 7{,}024 \text{ cbm N}_2 + 7944 \text{ kcal}. \qquad (3.15)$$

Erfolgt die Verbrennung des Kohlenstoffs bis zur Kohlensäure, dann ist für die Oxydation das Doppelte der bis Kohlenoxyd notwendigen Luftmenge erforderlich. Falls die Verbrennung mit Luftüberschuß vor sich geht, steigt die Luftmenge über den Betrag, der bei der Verbrennung bis Kohlensäure erforderlich ist.

Die Vergasungs- und die Verbrennungs-Verhältnisse des reinen Kohlenstoffs beim Arbeiten mit Luft sind aus der Abb. 3.8 ersichtlich.

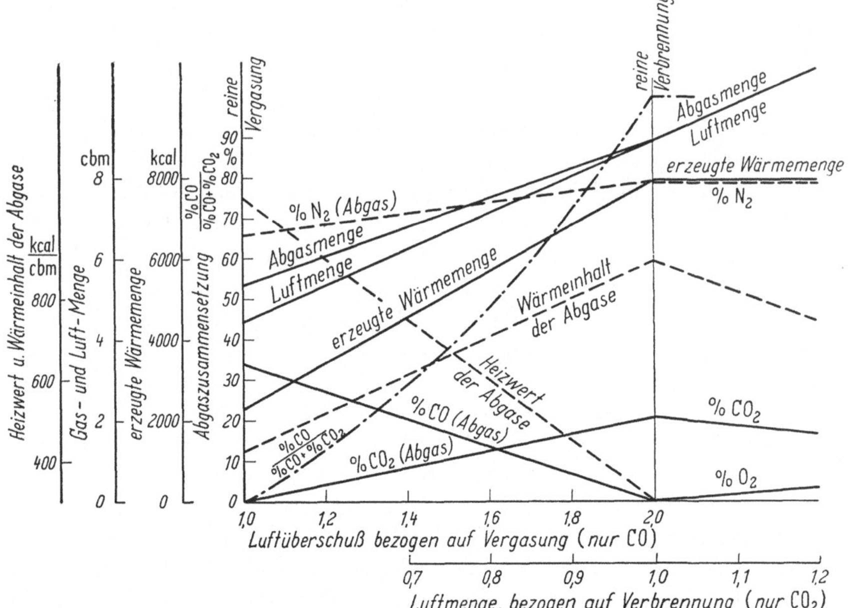

Abb. 3.8 Vergasung (bis CO) und Verbrennung (bis CO₂) des reinen Kohlenstoffs (1 kg C)

---

[1] Diese Oxydationswärme bezieht sich auf Kokskohlenstoff eines Durchschnittskokses. Die entsprechenden Werte für Graphit und amorphen Kohlenstoff (z. B. in der Holzkohle) sind in kcal/kg C (siehe auch Tab. A-III):
bis CO₂ : 7830 (Graphit); 8130 (am. Kohlenstoff), bis CO : 2198 (Graphit).

Die Luft-, die Abgas-, die erzeugte Wärmemenge, der Wärmeinhalt der
Abgase und % CO_2 nehmen dabei um so stärker zu, je vollständiger die
Oxydation bis CO_2 ist. So ist z. B. die erzeugte Wärmemenge bei der
Vergasung bis CO etwa 3,5mal kleiner als bei der Oxydation bis CO_2.
Auch die Luftmenge ist bei der Vergasung kleiner als die Abgasmenge,
weil sich bei der Oxydation des C zu CO aus 1 Vol. O_2 2 Vol. CO bilden;
bei der Verbrennung ist die Luftmenge der Abgasmenge gleich.

Weil die festen Brennstoffe nicht nur aus Kohlenstoff, sondern auch
aus flüchtigen Bestandteilen, Feuchtigkeit und Asche bestehen, ändern
sich bei der Vergasung und Verbrennung die Verhältnisse entsprechend.
So ist es notwendig, z. B. die Feuchtigkeit auszutreiben und auf die Abgastemperatur zu bringen, die Asche zu erhitzen und, wenn die Temperatur genügend hoch ist, zu schmelzen. Wie bei den gasförmigen und
flüssigen Brennstoffen kann auch hier die Vergasung oder die Verbrennung durch die Luftvorwärmung oder durch die Sauerstoffanwendung ähnlich beeinflußt werden.

4. Verbrennung des reinen Kohlenstoffs bis CO (Vergasung)

Bei der Verbrennung des reinen Kohlenstoffs in einem Schachtofen unter
Kohlenstoffüberschuß (z. B. im Hochofen) geht seine Oxydation vor den
Blasdüsen, gesamthaft betrachtet, bis CO (Kohlenoxyd) vor sich, wobei
C infolge der Vorwärmung durch heiße Abgase im Gegenstromprinzip —
bedingt durch die Arbeitsweise des Schachtofens — die Verbrennungstemperatur oder die vor den Blasdüsen herrschende Temperatur aufweist.
Dabei stehen bei der C-Verbrennung bis CO die Oxydationswärme (2300
kcal/kg C) und der Wärmeinhalt des C (z. B. bei 1500 °C 590 kcal/kg C,
s. Abb. A. 5), d. h. zusammen 2890 kcal zur Verfügung.

a) Verbrennung mit Kaltwind. Bei der Verbrennung mit Kaltwind
sind 4,442 cbm Luft, enthaltend 0,933 cbm O_2, (s. Gl. 3.14), je kg C
notwendig, die 5,376 cbm Abgas (1,867 cbm CO und 3,509 cbm N_2) lie-
fern. Ohne die Wärmeverluste zu berücksichtigen, sind dabei 2890 kcal/kg
C frei, was einer Verbrennungstemperatur von etwa 1500 °C entspricht.
Diese Verhältnisse sind aus der Abb. 3.9 ersichtlich, wo die bei der Ver-
brennung entwickelte Wärmemenge gegenüber der dabei erzielten
Temperatur aufgetragen ist (Wärmemenge-Temperatur-Schaubild). Der
Schnitt der Senkrechten bei 2890 kcal mit der Luftgeraden ergibt die
Höchsttemperatur bei der Verbrennung von C zu CO von etwa 1500 °C.

b) Luftvorwärmung. Durch die Luftvorwärmung nimmt die je kg C
entwickelte Wärmenge zu, und zwar um die durch den Heißwind eingebrachte Wärmemenge. Gleichzeitig bleibt die Wind- und somit auch
die Abgasmenge unverändert. Die Luftgerade der Abb. 3.9 ist deshalb
auch für diese Arbeitsweise gültig, nur müssen die höheren Wärme-
mengen/kg C Berücksichtigung finden. Aus der Abb. 3.10 ist der Wärme-

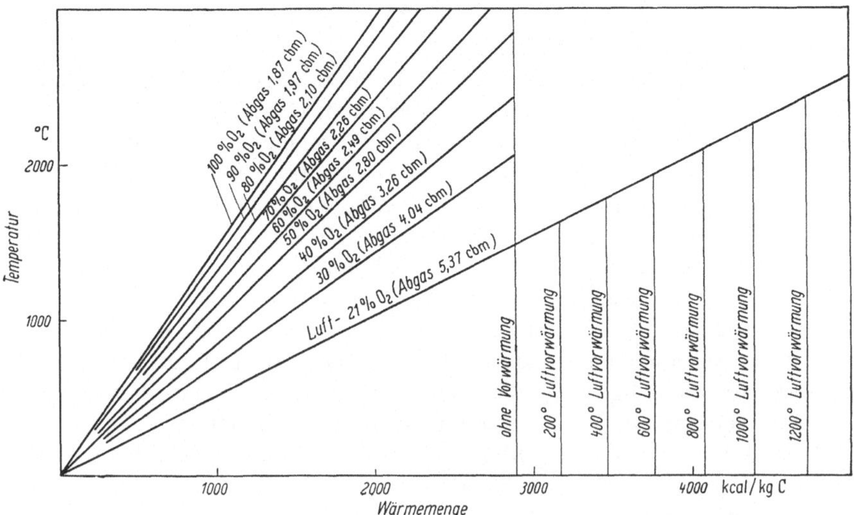

Abb. 3.9 Wärmemenge-Temperatur-Schaubild (verfügbare Wärme) der Verbrennung von 1 kg C bis CO mit Luft, bei Sauerstoffanwendung und Luftvorwärmung ($\eta = 1{,}0$)

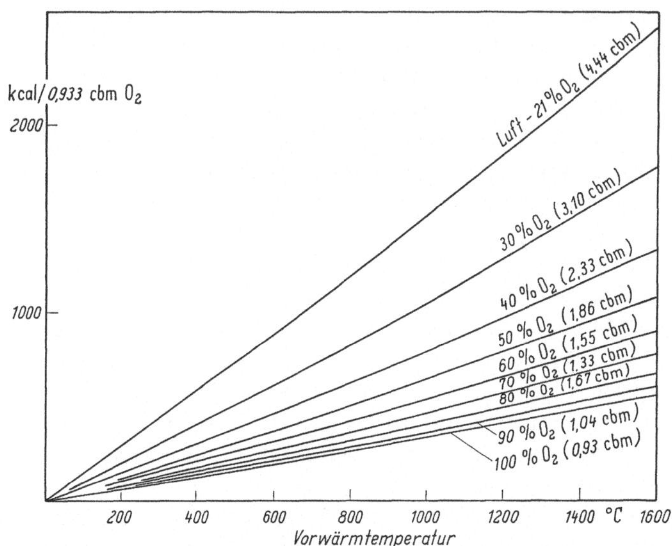

Abb. 3.10 Wärmeinhalt der O_2-N_2-Gasgemische (bezogen auf 0,933 cbm O_2) bei verschiedenen Temperaturen

inhalt der 4,438 cbm Luft (notwendig für 1 kg C) bei verschiedenen Heißlufttemperaturen ersichtlich. Bei der Berücksichtigung dieser Wärmemengen ist aus den entsprechenden Senkrechten die erzielbare Verbrennungstemperatur (ohne Verluste, $\eta = 1{,}0$) in der Abb. 3.9 ablesbar.

Bei einer Luftvorwärmung von z. B. 800 °C ist bei $\eta = 1,0$ eine Höchsttemperatur von 2100 °C erreichbar.

Die Bedeutung dieser Verhältnisse für metallurgische Hochtemperatur-Prozesse ist besonders dann verständlich, wenn man bedenkt, daß bei der Verbrennung mit Kaltwind keine Wärmemenge bei z. B. 1600 °C frei ist (Höchsttemperatur liegt ja bei etwa 1500 °C), während bei der 800 °C Heißwindtemperatur etwa 970 kcal/kg C bei 1600 °C, bei tieferen Temperaturen entsprechend mehr (s. Abb. 3.9), verfügbar sind.

c) Sauerstoffanwendung. Durch die Erhöhung des Sauerstoffgehaltes des Windes (Sauerstoff-Anreicherung) nimmt der Stickstoffanteil des Windes und somit auch die Abgasmenge ab (s. Abb. A. 9). Weil die verfügbare Wärmemenge beim Kaltwind unverändert bleibt, nimmt die Temperatur der Abgase — die gleiche Wärmemenge verteilt sich auf kleinere Abgasmengen — zu, entsprechend der Abb. 3.9.

Beim Arbeiten z. B. mit 40% O_2 verdünnen nur noch 1,40 cbm N_2 (bei der Luft 3,51 cbm) die notwendige O_2-Menge, wodurch sich eine Abgasmenge von 3,27 cbm (bei der Luft 5,38 cbm) ergibt. Weil die bei der Verbrennung bis CO entwickelte Wärmemenge von 2890 kcal/kg C (s. oben) einer kleineren Abgasmenge zur Verfügung steht, resultieren entsprechend höhere Temperaturen (s. Abb. 3.9). Während bei 2890 kcal beim Arbeiten mit der Luft die theoretische Höchsttemperatur bei etwa 1500 °C liegt, erreicht sie bei 30% O_2 schon 2070 °C und bei 40% O_2 bereits 2450 °C. Durch immer kleinere Abgasmengen bei höheren O_2-Gehalten im Wind ist die Verbrennungstemperatur des C immer höher (s. Abb. 3.9) und erreicht bei reinem O_2 sogar eine Höhe von über 4000 °C, eine Temperatur, die infolge der CO-Dissoziation nicht erreicht wird.

Bei der Sauerstofferhöhung im Wind nimmt die bei hoher Temperatur verfügbare Wärmemenge (d. h. Wärmequalität) zu. Sie beträgt z. B. bei 1600 °C (s. Abb. 3.9) 540 kcal bei 30%-O_2, 1010 kcal bei 40%-O_2, 1410 kcal bei 60%-O_2 und sogar 1450 kcal bei 100%-O_2 (alles je kg C). Die verfügbare Wärmemenge ist bei 1600 °C, wenn die Erhitzung des C, z. B. im Schachtofen, auf diese Temperatur erfolgt, entsprechend dem höheren Wärmeinhalt von C bei 1600 °C im Vergleich zu 1500 °C noch höher (45 kcal mehr).

Wie schon bei der Gasverbrennung ist auch hier (s. Abb. 3.9) die *Eigenart der Luftvorwärmung und der Sauerstoffanwendung* ersichtlich. Beide führen zur Erhöhung der bei hoher Temperatur verfügbaren Wärme (höhere Wärmequalität) und somit zur höheren Verbrennungstemperatur. Diese ist bei der Luftvorwärmung durch die Erhöhung der während der Verbrennung freiwerdenden Wärmemenge bei gleichbleibender Abgasmenge und bei der Sauerstoffanwendung durch die Verminderung der Abgasmenge bei gleichbleibender, während der Verbrennung entwickelter Wärmemenge erzielbar. Aus der Abb. 3.9 geht auch hervor, daß die verfügbare Wärmemenge bei hohen Temperaturen in beiden Fällen zunimmt. Diese *Zunahme* ist jedoch *bei der Luftvorwärmung bei allen Temperaturen gleich*, während sie *bei der Sauerstoffanwendung*, im Vergleich zur Luftvorwärmung, *um so ausgeprägter ist, je höher die Temperatur*. Deshalb ist die *Sauerstoffanwendung für Prozesse, die bei höheren und höchsten Temperaturen vor sich gehen, von besonderem Interesse*, während die Luftvorwärmung bei allen Temperaturen etwa gleichhohe Wärmevorteile bietet.

Aus der Abb. 3.9 ist weiterhin ersichtlich, daß z. B. bei 1000 °C dem Arbeiten mit reinem Sauerstoff eine Luftvorwärmung von etwa 900 °C entspricht, während bei 1500 °C Arbeitstemperatur die durch den reinen Sauerstoff verfügbare Wärmemenge der Luftvorwärmung von etwa 1200 °C gleich ist. Bei noch höheren Temperaturen muß man bei der Luftvorwärmung noch höher gehen, um die gleiche verfügbare Wärme wie beim Arbeiten mit reinem Sauerstoff zu erzielen.

Die Sauerstoffanwendung unterscheidet sich aber auch dadurch von der Luftvorwärmung, daß sich infolge der Verminderung der Abgasmenge günstigere Verhältnisse in der Kohle-Möller-Schicht einstellen, besonders deshalb, weil kleinere Gasmengen entweichen, was besonders beim Arbeiten mit feinkörnigen Möllerbestandteilen und bei höheren Temperaturen von Vorteil ist.

Die Betrachtung der Sauerstoffanwendung ist somit nach zwei Gesichtspunkten möglich:

a) Bei *gleichbleibender Kohlenstoff-* und gleicher Sauerstoff-*Menge konstante* freiwerdende *Wärmemenge;* bei zunehmendem Sauerstoffgehalt im Wind abnehmende Wind- und Abgasmenge.

b) Bei *gleichbleibender Abgasmenge* bei mehr O_2 im Wind zunehmende Kohlenstoff- und Sauerstoffmenge sowie *steigende Wärmemenge*.

Die charakteristischen Verhältnisse beider Gesichtspunkte sind aus der Abb. 3.11 ersichtlich. Die Darstellung rechts zeigt, daß mit zunehmender Sauerstoffanreicherung bei gleichen Abgas-Verhältnissen (gleiche Abgasmenge) die vor den Blasdüsen entwickelte Wärmemenge bei zunehmender Kohlenstoffmenge stetig zunimmt und bei reinem Sauerstoff fast das Dreifache des Wertes beim Luftbetrieb erreicht, woraus die wärmeintensive Arbeitsweise der Sauerstoffanreicherung verständlich ist.

d) Vorwärmung des sauerstoffangereicherten Windes. Bei metallurgischen Prozessen, die bei höchsten Temperaturen vor sich gehen, ist, wie oben erörtert, das Arbeiten mit sauerstoffangereichertem Winde oder mit reinem Sauerstoff von Vorteil. Inwieweit kann aber die Vorerwärmung auch hier Vorteile bringen?

Der Wärmeinhalt des sauerstoffangereicherten Windes oder des reinen Sauerstoffs, notwendig für die CO-Verbrennung von 1 kg C, ist in Abhän-

3*

gigkeit von der Temperatur aus der Abb. 3.10 ersichtlich. Infolge der immer kleineren N_2-Menge nimmt der Wärmeinhalt mit steigender O_2-Anreicherung ab und ist bei reinem O_2 am kleinsten.

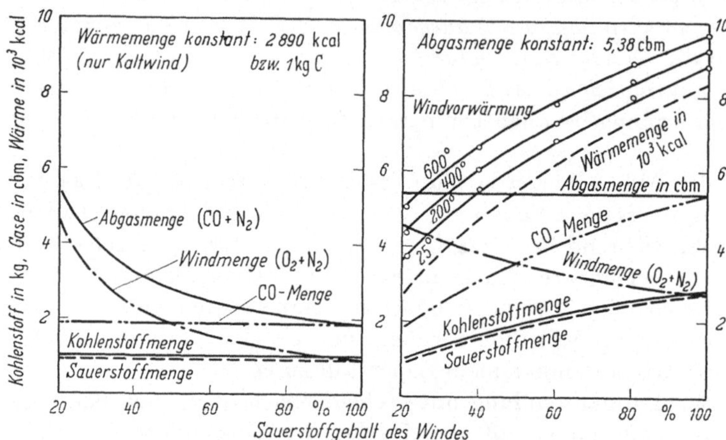

Abb. 3.11 Veränderung der Verbrennungs- und Gas-Verhältnisse bei konstanter C- bzw. Abgasmenge

Das Arbeiten mit Heißwind kann aber auch bei sauerstoffangereichertem Wind Vorteile bringen, besonders dann, wenn Prozesse, die bei sehr hohen Temperaturen vor sich gehen, in Betracht kommen. Wie aus der Abb. 3.12 ersichtlich, nimmt die zur Verfügung stehende Wärme (Wärme-

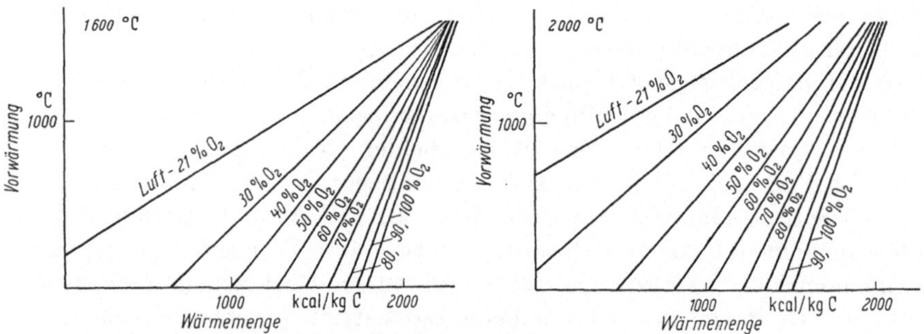

Abb. 3.12 Verbrennung des C zu CO; Einfluß der Vorwärmung der Luft und der O_2-N_2-Gasgemische auf die bei hohen Temperaturen verfügbare Wärmemenge (links bei 1600 °C und rechts bei 2000 °C).

qualität) mit der Windvorwärmung um so stärker zu, je höher die Arbeitstemperatur, d. h. es ist besonders dann wirtschaftlich, auch beim reinen O_2 die Vorwärmung vorzunehmen, je höher die Ofentemperatur sein muß. Dieses Verhalten ist verständlich, weil die Sauerstoffzunahme im Wind zur Erhöhung der Wärmequalität führt.

5. Koksverbrennung bis CO (Vergasung)

Koks wird im Gaserzeuger (Gasgenerator) nur bis CO verbrannt. Auch im mit Heißwind betriebenen Hochofen erfolgt — von den Vorgängen kurz vor den Blasdüsen abgesehen — die Oxydation weitgehend zu CO. Diese Verhältnisse sollen durch die nachstehenden Rechnungen veranschaulicht werden, wobei die Verbrennung mit Kaltwind, Heißwind (800 °C), kaltem 30%igem Sauerstoff, und reinem Sauerstoff erfolgen soll. Dabei ist zu ermitteln:

a) notwendige Sauerstoff- und Luftmenge (auch bei Berücksichtigung der Luftfeuchtigkeit);

b) Menge und Zusammensetzung der Abgase;

c) erzeugte Wärmemenge, unter Berücksichtigung der Verflüssigung und Erhitzung der Asche auf 1400 °C;

d) Flammentemperatur bei $\eta = 0,9$.

a) Zusammensetzung eines Kokses. Die Menge des Reinkokses beträgt 89,10%; Koks (trocken) hat folgende Zusammensetzung:

$$\left.\begin{array}{l} 87,30\% \ \text{C} \\ 0,36\% \ \text{H} \\ 0,54\% \ \text{O} \\ 0,90\% \ \text{N} \end{array}\right\} \text{Reinkoks}$$

$$\begin{array}{l} 0,90\% \ \text{S} \\ \underline{10,00\% \ \text{Asche}} \\ 100,00\% \\ 4,80\% \ \text{Feuchtigkeit (bezogen auf Trockenkoks)} \end{array}$$

b) Notwendige Sauerstoffmenge. Bei der Koksverbrennung bis CO verbindet sich C mit dem Sauerstoff; H und S des Kokses oxydieren wegen der reduzierenden Verhältnisse des CO nicht. N des Kokses entweicht mit dem Luft-N_2. Aus der Koksfeuchtigkeit bildet sich Wasserdampf schon in den oberen Schichten des Schachtofens. Die Gesamtsauerstoffmenge entspricht der für die Verbrennung des C bis CO notwendigen, verringert die im Koks vorhandene Sauerstoffmenge, somit (s. Gl. 3.14 und Tab. A-VII).

$$\text{cbm } O_2 = 0,933 \, (\text{kg C}) - 0,700 \, (\text{kg O}) \, . \tag{3.16}$$

Im vorliegenden Falle liegt die notwendige O_2-Menge bei (bezogen auf 1 kg Trockenkoks)

$$\text{cbm } O_2 = 0,873 \cdot 0,933 - 0,0054 \cdot 0,700 = 0,814 \ \text{cbm } O_2/\text{kg Koks} \, .$$

c) Notwendige Luftmenge liegt, wenn man die Luftfeuchtigkeit nicht berücksichtigt, bei

$$\text{cbm Luft} = \frac{\text{cbm } O_2}{0,21} = \frac{0,933 \cdot (\text{kg C}) - 0,700 \, (\text{kg O})}{0,21} \, . \tag{3.17}$$

Die Luftfeuchtigkeit des Windes zersetzt sich nach (Tab. A-VII)

$$1 \text{ kg } H_2O \ (1{,}244 \text{ cbm}) = 0{,}622 \text{ cbm } O_2 + 1{,}244 \text{ cbm } H_2 - 3208 \text{ kcal}. \quad (3.18)$$

Die dabei frei werdende H_2-Menge steht der Verbrennung zur Verfügung. Die durch Wind eingebrachte O_2-Menge verkleinert sich um die in der Feuchtigkeit mitgeführte O_2-Menge. Ist A die in der Luft vorhandene Feuchtigkeit in g H_2O/cbm Luft, dann liefert diese $0{,}000622 \cdot A$ cbm O_2. Wird vom Gesamt-Luftvolumen das Volumen der Luftfeuchtigkeit abgezogen ($0{,}001244 \cdot A$ cbm/cbm Luft), dann ist die Gesamt-O_2-Menge je cbm Luft $(1 - 0{,}001244 \cdot A) \cdot 0{,}210 + 0{,}000622 \cdot A = 0{,}210 + 0{,}000361 \cdot A$. Bei Berücksichtigung dieser Beziehung beträgt die notwendige Luftmenge

$$\text{cbm Luft} = \frac{0{,}933 \ (\text{kg C}) - 0{,}700 \ (\text{kg O})}{0{,}210 + 0{,}000361 \cdot A}. \quad (3.19)$$

Wenn man annimmt, daß die Luft 10 g Feuchtigkeit/cbm enthält, was $0{,}01244$ cbm Wasserdampf (etwa $1{,}2\%$ der Luftmenge) entspricht, dann liegt die notwendige Luftmenge (inkl. Luftfeuchtigkeit) des obigen Kokses (s. oben) bei

$$\text{cbm Luft} = \frac{0{,}814}{0{,}210 + 0{,}0036} = 3{,}811 \text{ cbm Luft/kg Koks}. \quad (3.20)$$

Ohne Berücksichtigung der Luftfeuchtigkeit von 10 g H_2O nach der Gl. (3.19) wären $3{,}876$ cbm, d. h. etwa $1{,}7\%$ mehr, notwendig. Dabei gelangen mit der Luft $38{,}1$ g H_2O/kg Koks in den Verbrennungsraum und es bilden sich nach der Gl. (3.18) $0{,}047$ cbm H_2 sowie $0{,}024$ cbm O_2. Für diese Feuchtigkeits-Zersetzung sind $(0{,}0381 \cdot 3208)$ 122 kcal notwendig.

d) Menge und Zusammensetzung der Abgase. Die Ermittlung der Abgasmenge erfolgt nach

$$\begin{aligned}
\text{cbm Abgase} = {} & 1{,}867 \ (\text{kg C}) \text{ cbm CO} + [11{,}111 \ (\text{kg H}) + \\
& + 0{,}001244 \cdot A \ (\text{cbm Luft})] \text{ cbm } H_2 + [0{,}800 \ (\text{kg N}) + \\
& + 0{,}790 \cdot \text{cbm Luft} + (1 - 0{,}00124 \cdot A)] \text{ cbm } N_2 + \\
& + 1{,}244 \ (\text{kg } H_2O_{\text{feucht.}}) \text{ cbm } H_2O = 4{,}723 \text{ cbm}.
\end{aligned} \quad (3.21)$$

Die berechnete Abgasmenge und Zusammensetzung sind aus der Tab. 3-VI ersichtlich.

e) Erzeugte Wärmemenge und Verbrennungstemperaturen. *1. Anwendung von Kaltwind.* Bei der Verbrennung bis CO kommt Koks zuerst auf die Verbrennungstemperatur, was z. B. im Hochofen mit den heißen, nach oben entweichenden Abgasen vor sich geht; weil diese Erhitzung mit den Abgasen erfolgt, ist es nicht notwendig, dies als Wärmeverbrauch zu berücksichtigen. Bei der Verbrennung selbst ist die Wärmemenge für

Tabelle 3-VI. *Ermittlung der Abgas-Zusammensetzung und der Abgasmenge (mit Luftfeuchtigkeit), bezogen auf 1 kg Trockenkoks*

	Abgas
$0,873$ kg C $\cdot 1,867$	$1,630$ cbm CO
$0,0036$ kg H $\cdot 11,111$	$0,040$ cbm H_2
H_2 aus der Luftfeuchtigkeit	$0,012$ cbm H_2
$0,0090$ kg N $\cdot 0,800$	$0,007$ cbm N_2
N_2: $3,811 \cdot 0,9876 \cdot 0,790$	$2,974$ cbm N_2
$0,048$ kg H_2O (Koksfeuchtigkeit) $\cdot 1,244$	$0,060$ cbm H_2O

Abgasmenge 4,723 cbm

4,723 cbm Abgas bestehen aus

		1300°	kcal
$1,630$ cbm CO	$(34,5\%)$	$449,2$	$732,1$
$0,052$ cbm H_2	$(1,1\%)$	$419,9$	$21,8$
$0,060$ cbm H_2O	$(1,3\%)$	$555,8$	$33,3$
$2,981$ cbm N_2	$(63,1\%)$	$445,3$	$1327,4$
			$2114,6$

$$\text{Verbrennungstemperatur:} \quad \frac{2252}{2115} \cdot 1300 = 1384 \,°\text{C}$$

Schmelzen der Asche (etwa 40 kcal/kg) und für die Zersetzung der Luftfeuchtigkeit (cbm Luft $\times A \times 3,21$ kcal) notwendig. Wasserstoff und Schwefel oxydieren wegen der reduzierenden Verhältnisse nicht. Somit ist die bei der Verbrennung des Kokses im Ofen entwickelte Wärmemenge (bezogen auf 1 kg Koks):

a) Verbrennung des Kokses
   0,873 kg C $\cdot$ 2300 kcal   2008 kcal

b) Wärmeinhalt des Kokses bei 1500 °C[1] (Tab. A-XIII
   u. Abb. A.2)   620 kcal

         2628 kcal

c) Wärmebedarf für das Schmelzen der Asche
   0,1 kg $\cdot$ 40 kcal   4 kcal

d) Wärmebedarf für die Zersetzung der
   Luftfeuchtigkeit 38,1 $\cdot$ 3,208   122 kcal   126 kcal

         2502 kcal

Diese Wärmemenge erhitzt 4,723 cbm Abgase und entspricht (ohne Wärmeverluste) einer Verbrennungstemperatur von etwa 1530 °C. Bei der Annahme, daß die Wärmeverluste im unteren Teile des Ofens bei 10%

---

[1] Die Temperatur des Kokses von 1500 °C kommt hier deshalb in Betracht, weil bei der Roheisenerzeugung infolge der Reduktion der Eisenerze und dem Schmelzpunkt der Schlacke keine höheren Temperaturen erreichbar sind. Bei der Erzeugung anderer Produkte (z. B. hochschmelzender Ferrolegierungen, Karbids, usw.), erfolgt die Erhitzung des Kohlenstoffs auf höhere Temperaturen; in einem solchen Falle ist der Wärmeinhalt des Kokses bei entsprechend höherer Temperatur zu berücksichtigen.

liegen, verteilen sich 2252 kcal auf 4,723 cbm Abgas (477 kcal/cbm Abgas), was einer Temperatur von etwa 1380 °C (Tab. 3-VI) entspricht; beim Arbeiten mit dem Wind z. B. eines Gebläses ist die Verbrennungstemperatur wegen der höheren Temperatur des Windes höher. Beim Arbeiten in einem Ofen, der mit Kaltwind bei hoher Geschwindigkeit betrieben ist (z. B. im Kaltwind-Kupolofen), geht vor den Blasdüsen die Verbrennung teilweise bis CO_2 vor sich; daraus resultieren höhere Verbrennungstemperaturen, die für das Erschmelzen des Gußeisens vorteilhaft sind. Auch die Vorwärmung des Windes in dem Windkasten führt im Kaltwind-Kupolofen zur Erhöhung der Verbrennungstemperatur.

2. Anwendung von 800 °C-Heißwind. Weil Heißwind von 800 °C 265,6 kcal/cbm mitführt, erhöht sich die entwickelte Wärmemenge um 1012 kcal (3,811 cbm Luft·265,6 kcal), d. h. von 2502 kcal auf 3514 kcal je kg Koks, und zwar *bei gleichbleibender Abgasmenge.* Bei Wärmeverlusten von 10% verbleiben 3163 kcal/kg Koks oder 669 kcal/cbm Abgas, was einer Temperatur von etwa 1900 °C entspricht.

Aus diesem Beispiele ist die Bedeutung der Luftvorwärmung, wonach die Temperatur vor den Blasformen von etwa 1400 °C, d. h. um etwa 500 °C steigt, ersichtlich.

3. Anwendung von 30%-Sauerstoff. Bei der Verbrennung mit Sauerstoff erfolgt die Oxydation des Kokses wie beim Arbeiten mit der Luft, nur sind, wenn 30%-O_2 keine Feuchtigkeit enthält, 2,713 cbm (0,814:0,30) notwendig. Die Menge des mitgeblasenen Stickstoffs vermindert sich von 2,974 bei Luft auf 1,899 cbm (auf etwa 63%), wodurch die Abgasmenge (s. auch Tab. 3-VI) 3,636 cbm beträgt. Die bei der Oxydation von 1 kg Koks entwickelte Wärmemenge bleibt bei der Sauerstoffanwendung unverändert und beträgt 2624 kcal (keine Luftfeuchtigkeit), was bei $\eta = 0,90$ (2362 kcal oder etwa 650 kcal/cbm Abgas) einer Verbrennungstemperatur von etwa 1850 °C gleich kommt.

4. Arbeiten mit reinem Sauerstoff. Wenn die Oxydation des Kokses nur mit reinem Sauerstoff (kein Stickstoff) erfolgt, dann sind nur 0,814 cbm Rein-Sauerstoff notwendig. Die Abgasmenge, weitgehend aus CO bestehend, beträgt (s. auch Tab. 3-VI) 1,737 cbm, was bei $\eta = 0,80$ 2099 kcal/kg Koks und somit einer hypothetischen Abgastemperatur von etwa 3300 °C entspricht.

Die Bedeutung der Sauerstoffanwendung liegt, wie aus diesen Beispielen ersichtlich, darin, daß bei praktisch unveränderter Wärmeentwicklung die Abgasmenge kleiner, der Wärmeinhalt der Abgase größer und somit die Abgas- bzw. die Verbrennungstemperatur höher ist.

5. Wärmemenge-Temperatur-Schaubild der Koksverbrennung bis CO. Die verfügbare Wärmemenge, sowie die erzielten Verbrennungstemperaturen sind bei der Verbrennung des Kokses bis CO mit Kaltwind, 800 °C-

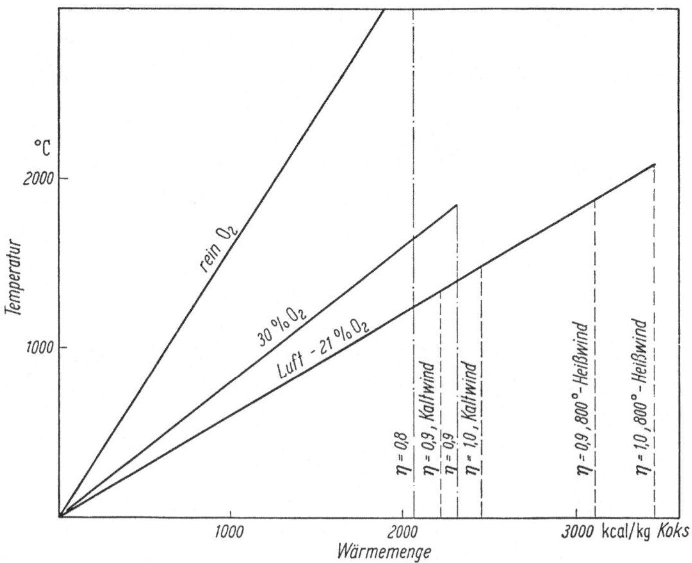

Abb. 3.13 Wärmemenge-Temperatur-Schaubild der Verbrennung von 1 kg Koks bis CO bei Kalt-
und Heißwind sowie Sauerstoffanwendung

Tabelle 3-VII. *Vergleich verschiedener Verbrennungsarten des Kokses* (bezogen auf
1 kg Trockenkoks)

	Kaltwind	Heißwind 800°	30%-O₂	Rein-O₂
A. Wärmeangebot				
Wärmeinhalt des Kokses bei 1500 °C	620	620	620	620
Verbrennung des Kokses 0,873 · 2300	2008	2008	2008	2008
Wärme des Heißwindes bei 800 °C: 3,811 · 265,6	—	1012	—	—
Wärmeentwicklung	2628	3640	2628	2628
B. Wärmeverbrauch				
Schmelzen der Asche 0,1 · 40 4 kcal Zers. der Luftfeuchtigkeit 38,1 · 3,208 122 kcal	126	126	4	4
	2502	3514	2624	2624
Verluste	250 (10%)	351 (10%)	262 (10%)	525 (20%)
Entw. Wärmemenge	2252	3163	2362	2099
Abgasmenge cbm/kg Koks	4,723	4,723	3,636	1,737
kcal/cbm Abgas	477	669	650	1208
Verbrennungstemperatur °C	1380	1900	1850	(3300)

Heißwind, 30%-O_2 und reinem O_2 aus der Abb. 3.13 ersichtlich. Für drei verschiedene Abgaszusammensetzungen ergeben sich drei verschiedene Geraden (Luft, 30%-O_2, Rein-O_2), mit denen die Verbrennungstemperatur in Abhängigkeit von dem Wärmeinhalt der Abgase (in kcal/kg Koks) ablesbar ist. Bei bestimmter Abgaszusammensetzung ist die Verbrennungstemperatur nur von der Wärmemenge der Abgase, die wieder nur durch die Vorwärmung des Windes erzielbar ist, abhängig. Die Geraden bei 30%-O_2 und besonders bei reinem O_2 sind deshalb steiler, weil die Abgasmenge/kg Koks geringer ist, d. h. weil sich die bei der Verbrennung befreite Wärmemenge auf eine geringere Abgasmenge verteilt, was zu höheren Verbrennungstemperaturen führt.

Der Vergleich verschiedener Verbrennungsarten des Kokses ist aus der Tab. 3-VII ersichtlich.

6. Verbrennung des reinen Kohlenstoffs bis CO_2

Die vollständige Oxydation des Kohlenstoffs liefert CO_2, wenn die für die Verbrennung notwendige Sauerstoffmenge im Überschuß vorhanden ist. Diese Verbrennung geht um so vollständiger vor sich, je höher der Sauerstoffüberschuß (gewöhnlich in Form von Luft). Meist ist ein Überschuß von 10—20% notwendig, was allerdings zur Verschlechterung der wärmetechnischen Verhältnisse führt. Bei der CO_2-Verbrennung entwickeln sich 7944 kcal je kg C (Gl. 3.15); bei vollständiger Oxydation mit Luft und ohne Berücksichtigung der Wärmeverluste entspricht das einer berechneten Verbrennungstemperatur von etwa 2200 °C (bei 10% Verlusten etwa 2000 °C); das Abgas besteht aus 21% CO_2 und 79% N_2. Weil bei theoretischer Luftmenge ($n = 1$) wegen der schlechten Durchmischung schwer eine vollständige Ausnützung der Luft erfolgt, ist diese Temperatur kaum erreichbar. Bei einem Luftüberschuß von 20% ($n = 1,2$) liegt die Verbrennungstemperatur bei etwa 1850 °C, bei gleichzeitig 10% Wärmeverlusten bei etwa 1650 °C, woraus auch die Bedeutung der Verbrennung mit der theoretischen Luftmenge ersichtlich ist.

7. Koksverbrennung bis CO_2

Bei der Koksverbrennung kommt die Zusammensetzung dieses Brennstoffes (s. S. 37) voll zur Auswirkung; die Wärmelieferung entspricht dem Heizwert des Kokses.

Bei der vollständigen Verbrennung bis CO_2 arbeitet man in der Regel mit einem Luftüberschuß. Ist z. B. ein 10% Luftüberschuß ($n = 1,1$) notwendig, dann ergeben sich wegen der Mitoxydation des Wasserstoffs und des Schwefels der Kohle folgende Verhältnisse, die sich auf die Kokszusammensetzung der S. 37 beziehen.

a) Notwendige Sauerstoffmenge/kg Trockenkoks:

$$\text{cbm } O_2 = 1{,}867 \,(\text{kg C}) + 0{,}700 \,(\text{kg S} - \text{kg O}) + 5{,}556 \,(\text{kg H})$$
$$= 1{,}630 + 0{,}003 + 0{,}020 = 1{,}653 \text{ cbm } O_2/\text{kg Koks} \qquad (3.22)$$

bei $n = 1$ oder $1{,}818$ cbm O_2 bei $n = 1{,}1$.

b) Notwendige Luftmenge/kg Koks:

$$\text{cbm Luft} = 4{,}762 \cdot (\text{cbm } O_2) = 7{,}872 \text{ cbm} \qquad (3.23)$$

bei $n = 1$ und $8{,}659$ cbm bei $n = 1{,}1$.

Weil in der Verbrennungszone oxydierende Atmosphäre (O_2-Überschuß) vorhanden ist, erfolgt keine Reduktion der Luftfeuchtigkeit, die unverändert durch den Verbrennungsraum strömt.

c) Menge und Zusammensetzung der Abgase, z. B. auf dem Wanderrost ergibt sich nach folgender Beziehung:

$$1{,}867 \,(\text{kg C}) + [0{,}800 \,(\text{kg N}) + 0{,}790 \cdot \text{cbm Luft} \,(1 - 0{,}001244 \cdot A)]$$
$$\text{cbm } N_2 + [0{,}001\,244 \cdot A \cdot (\text{cbm Luft}) +$$
$$+ 11{,}111 \,(\text{kg H}) + 1{,}244 \,(\text{kg Koks feucht.})]$$
$$\text{cbm } H_2O + 0{,}700 \,(\text{kg S}) \text{ cbm } SO_2 +$$
$$+ 0{,}210 \, \frac{n-1}{n} \,(\text{cbm Luft}) \text{ cbm } O_2 . \qquad (3.24)$$

Die Ermittlung der Abgaszusammensetzung ist aus der Tab. 3-VIII ersichtlich.

Tabelle 3-VIII. *Ermittlung der Abgas-Zusammensetzung bei der Koksverbrennung bis CO_2 ($n = 1{,}1$, Luftfeuchtigkeit 10 g/cbm Luft)*

	Abgasmenge und Zusammensetzung		
	Menge in cbm		%
0,873 kg C ·1,867	1,630 cbm CO_2	1,630 cbm CO_2	18,6
0,0090 kg N · 0,800	0,007 cbm N_2		
8,659 cbm Luft · (1 − 0,012)·0,790	6,759 cbm N_2	6,766 cbm N_2	77,1
8,659 cbm Luft · 0,01244	0,108 cbm H_2O		
0,0036 kg H ·11,111	0,040 cbm H_2O		
0,048 kg Koks feucht ·1,244	0,060 cbm H_2O	0,208 cbm H_2O	2,4
0,0090 kg S · 0,700	0,006 cbm SO_2	0,006 cbm SO_2	—
8,659 cbm Luft · 0,210 · 0,091	0,165 cbm O_2	0,165 cbm O_2	1,9
	8,775 cbm		100,0

d) Wärmeentwicklung und Verbrennungstemperatur. Bei der Verbrennung des Kokses bis CO_2, z. B. auf dem Wanderrost, erfolgt fast keine Vorwärmung des Kokses, wie das im Schachtofen der Fall ist; die Wärmemenge des Kokses fällt deshalb fort. Die Verbrennung des C geht bis CO_2 vor sich. Die Verbrennung des Wasserstoffs geht nach der

Gl. (3.1) (28 667 kcal/kg H) und die des Schwefels, der im Koks vor allem in organisch gebundener Form vorliegt, nach der Gleichung

$$1 \text{ kg S} + 0{,}700 \text{ cbm O}_2 = 0{,}700 \text{ cbm SO}_2 + 2217 \text{ kcal} \qquad (3.25)$$

vor sich.

Die Ermittlung der bei der Koksverbrennung bis CO_2 freiwerdenden Wärme und die Berechnung der Verbrennungstemperatur ist der Tab. 3-IX und 3-X entnehmbar.

Tabelle 3-IX. *Ermittlung der entwickelten Wärmemenge bei der Koksverbrennung bis CO_2 ($n = 1{,}1$, Luftfeuchtigkeit 10 g/cbm Luft)*

Koks	Wärmemenge	
	in kcal/kg	kcal/kg Koks
0,8730 kg C	7944	6934
0,0036 kg H	28667	103
0,0090 kg S	2217	20
Entwickelte Wärmemenge		7057
Wärmebedarf fd. Asche 0,1 · 470		47
		7010

Tabelle 3-X. *Verbrennungstemperatur bei vollständiger Verbrennung des Kokses ($n = 1{,}1$, $\eta = 0{,}90$)*

Abgasmenge	%	Wärmeinhalt der Gasbestandteile bei 1800 °C in kcal/cbm	Wärmeinhalt der Abgase in kcal je kg Koks bei 1800 °C
1,630 cbm CO_2	18,6	1035,0	1687
6,766 cbm N_2	77,1	635,4	4299
0,208 cbm H_2O	2,4	815,4	170
0,006 cbm SO_2	—	—	—
0,165 cbm O_2	1,9	666,0	110
8,791 cbm Abgase	100,0		6266

$$\text{Flammentemperatur in } °C = \frac{6311}{6266} \cdot 1800 = 1810 \text{ °C}$$

Zusammen werden 7057 kcal frei, die auch für die Erhitzung der Asche auf 1500 °C (450 kcal/kg) notwendig sind. Die restlichen 7010 kcal verteilen sich auf 8,847 cbm Abgas. Bei der Berücksichtigung von 10% Wärmeverlusten durch Strahlung usw., verbleiben 6309 kcal/kg Koks, die einer Verbrennungstemperatur von 1800 °C entsprechen.

Diese Verbrennungstemperatur liegt im Vergleich mit der CO-Verbrennung wesentlich höher, und zwar, weil hier die Wärmeentwicklung fast dreimal größer ist (7010 kcal gegenüber 2502 kcal). Da mit der Wärmeentwicklung auch die Abgasmenge (von 4,723 auf 8,77 cbm, d.h. auf fast das Doppelte) gestiegen ist, nimmt die Verbrennungstemperatur von 1380 °C auf 1800 °C, d. h. um etwa 420 °C zu.

e) Heißwindanwendung. Auch bei der Verbrennung bis CO_2 kann statt Kaltwind vorgewärmte Luft angewendet werden. Das Arbeiten mit Heißwind ist hier deshalb besonders wirkungsvoll, weil die Luftmenge sehr groß (z. B. zweimal größer als bei der Verbrennung bis CO) ist. Weil je kg Koks 8,659 cbm Luft ($n = 1,1$) notwendig sind, beträgt die Heißwind-Wärmemenge bei z. B. 500 °C Luftvorwärmung ($8,659 \cdot 161,3$) 1397 kcal/kg Koks, womit die gesamte entwickelte Wärmemenge auf 8407 kcal ($7010 + 1397$) bei unveränderter Abgasmenge von 8,847 cbm zunimmt. Bei der Annahme von 10% Wärmeverlusten bleiben 7566 kcal zurück, die einer Verbrennungstemperatur von etwa 2150 °C (Zunahme von etwa 350 °C) entsprechen. Die Zunahme der Wärmemenge sowie der Verbrennungstemperatur liegt bei 500 °C-Heißwind um 20%.

f) Sauerstoffanwendung. Die Sauerstoffanwendung hat kaum praktische Bedeutung. Die Gründe dafür liegen einerseits in der im Vergleich zur CO-Verbrennung bei der zweimal größeren Sauerstoffmenge, in der an und für sich recht hohen Temperatur bei der Verbrennung mit Luft und teilweisen Dissoziation des CO_2-Gases bei Temperaturen oberhalb 2000 °C.

3.3.5 Wärmeerzeugung durch Oxydation (außer Karbothermie)
(inkl. Alumo- und Siliko-thermische Wärmeerzeugung)

Jeder Stoff, der beim Reagieren mit Sauerstoff in stärkerem Ausmaße Wärme liefert, kommt als Wärmelieferant in Betracht. So kann die Oxydation z. B. des Al, Si, Mn, Fe, C, P, Mg usw. Wärme liefern.

Die meisten dieser Elemente finden in der Praxis metallurgischer Prozesse als Wärmeträger Anwendung. Al liefert die Wärme z. B. bei alumothermischen Verfahren. Ähnlich kommt die Oxydation des Si z. B. bei den silikothermischen Prozessen, aber auch bei der Stahlherstellung (in geringem Umfange) in Betracht. Die notwendige Wärmemenge des Thomas-Verfahrens entstammt der Oxydation von Si, Mn, C, P und teilweise Fe. Auf diese Art erzeugte Wärme kann man als *metallurgische Wärme* bezeichnen. Die Wärmeerzeugung erfolgt durch die Reaktion zwischen dem Element und dem Sauerstoff, wobei Sauerstoff in gasförmiger (z. B. beim Thomas-Verfahren) oder in gebundener Form als Oxyd (z. B. als Eisen-, Mangan-, Chrom-Erz) z. B. im Siemens-Martin-Ofen, bei der Herstellung der C-armen Ferrolegierungen usw. in Frage kommt.

Eine Übersicht über die freiwerdenden Wärmemengen gibt die Tab. 3-XI, in der die je 1 kg Element entwickelten Wärmemengen (bezogen auf 25 °C) aufgeführt sind. Die größte Wärmemenge liefert C bei der Oxydation zu CO_2 (7944 kcal), dann Si (7483 kcal), gefolgt von Al (7413 kcal), P (5973 kcal) und Mg (5910 kcal).

Die Betrachtung dieser Zahlen allein gibt jedoch nicht das richtige
Bild, weil sich diese Wärmemengen auf den Reaktionsablauf bei der
Raumtemperatur (25 °C) beziehen. Die metallurgischen Prozesse gehen
jedoch bei höheren Temperaturen vor sich, und deshalb sind bei diesen
Temperaturen freiwerdende Wärmemengen von Interesse.

Mit der durch die Reaktion freiwerdenden Wärmemenge muß zuerst
die Erhitzung des Reaktionsproduktes auf die Endtemperatur erfolgen.

Die übriggebliebene Wärmemenge steht z. B. für die Durchführung
des metallurgischen Prozesses zur Verfügung. Diejenigen Elemente, die
eine große Oxydmenge bilden (wie z. B. CO_2, CO, P_2O_5, SiO_2 usw.), verbrauchen bei hohen Temperaturen mehr Wärme für die Erhitzung des
eigenen Oxydes, besonders, wenn der Wärmeinhalt des Oxydes groß ist.
Somit sind diejenigen Elemente von Vorteil, die bei der Oxydation einerseits eine geringe Sauerstoffmenge brauchen und anderseits eine große
Wärmemenge entwickeln.

Die bei 1500 °C annähernd zur Verfügung stehende Wärmemenge ist
bei reinem Sauerstoff als Oxydationsmittel aus der Tab. 3-XII ersichtlich. Hiernach liefert Si bei der Oxydation zu SiO_2 die größte Wärmemenge, dann C (bis CO_2), Al, usw.

Die freiwerdende Wärmemenge nimmt beträchtlich zu, wenn die Reaktion bei höheren Temperaturen vor sich geht, wenn also das zu oxydierende Element und der Sauerstoff z. B. auf 1000 °C vorerhitzt sind;
in diesem Falle braucht das Oxyd nur von 1000 auf 1500 °C (Wärmebedarf nur etwa $1/_3$ der Wärmemenge von der Raumtemperatur bis
1500 °C) erhitzt zu werden. Noch besser sind die Ergebnisse, wenn die zu
oxydierenden Elemente im flüssigen Roheisen bei einer Temperatur
von z. B. 1300 °C vorliegen, wie z. B. beim Thomas-Verfahren. In diesem
Falle braucht man die Reaktionsprodukte, d. h. die Oxyde, nur von dieser
Temperatur (1300 °C) auf die Endtemperatur des Stahls (etwa 1600 °C) zu
bringen, wobei allerdings auch noch die Lösungswärmen zu berücksichtigen sind.

Tabelle 3-XI. *Wärmeentwicklung bei der Oxydation verschiedener Stoffe (bei 25 °C)*

Reaktion	kg Oxyd je kg Element	Entwickelte Wärme-menge, bezogen auf 1 kg Element, 25 °C	Notwendige O_2-Menge in cbm je kg Element
Al/Al_2O_3	1,89	7413	0,622
C/CO	2,33	2300	0,933
C/CO_2	3,67	7944	1,865
Ca/CaO	1,40	3790	0,280
Fe/FeO	1,29	1150	0,201
Fe/Fe_2O_3	1,43	1764	0,301
Mg/MgO	1,66	5910	0,461
Mn/MnO	1,29	1675	0,204
P/P_2O_5	2,29	5973	0,903
Si/SiO_2	2,14	7483	0,798

Tabelle 3-XII. *Bei 1500 °C zur Verfügung stehende Wärmemenge einiger Oxydations-reaktionen (Oxydationsmittel reiner Sauerstoff)*

Reaktion	Wärmeinhalt des Oxydes bei 1500 °C		Gesamtwärme Element kcal/kg	Restwärme in kcal/kg Element bei 1500 °C
	in kcal/kg Oxyd	in kcal/kg Element		
Al/Al_2O_3	452	854	7413	6559
C/CO	420	979	2300	1321
C/CO_2	425	1560	7944	6384
Ca/CaO	467	654	3790	3136
Fe/FeO			1150	
Fe/Fe_2O_3	362	518	1764	1246
Mg/MgO			5910	
Mn/MnO			1675	
P/P_2O_5			5973	
Si/SiO_2	397	850	7483	6633

Die Werte der Tab. 3-XI und 3-XII beziehen sich auf die Oxydation mit reinem Sauerstoff. Erfolgt die Oxydation mit Oxyden, z. B. mit Fe_2O_3, dann muß die Zersetzungswärme dieses Oxydes berücksichtigt werden, bezogen auf die notwendige Sauerstoffmenge.

So sind z. B. bei der Oxydation des Al mit Fe_2O_3 (s. Tab. 3-XI) $0,89$ kg O in Form von Fe_2O_3 notwendig, wofür $\frac{0,89}{0,43} \cdot 1,43 = 2,96$ kg Fe_2O_3 mit $2,07$ kg Fe in Betracht kommen. Um die für die Reduktion dieser Oxydmenge benötigten Wärmemenge $1764 \cdot 2,07 = 3651$ kcal verringert sich die bei 1500 °C zur Verfügung stehende Wärmemenge; es bleiben $6559 - 3651 = 2908$ kcal. Gleichzeitig sind $310 \cdot 2,07 = 642$ kcal für die Erhitzung des Eisens auf etwa 1500 °C nötig, wodurch eine Restwärmemenge von 2266 kcal/kg Al resultiert.

Ähnlich sind bei der Oxydation des Si mit Fe_2O_3 $1,14$ kg O oder $\frac{1,14}{0,43} \cdot 1,43 = 3,79$ kg Fe_2O_3 mit $2,65$ kg Fe notwendig, die $1764 \cdot 2,65 = 4674$ kcal benötigen. Dabei kommen für die Erhitzung des Eisens $310 \cdot 2,65 = 822$ kcal in Betracht. Die Restwärmemenge beträgt hier $6633 - 4674 - 822 = 1137$ kcal, d. h. nur etwa zwei Drittel der bei Al zurückgebliebenen Wärmemenge. Der Grund für dieses unterschiedliche Verhalten liegt im unterschiedlichen Sauerstoffverbrauch ($0,89$ kg O/kg Al gegenüber $1,14$ kg O/kg Si) und somit im unterschiedlichen Fe_2O_3-Bedarf ($2,96$ kg bei Al gegenüber $3,79$ kg bei Si). Somit ist auch die reduzierte Fe-Menge bei Si größer ($2,65$ kg statt $2,07$ kg).

Beim Arbeiten mit heißen Materialien (Al bzw. Si und Fe_2O_3) erhöht sich die übriggebliebene Wärmemenge entsprechend.

Die Oxydation der Legierungselemente des Roheisens ist für die Stahlherstellung von besonderer Bedeutung und soll dort zur Erörterung kommen.

Wärmemenge-Temperatur-Schaubild der Oxydation der Elemente ist
aus der Abb. 3.14 ersichtlich. Die Kurven beziehen sich auf die Reaktion
der Elemente mit reinem Sauerstoff; sie sind bis zu der dem Element
entsprechenden Wärmemenge zu verlängern. Der Kurvenverlauf zeigt,
daß diese Oxydationsvorgänge zu sehr hohen Temperaturen führen und
daß bei hohen Temperaturen (z. B. bei 1500 °C) große Wärmemengen zur
Verfügung stehen, was besonders für Al und Si (Alumo- und Siliko-
Thermie) von Bedeutung ist.

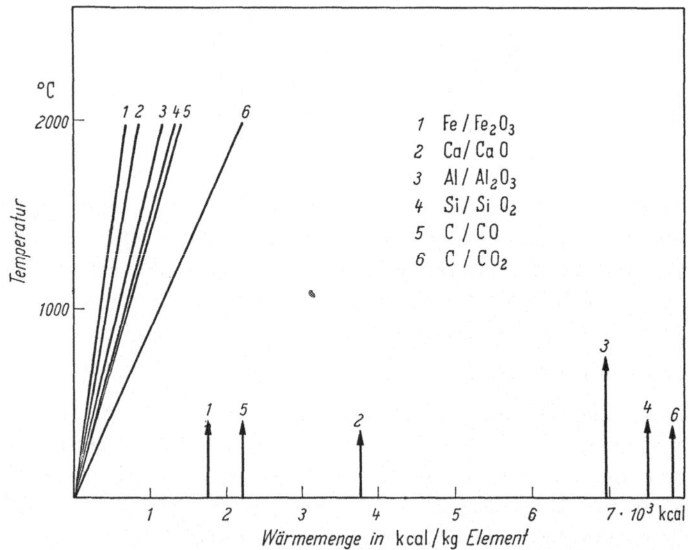

Abb. 3.14 Wärmemenge-Temperatur-Schaubild der Oxydation einiger Elemente

Als besonderer Vorgang könnte so gewählte Oxydation der hier in Betracht kommenden Elemente mit Eisenoxyden der Eisenerze betrachtet
werden, daß der Vorgang ohne Wärmezufuhr von außen vor sich geht;
in diesem Falle gilt (bei 25 °C, s. Tab. A-VIII):

$$0{,}483 \text{ kg Al} + 1{,}430 \text{ kg Fe}_2\text{O}_3 =$$
$$= 1{,}000 \text{ kg Fe} + 0{,}913 \text{ kg Al}_2\text{O}_3 + 1817 \text{ kcal}, \qquad (3.26)$$

$$0{,}377 \text{ kg Si} + 1{,}430 \text{ kg Fe}_2\text{O}_3 =$$
$$= 1{,}000 \text{ kg Fe} + 0{,}807 \text{ kg SiO}_2 + 1059 \text{ kcal}, \qquad (3.27)$$

$$0{,}323 \text{ kg C} + 1{,}430 \text{ kg Fe}_2\text{O}_3 =$$
$$= 1{,}000 \text{ kg Fe} + 0{,}602 \text{ cbm CO} - 1022 \text{ kcal}. \qquad (3.28)$$

Um die Wärmeverhältnisse bei hohen Temperaturen, z. B. bei
1600 °C, zu erfassen, ist es nötig, noch die Reaktionsprodukte (hier Fe
und Oxyde) auf die Endtemperatur (1600 °C) zu bringen; die dann

resultierenden Wärmemengen sind in der Tab. 3-XIII zusammengestellt. Hiernach liefert die Reaktion mit Al die größte überschüssige Wärmemenge, und zwar etwa 2,7mal mehr als Si; die Reaktion mit C ist dagegen sehr stark endotherm. Führt man die Reaktionen so durch,

Tabelle 3-XIII. *Wärmebedarf einiger Eisenreduktions-Reaktionen*

Reaktion	Wärmeinhalt des Oxyds bei 1600 °C	Wärmeinhalt bei 1600 °C Oxyd + 1 kg Fe (1 kg Fe = 335 kcal)	Wärmeentwicklung nach Abzug der Wärme für Erhitzung des Oxyds und Fe auf 1600 °C
$Al + Fe_2O_3$	0,913 kg $Al_2O_3 \cdot 490$ = 447 kcal	782 kcal	+ 1035 kcal
$Si + Fe_2O_3$	0,807 kg $SiO_2 \cdot 425$ = 343 kcal	678 kcal	+ 381 kcal
$C + Fe_2O_3$	0,602 cbm $CO \cdot 563$ = 339 kcal	674 kcal	− 1696 kcal

daß der Wärmeüberschuß der Al-Reaktionen für den Wärmebedarf der C-Gleichung in Betracht kommt, dann resultiert folgende Beziehung:

$$\left. \begin{aligned} &0{,}300 \text{ kg Al} + 0{,}122 \text{ kg C} + 1{,}430 \text{ kg Fe}_2O_3 \\ &= 1{,}000 \text{ kg Fe} + 0{,}567 \text{ kg Al}_2O_3 + 0{,}228 \text{ cbm CO}. \end{aligned} \right\} \quad (3.29)$$

Dabei ist keine Wärme frei, und die Reaktionsprodukte weisen nach der Reaktion 1600 °C auf; auch sind dabei keine Wärmeverluste berücksichtigt.

Die Wärmeerzeugung durch die Oxydation verschiedener Elemente (metallurgische Wärmeerzeugung) nimmt an Bedeutung dauernd zu. Sie ist auch die Grundreaktion des GOLDSCHMIDschen Verfahrens. Auch der Stahlherstellung nach dieser Reaktion wird in letzter Zeit Beachtung geschenkt.

3.3.6 Wärmeerzeugung durch den elektrischen Strom

Der Anteil der elektrischen Energie nimmt überall und auch in der Metallurgie ständig zu. Der Grund liegt in der idealen Regelbarkeit der Strom- und somit der Wärmezufuhr, den einfachen Betriebsverhältnissen und dem in den letzten Jahrzehnten im Vergleich zu anderen Brennstoffen günstigeren Preis der elektrischen Energie.

Der elektrische Strom kommt in der Metallurgie für *elektrometallurgische* bzw. *elektrothermische* Prozesse[1] in Betracht.

---

[1] Richtig dürfte die Bezeichnung „Elektrometallurgie" allen metallurgischen Prozessen, die den elektrischen Strom anwenden, vorbehalten sein (d. h. auch naßmetallurgischen elektrochemischen Verfahren, wie Naßelektrolyse, Galvanotechnik usw. und Elektrothermie), während die Bezeichnung „Elektrothermie" für metallurgische Prozesse, die bei hohen Temperaturen ablaufen und die den elektrischen Strom als Wärmeträger benötigen, in Betracht kommt.

Die Umsetzung von elektrischem Strom in Wärme hoher Temperatur kann auf verschiedene Arten erfolgen: als elektrischer Lichtbogen zwischen den Kohle- oder Graphitelektroden (z. B. im Elektro-Lichtbogenofen), als elektrischer Widerstand und Lichtbogen im Möller des Elektro-Verhüttungsofens (Herstellung des Karbids, Roheisens, Ferrolegierungen usw.) oder nur als elektrischer Widerstand im elektrischen Glüh- und Induktionsofen.

Allen diesen Öfen ist gemeinsam, daß die eigentliche Wärmeerzeugung durch elektrischen Strom nicht an Brennstoffverbrauch oder an Bildung von Abgasen gebunden ist, und daher durch den elektrischen Strom keine Verunreinigung des Ofeninhaltes erfolgen kann.

Mit dem elektrischen Strom geht somit die Wärmeerzeugung entweder in der Beschickung selbst (direkte Wärmeerzeugung) oder außerhalb derselben (indirekte Wärmeerzeugung) vor sich. Bei den metallurgischen Prozessen kommen vor allem Öfen zur Anwendung, bei denen in der Beschickung die Umwandlung der elektrischen Energie in die Wärme vor sich geht (z. B. im Induktions- und Elektro-Verhüttungsofen).

Die *Elektrowärme* weist im Vergleich mit der durch die Verbrennung der Brennstoffe erzeugten Wärme wesentliche Unterschiede auf. Die Wärmeentwicklung ist weder an Verunreinigungen noch an die Gasentwicklung gebunden. Infolge des Fehlens der oxydierenden Gase erfolgt keine Beeinflussung der Ofenatmosphäre, der Beschickung oder der Schmelze. Die elektrische Energie eignet sich sowohl für das reduzierende als auch für das oxydierende Arbeiten. Dabei ist, weil keine Gase entstehen, wenn notwendig, eine hohe Wärmekonzentration und somit hohe Temperatur erreichbar. Weil die Temperaturhöhe nur von den Wärmeverlusten und dem Wärmeverbrauch der Beschickung abhängig ist, führt das Arbeiten mit dem elektrischen Strom zu den höchsten Temperaturen. Die einfache, gewöhnlich automatische und somit genaue Regelung der Strom- und dadurch der Wärmezufuhr führt zur genauen und sowohl betrieblich, als auch wirtschaftlich sicheren Arbeitsweise.

Die Wirtschaftlichkeit der Anwendung der elektrischen Energie ist durch die oben erwähnten Faktoren und durch den Preis für die elektrische Energie bestimmt. Der preisliche Vergleich zwischen der Brennstoffkalorie und der Stromkalorie nach der Beziehung

$$1 \text{ kWh} = 860 \text{ kcal}$$

allein führt nicht zum richtigen Ergebnis, weil die elektrische Wärmeerzeugung Vorteile aufweist, die auch bei der wirtschaftlichen Betrachtung Berücksichtigung finden müssen (z. B. Nichtverunreinigen und Nichtoxydieren der Beschickung, hoher Wärmewirkungsgrad, schnelle und somit wirtschaftlichere Arbeitsweise infolge der hohen Energiekonzentration usw.).

Wärmeinhalt-Temperatur-Schaubild. Auch die Darstellung der Wärmeerzeugung durch den elektrischen Strom ist graphisch möglich (s.
Abb. 3.15). Weil sich bei dieser Wärmeerzeugung selbst keine Abgase
bilden, steht die gesamte Wärmemenge bei höchsten Temperaturen zur
Verfügung. Die Wärmequalität (d. h. die
Wärmemenge bei hohen Temperaturen) ist
hier praktisch nur von der Differenz zwischen der entwickelten Wärmemenge und
den Wärmeverlusten des Ofens abhängig.
Der elektrische Strom liefert somit Wärme
hoher Qualität, d. h. die Wärme steht im
wesentlichen bei hohen Temperaturen zur
Verfügung, wodurch diese Art der Wärme-
erzeugung vor allem für die bei höchsten
Temperaturen ablaufenden metallurgischen
Prozesse (z. B. Herstellung des Karbids,
Ferrolegierungen usw.) in Betracht kommt.

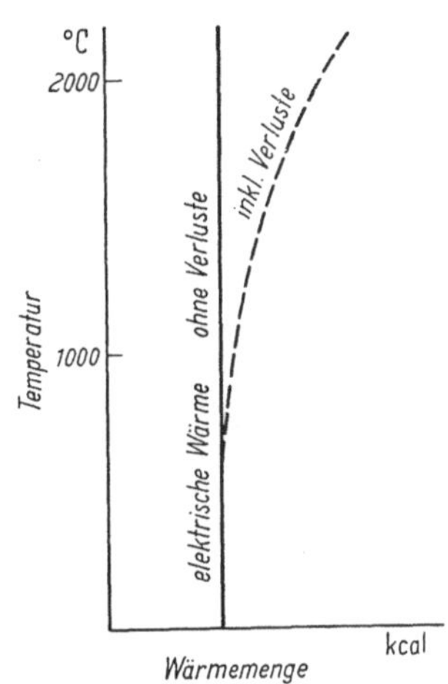

Abb. 3.15 Wärmemenge-Temperatur-Schaubild der Wärmeerzeugung durch den elektrischen Strom

3.3.7 Vergleichende Betrachtungen

Weil die metallurgischen Prozesse vor allem bei hohen Temperaturen
verlaufen, muß auch die Wärmeerzeugung, die für die Metallurgie in Frage
kommt, vom Gesichtspunkte, welche Wärmeerzeugungsvorgänge bei
hohen Temperaturen die höchste Wärmemenge liefert, betrachtet werden.
Eine Übersicht über die verschiedenen, bis jetzt besprochenen Wärmeerzeugungs-Vorgänge ist mit Hilfe des Wärmemenge-Temperatur-Schaubildes aus der Abb. 3.16 ersichtlich.

Nach dieser steht z. B. bei 1600 °C (Stahlherstellungstemperatur)
durch die Kohlenstoffverbrennung mit Luft bis CO keine Wärmemenge
zur Verfügung. Die Verbrennungstemperatur selbst liegt ja um etwa
1500 °C. Erst das Arbeiten mit vorgewärmter Luft führt bei der Luftver-
brennung des Kohlenstoffs bis CO zu bei 1600 °C freien Wärmemengen.
Wird z. B. die Luft auf 1000 °C erhitzt, dann sind bei 1600 °C bereits etwa
1300 kcal/kg C frei.

Die verfügbare Wärmemenge bei hohen Temperaturen kann anderseits
durch die Sauerstoffanwendung erhöht werden. So liefert z. B. (s. Abb. 3.16)
die Kohlenstoffverbrennung von 1 kg C bis CO mit 30%igem Sauerstoff
bei 1600 °C etwa 700 Kcal und mit reinem Sauerstoff sogar etwa 1900 Kcal.

Noch günstigere Verhältnisse liegen bei der Oxydation des Aluminiums
zu Aluminiumoxyd vor; hier stehen je kg Aluminium sogar etwa 6100 kcal
für Temperaturen oberhalb 1600 °C zur Verfügung.

Am günstigsten liegen die Verhältnisse beim elektrischen Strom, wo,

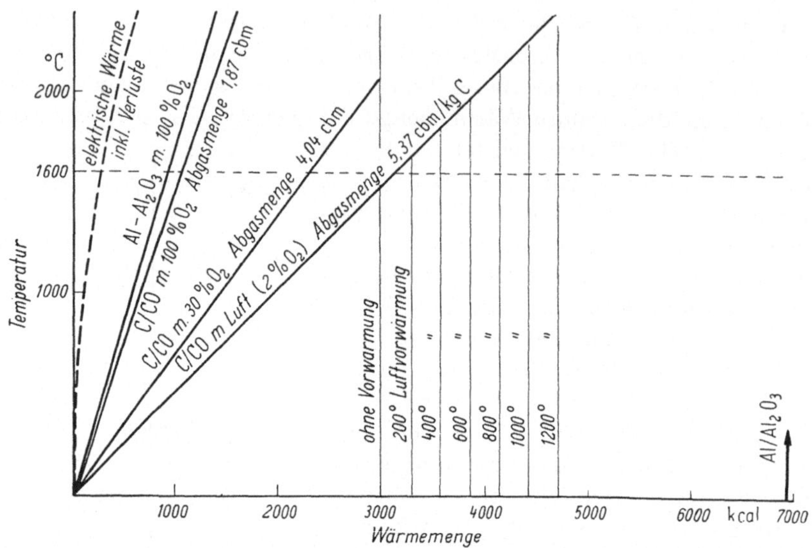

Abb. 3.16 Wärmeinhalt-Temperatur-Schaubild verschiedener Wärmeerzeugungs-Vorgänge

wenn man von den Wärmeverlusten absieht, die gesamte Wärmemenge für metallurgische Prozesse, auch bei 1600 °C, verfügbar ist.

Zusammenfassend kann festgestellt werden, daß bei den metallurgischen Prozessen auf verschiedene Arten die höchsten Temperaturen zu erzeugen sind. Die bei hohen Temperaturen zur Verfügung stehende Wärme nimmt mit dem Umfange der Wärmeerzeugung zu; sie ist von der Art der chemischen Reaktion oder von der Wärmeerzeugung z. B. durch den elektrischen Strom, und von dem Wärmeinhalt der Reaktionsausgangsstoffe (Oxydationsstoff und Oxydationsmittel) abhängig. Die erzeugte Wärmemenge wird einerseits durch die Wärmeverluste und anderseits durch die Wärme, die für die Erhitzung der Reaktionsprodukte auf die End-Temperatur erforderlich ist, vermindert.

Um höhere Wärmemengen bei hohen Temperaturen zu erhalten, sind zwei Wege möglich:

1. Erhitzen der Ausgangsstoffe (Oxydationsstoff und Oxydationsmittel) auf eine möglichst hohe Temperatur.

2. Verminderung der Wärmeverluste.

Unbeeinflußbar bleiben der Umfang der Wärmeerzeugung der chemischen Reaktion, sowie die Erhitzung der an und für sich gegebenen Reaktionsprodukte.

Für ganz hohe Temperaturen eignen sich hiernach am besten die Kohlenstoffverbrennung mit reinem Sauerstoff, alumo- oder silikothermische Wärmeerzeugung und vor allem die Wärmeerzeugung mit dem elektrischen Strom.

4 Verhütten (Roheisenherstellung)

4.1 Allgemeines

4.1.1 Einleitung

Die Aufgabe des Verhüttungsprozesses besteht in der Herstellung von Eisen aus den Eisenerzen, die das Eisen in der Oxydform enthalten. Um Eisen zu gewinnen, muß die Trennung zwischen Eisen und Sauerstoff erfolgen. Dieser Vorgang geht mit Hilfe der Reduktionsstoffe, die eine höhere Affinität zum Sauerstoff als Eisen selbst besitzen, vor sich. Aus wirtschaftlichen Gründen kommt heute als Reduktionsmittel Kohlenstoff in Form von Kohle in Betracht. Grundsätzlich könnten aber auch andere Reduktionsmittel (z. B. Aluminium, Silizium usw.) angewendet werden.

Beim Arbeiten mit Kohle bindet der Sauerstoff der Eisenerze den Kohlenstoff der Kohle; weil dieser Vorgang bei höheren Temperaturen vor sich geht, schmilzt das frei werdende Eisen und löst den anwesenden Kohlenstoff zu Roheisen. Bei hohen Temperaturen des Verhüttungsprozesses geht aber auch die Reduktion anderer Oxyde teilweise vor sich, wodurch Legierungselemente, z.B. Mangan, Phosphor, Silizium usw. in das Roheisen gelangen.

Um bei hohen Temperaturen die Reduktion durchführen zu können, muß man die Rohstoffe (z. B. Erz, Kohle, usw.) auf die Reaktionstemperatur bringen. Bei der Erhitzung verlieren die Möllerstoffe zuerst die Feuchtigkeit, dann das Hydratwasser und anschließend die Kohlendioxyd der Karbonate. Bei der Reduktionstemperatur schmilzt auch die nicht reduzierte Gangart und bildet die auf dem Roheisen schwimmende flüssige Schlacke, wodurch die Abscheidung der Gangart vom Roheisen vor sich geht. Gleichzeitig nimmt die Schlacke auch die Hauptmenge des Schwefels auf.

Bei der Roheisenherstellung verfolgt man somit vor allem folgende drei Ziele:

1. Befreiung der Eisenoxyde vom Sauerstoff (Reduktion).

2. Erhitzen der Möllerbestandteile (Wärmeerzeugung).

3. Trennung des Eisens von anderen Bestandteilen des Möllers, was z. B. im Hochofen und im Elektro-Verhüttungsofen über dem flüssigen Zustand (flüssige Schlacke-Roheisenschmelze) erfolgt.

4.1.2 Metallurgische Vorgänge

1. Reduktionsvorgänge

Die Reduktion der Eisenoxyde geht entweder direkt (mit Kohlenstoff) oder indirekt (mit Kohlenoxyd) vor sich.

Die *direkte Reduktion* verläuft nach der Gleichung:

$$MO + C = M + CO. \qquad (4.1)$$

MO ist ein mit Kohlenstoff zu reduzierendes Oxyd. Aus der Gleichung geht hervor, daß 1 kg Sauerstoff des Oxydes 0,75 kg Kohlenstoff benötigt und daß sich dabei 1,4 cbm CO bilden. Diese Reduktion ist bei allen hier in Frage kommenden Oxyden wärmeverbrauchend (s. Tab. A-IX)[1]. Bei nur dieser Reduktionsart ist die für die Verhüttung notwendige Kohlenstoffmenge von der Menge des durch die direkte Reduktion abgebauten Sauerstoffs abhängig:

$$kg\ C = 0{,}75 \cdot kg\ O_{dir} .\qquad\qquad(4.2)$$

Nach dieser Beziehung ist die Reduktions-Kohlenstoffmenge der Menge des durch die direkte Reduktion gebundenen Sauerstoffs proportional. Geht z. B. nur die direkte Reduktion vor sich, was z. B. bei der Verarbeitung der schwer reduzierbaren Eisenerze und bei der Herstellung der Ferrolegierungen im Elektro-Verhüttungsofen der Fall ist, dann ist der Kohlenstoffbedarf gleich drei Viertel der bei der Verhüttung insgesamt abgebauten Sauerstoffmenge. Bei der Roheisenherstellung aus Erz beträgt die Menge des abzubindenden Sauerstoffs etwa 400 kg je t Roheisen. Dementsprechend sind bei nur direkter Reduktion 300 kg Reduktionskohlenstoff notwendig, und es bilden sich 560 cbm CO.

Neben der direkten Reduktion geht aber bei den leicht reduzierbaren Oxyden, besonders bei den höheren Oxyden des Eisens (Fe_2O_3 und Fe_3O_4) die Reduktion mit dem Kohlenoxyd nach

$$Eisenoxyd + CO = Fe + CO_2\qquad\qquad(4.3)$$

(*indirekte Reduktion*) vor sich. Für diese ist kein Kohlenstoff notwendig. Der Vorgang selbst ist bei Eisenoxyden schwach exotherm bis schwach endotherm. Die dabei sich entwickelnden Wärmemengen sind in der Tab. A-IX verzeichnet. Je kg Sauerstoff sind 1,4 cbm CO notwendig, und es bilden sich 1,4 cbm CO_2. Die Gasmenge bleibt bei der indirekten Reduktion unverändert. Wenn auch für die indirekte Reduktion kein Kohlenstoff notwendig ist, so muß doch Kohlenoxyd, das im Elektro-Verhüttungsofen nur bei der direkten Reduktion und im Hochofen sowohl bei der direkten Reduktion als auch bei der Verbrennung des Kokses entsteht, vorhanden sein.

Weil infolge der großen Gasmenge im Hochofen die Beschickungshöhe etwa zehnmal größer als im Elektro-Verhüttungsofen ist, liegt im Hochofen der Umfang der indirekten Reduktion bei etwa 30—70%.

Im Elektro-Verhüttungsofen ist der Umfang der indirekten Reduktion sehr klein; bei sehr heißem Ofengang ist sogar keine indirekte Reduktion

---

[1] Die Berechnung der Reaktionswärmen erfolgt mit Hilfe der thermodynamischen Daten [1, 2], wobei die Reaktion des Kokskohlenstoffs in Betracht kommt ($C_{Koks} + 1/2\,O_2 = CO$ bzw. $C_{Koks} + O_2 = CO_2$; es werden dabei 27,61 bzw. 95,4 kcal/ Formelumsatz frei), weil im Verhüttungsofen Kokskohle oder Holzkohle (mit amorphem Kohlenstoff) verwendet wird.

zu verzeichnen. Bei günstigsten Verhältnissen (sehr gut reduzierbarem Erz, hoher Möllerschicht) ist eine bis 20%ige indirekte Reduktion möglich. Im Durchschnitt kann man im Elektro-Verhüttungsofen bei gut reduzierbaren Erzen mit 10%iger, bei schlecht reduzierbaren, reichen Eisenerzen ohne indirekter Reduktion rechnen.

Der Kohlenstoffbedarf ist in Abb. 4.1 für verschiedene Sauerstoffmengen und in Abhängigkeit von der direkten Reduktion aufgetragen. Während der Kohlenstoffbedarf bei einer abgebauten Sauerstoffmenge

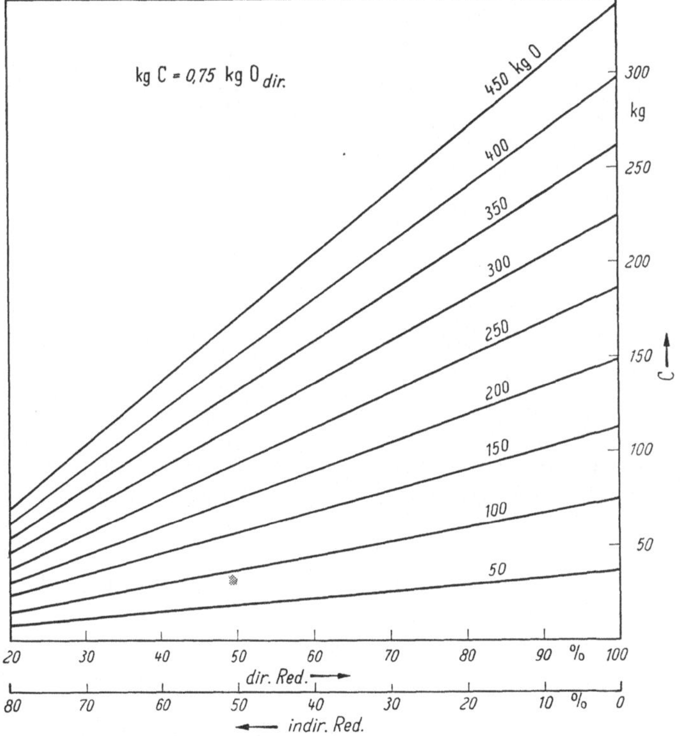

Abb. 4.1 Bedarf an Reduktionskohlenstoff je t Roheisen, abhängig von der direkten Reduktion (für verschiedene Gesamtsauerstoffmengen)

von 400 kg/t Roheisen und bei nur direkter Reduktion um 300 kg liegt, (im Hochofen bei 60%iger indirekter Reduktion nur 120 kg), sinkt er bei 15%iger indirekter Reduktion auf 255 kg. Bei 200 kg Sauerstoff/t Roheisen, was beim Arbeiten mit vorreduzierten Erzen oder Schrott der Fall sein kann, liegt bei nur direkter Reduktion die notwendige Reduktions-Kohlenstoffmenge bei 150 kg.

Die Verminderung des Bedarfes an Reduktionskohlenstoff ist somit entweder durch die Erhöhung des Umfanges der indirekten Reduktion oder durch die Verminderung der zu reduzierenden Oxydsauerstoffmenge erreichbar.

Im Verhüttungsofen werden außer den Eisenoxyden auch einige Oxyde des Möllers weitgehend (z. B. P_2O_5-, NiO, CuO usw.) und andere teilweise (z. B. MnO, SiO_2, Cr_2O_3 usw.) reduziert; die dabei freiwerdenden Elemente gehen ins flüssige Eisen. Weil die letztgenannten Oxyde schwieriger als Eisenoxyde zu reduzieren sind, geht ihre Reduktion nur direkt vor sich. Die in Betracht kommenden Reaktionen sind in der Tab. A-IX aufgeführt. Der Umfang ist von der Zusammensetzung des Möllers (somit der Schlacke), und vor allem von der Temperatur im Ofen, als auch von der Zusammensetzung des abgestochenen Roheisens abhängig.

In diesem Zusammenhang kann auch die Reduktion des Wassers, d. h. der Feuchtigkeit oder des Hydratwassers des Möllers durch den Kohlenstoff nach der Gleichung

$$H_2O + C = H_2 + CO \tag{4.4}$$

erwähnt werden. Die Reaktion selbst ist aus der Tab. A-IX ersichtlich, die vor allem beim Arbeiten mit dem feuchten Möller vor sich geht und sich im hohen Wasserstoffgehalt des Gichtgases abzeichnet.

Es sei auch erwähnt, daß im Verhüttungsofen die Reduktion der Eisenoxyde mit dem Wasserstoff, der entweder aus den flüchtigen Bestandteilen der Kohle stammt, oder sich bei der Zersetzung des Wassers bildet, erfolgen kann. Auch diese Reaktionen mit H_2 sind in der Tab. A-IX verzeichnet. Sie kommen im Elektro-Verhüttungsofen, wenn auch keine indirekte Reduktion feststellbar ist, vor. Im Hochofen verlaufen sie auch beim Einblasen des Wasserdampfes in den Gestell.

2. Entschwefelung

Die Entschwefelung geht im Verhüttungsofen weitgehend nach der Gleichung (s. Tab. A-IX).

$$2{,}745 \, kg \, FeS \, (1 \, kg \, S) + 1{,}752 \, kg \, CaO + 0{,}375 \, kg \, C$$
$$= 1{,}743 \, kg \, Fe + 2{,}252 \, kg \, CaS + 0{,}699 \, cbm \, CO \tag{4.5}$$

vor sich. Wie aus der Gleichung ersichtlich, ist für die Entschwefelung eine CaO-basische Schlacke und eine reduzierende Atmosphäre, die im Verhüttungsofen meist vorhanden sind, notwendig. Im allgemeinen kommt eine Schlacke mit einem $CaO : SiO_2$-Verhältnis von 1,3 in Betracht, womit 90—95% des Möllerschwefels in die Schlacke übergehen.

4.1.3 Stoffumsatz bei der Verhüttung

1. Einleitung

Für die Anfertigung einer Möllerberechnung, d. h. des Stoff- und Wärmeumsatzes, ist vor allem die Zusammensetzung der im Verhüttungsofen verwendeten Erze, Zuschläge und Kohlen notwendig. Die Festhaltung dieser Daten erfolgt gewöhnlich mit Hilfe einer Tabelle (s. z. B. Tab. 4-IX), die auch weitere, für die Verhüttung notwendige Werte über die Möllerbestandteile (wie z. B. Korngröße usw.) enthalten kann. Die chemische Analyse wird gewöhnlich in Gew.-% der trockenen Probe ausgedrückt, und die Feuchtigkeit besonders angegeben, weil sich die Feuchtigkeit der Rohstoffe entsprechend der Witterung, besonders bei Kohle, stark ändern kann; eine Umrechnung auf das feuchte Material ist jederzeit möglich.

2. Stoffumsatz

Der Stoffumsatz ist die Grundlage jeder Möllerberechnung.

Er ist durch die Zusammensetzung des zu erzeugenden Roheisens, durch die Zusammensetzung und Menge der Rohstoffe und durch die Arbeitsweise des Ofens gegeben. Oft kommt auch die Aufstellung des Kohlenstoff-, Schlacke- und Gas-Umsatzes in Betracht. Auch Kohlenstoff-, der Mangan-, Silizium-, Phosphor-, Schwefel und Eisen-Umsatz sind oft von Interesse. Der Stoffumsatz kann zur Ermittlung eines neuen Möllers oder zur Kontrolle des Ofenganges eines im Betrieb stehenden Ofens dienen und ist deshalb sowohl für das Planen als auch für den Betrieb der Verhüttungsöfen von besonderem Interesse.

a) Zusammensetzung verschiedener Roheisensorten. Im Verhüttungsofen ist — entsprechende Rohstoffe vorausgesetzt — die Herstellung verschiedener Roheisensorten möglich.

Die Zusammensetzung der üblichen Roheisensorten (ohne Spezialsorten) ist aus der Tab. A-XV ersichtlich.

Der Kohlenstoffgehalt der verschiedenen Roheisensorten liegt im Durchschnitt etwas unter 4% (etwa 3,8%). Der Mangangehalt bewegt sich, wenn man die stark manganhaltigen Sorten und manganarmes Temperroheisen nicht berücksichtigt, um etwa 0,8%. Der Siliziumgehalt liegt bei den im Stahlwerk verarbeiteten Sorten gewöhnlich unter 0,5% Si; die für die Gießerei in Betracht kommenden Roheisen enthalten meist um 2% Si. In bezug auf Phosphor kann man drei Gruppen unterscheiden: unter 0,1%, etwa 0,7% und etwa 2%. Der Schwefelgehalt des Roheisens soll gewöhnlich unter 0,05% liegen.

b) Abzubauende Sauerstoffmenge. Die abzubauende Sauerstoffmenge ergibt sich aus der Menge und Zusammensetzung der Oxyde, die nach ihrer Reduktion das Roheisen bilden; sie ist vor allem von der Roheisenzusammensetzung, sowie von der Oxydationsstufe der zu reduzierenden Oxyde, vor allem Eisenoxyde, abhängig und für die Berechnung der für die Roheisenerzeugung notwendigen Kohlenstoff- und Wärmemenge von Bedeutung.

Im Verhüttungsofen erfolgt die Reduktion der Oxyde des Fe und P weitgehend, die des Mn und Si nur teilweise. Die je t Roheisen abzubauende Sauerstoffmenge kann man nach

$$kg\ O/t\ Roheisen = (\%\ Mn)\ 2{,}91 + (\%\ Si)\ 11{,}39 + (\%\ P)\ 12{,}91 + \\ + [100 - (\%\ C + \%\ Mn + \%\ Si + \%\ P + \%\ S)]\ 4{,}30 \tag{4.6}$$

berechnen für den Fall, daß in den Erzen Mn als MnO und Fe als Fe_2O_3 vorliegen (bei anderen Oxyden unter Anwendung entsprechender Zahlen der Tab. A-IX) und kein Schrott oder Ferrolegierungen Verwendung finden. Bei der Mitverarbeitung von Schrott ist die durch das Schrott in den Ofen eingebrachte Eisenmenge zu berücksichtigen. Ein Beispiel einer Sauerstoff-Berechnung ist aus der Tab. 4-I ersichtlich, in der die den verschiedenen Oxyden entsprechenden Sauerstoffmengen verzeichnet sind.

Tabelle 4-I. *Ermittlung abzubauender Sauerstoffmenge/t Roheisen aus der Roheisenzusammensetzung*

Zusammensetzung des Roheisens			Sauerstoff		kg O je t Roheisen
Element	%	kg/t Roheisen	Oxydform	kg O je kg Element	
C	3,6	36,0	—	—	—
Si	2,0	20,0	SiO_2	1,139	22,8
Mn	0,8	8,0	MnO	0,291	2,3
			MnO_2	0,582	—
P	0,1	1,0	P_2O_5	1,291	1,3
S	0,05	0,5	—	—	—
Fe als Oxyd	93,45	934,5	Fe_2O_3	0,430	401,8
			Fe_3O_4	0,382	—
			FeO	0,287	—
Fe (aus Schrott oder reduziert)	—	—	—	—	—
Gesamt	100	1000		Gesamt	428,2

Wie aus der Tab. 4-I hervorgeht, erfolgt bei der Reduktion von SiO_2 und P_2O_5 die Bindung der größten Sauerstoffmengen. Auch das Arbeiten mit Fe_2O_3-haltigen Erzen an Stelle der Fe_3O_4-Erze führt zu umfangreicherem Sauerstoff-Abbau.

Die abzubauende Sauerstoffmenge/t Roheisen ist somit um so größer, je höher die Oxydationstufe der zu reduzierenden Oxyde, besonders der Eisenoxyde, je mehr Si und P das erschmolzene Roheisen enthält und je kleiner die mitzuverarbeitende Schrottmenge ist. Im allgemeinen liegt die abzubauende Sauerstoffmenge, wenn die Erzeugung des Roheisens nur aus dem Fe_2O_3-haltigen Erz erfolgt, bei etwa 410—450 kg/t Roheisen und geht bei Fe_3O_4-haltigen Erzen auf 370—405 kg zurück (s. auch Tab. 4-II).

Die abzubauende Sauerstoffmenge ist kleiner, wenn der Möller aus niedrigeren Eisenoxyden oder sogar aus Eisen statt aus Eisenoxyden besteht, was besonders dann von Bedeutung ist, wenn an Stelle der Eisenerze vorreduzierte Erze oder Schrott zur Verarbeitung kommen.

Tabelle 4-II. *Abzubauende Sauerstoffmenge in kg/t Roheisen verschiedener Roheisensorten (Roheisenzusammensetzung s. Tabelle A-XV)*

Roheisensorte	abzubauende Sauerstoffmenge kg/t Roheisen	
	Fe_2O_3-Erze	Fe_3O_4-Erze
Thomaseisen	434—441	386—395
Stahleisen	416—409	371—368
Hämatitroheisen	428—432	384—388
Gießereiroheisen	433—437	390—395
Luxemburger	431—446	386—405
Temperroheisen	415—426	371—381

Der *Reduktionsumfang der Eisenerze* ist durch den Reduktionsgrad, d. h. durch das Verhältnis zwischen der während der Reduktion entfernten zu der vor der Reduktion an Eisen gebundenen Sauerstoffmenge (in kg), gekennzeichnet:

$$\text{Reduktionsgrad (\%)} = \frac{\text{kg O entfernt}}{\text{kg O vor der Reduktion}} \cdot 100 . \qquad (4.7)$$

Bei der Reduktion z. B. der Fe_2O_3-haltigen Erze (430 kg O/1000 kg Fe) bis FeO (287 kg O) erfolgt eine 33%ige Reduktion (143 : 430). Wenn im reduzierten Material 50% des Eisens aus dem metallischen Fe bestehen (die übrigen 50% Fe sind als FeO vorhanden), dann liegt bei Fe_2O_3-Erzen eine 67%ige Reduktion (284 : 430) vor. Bei einer 90%igen Reduktion der Fe_2O_3-Erze sind noch 43 kg O als FeO vorhanden; 85% des Gesamt-Fe liegen in diesem Falle als metallisches Fe, Rest als FeO vor. Diese Verhältnisse sind aus der Abb. 4.2 ersichtlich.

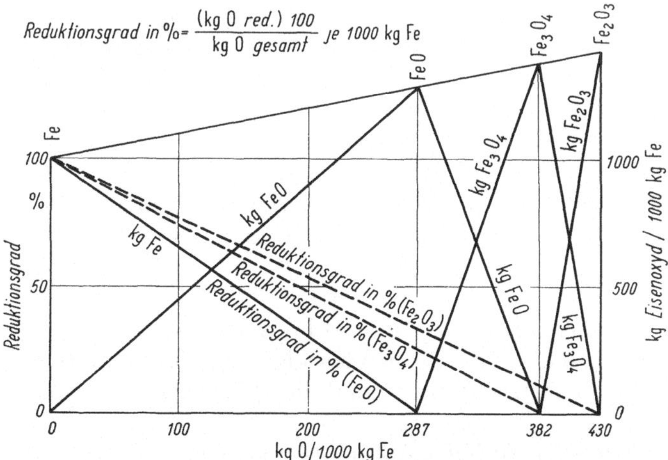

Abb. 4.2 Zusammensetzung der reduzierten Fe-Oxyde in Abhängigkeit vom Reduktionsgrad

Im Rahmen des Sauerstoffumsatzes sind noch folgende mögliche, im Verhüttungsofen vor sich gehende Vorgänge von Bedeutung:

1. Lösen des Eisenoxyduls (FeO) in der Schlacke: FeO bildet sich bei der Reduktion des Fe_2O_3, wobei je 1 kg FeO 0,111 kg O bei Fe_2O_3 oder 0,075 kg O bei Fe_3O_4 abzubauen sind.

2. Verschlackung des Schwefels nach der Gl. (4.5), wobei je 1 kg des zu verschlackenden Schwefels 0,5 kg O notwendig sind (s. auch Tab. A-IX).

3. Zersetzung des Wassers der Möllerfeuchtigkeit nach der Gleichung

$$H_2O + C = H_2 + CO \tag{4.8}$$

(s. auch Tab. A-IX) wobei je 1 kg Wasser 0,888 kg O zu CO gebunden werden.

4. Reduktion der Kohlensäure nach

$$CO_2 + C = 2CO \tag{4.9}$$

(s. auch Tab. A-IX), wobei je kg CO_2 0,727 kg O CO bilden.

Diese vier Vorgänge kommen gewöhnlich in kleinem Ausmaße vor. Beim genauen Stoffumsatz und bei besonderen Ofen- und Möllerverhältnissen (z. B. bei hohem Feuchtigkeits- und Karbonat-Gehalt des Möllers) ist ihre Berücksichtigung jedoch notwendig. Die gesamte abzubauende Sauerstoffmenge ist dann erst nach der Miterfassung dieser Vorgänge erfaßbar.

c) Kohlenstoffbedarf für die Reduktion und Aufkohlung. Die Kohle wird im Verhüttungsofen, bei Nichtberücksichtigung der Heizkohle, für die direkte Reduktion der zu reduzierenden Oxyde, für die Aufkohlung des Roheisens und für die eventuell vor sich gehende Zersetzung des Wassers oder der Kohlensäure verwendet.

1. Die je t Roheisen notwendige Reduktions- und Aufkohlungs-Kohlenstoffmenge. Die für die Reduktion in Betracht kommende Kohlenstoffmenge ist von der Menge der direkt reduzierenden Oxyde abhängig, wobei 1 kg Sauerstoff 0,75 kg Kohlenstoff braucht. Um die für die Reduktion notwendige Kohlenstoffmenge zu ermitteln, ist es notwendig, die abzubauende Sauerstoffmenge zu kennen (s. Tab. 4-I). Entsprechend dem Umfang der direkten Reduktion, die z. B. im Elektro-Verhüttungsofen bei etwa 90–100% und im Hochofen zwischen 30 und 70% liegt, ist die notwendige Reduktions-Kohlenstoffmenge je t Roheisen gleich

$$kg\ C = 0{,}75\ kg\ O_{dir.} \tag{4.10}$$

Bei der genauen Ermittlung des Reduktions-Kohlenstoffes muß noch das Eisenoxyd der Schlacke, die Verschlackung des Schwefels, die Zersetzung der Möllerfeuchtigkeit und der Kohlensäure berücksichtigt werden.

Weiter ist im Ofen auch der Aufkohlungskohlenstoff, der vom C-Gehalt des Roheisens (%C) abhängig ist, notwendig. Die Reduktions- und Aufkohlungs-Kohlenstoffmenge je t Roheisen beträgt somit

$$\mathrm{kg\,C} = 0{,}75 \cdot \mathrm{kg\,O_{dir}} + (\%\,\mathrm{C}) \cdot 10 \,. \tag{4.11}$$

2. Kohlenbedarf. Die Deckung der nach der Gl. (4.11) notwendigen Kohlenstoffmenge erfolgt durch die Kohle des Möllers und im Elektro-Verhüttungsofen auch durch die im Ofen verbrauchten Elektroden. Dabei kommt nur der fixe Kohlenstoff dieser Kohlensorten in Betracht.

Die *Bewertung der Kohle* kann vor allem in bezug auf ihren fixen Kohlenstoffgehalt, die Zusammensetzung und die Menge der Asche, den Schwefelgehalt, die flüchtigen Bestandteile, die Feuchtigkeit, sowie ihre Körnung erfolgen. Je höher der *fixe Kohlenstoffgehalt*, um so günstiger ist für die Verhüttung die Kohle, weil dann eine kleinere Kohlenmenge notwendig ist, was sich im Hochofen auf den Gesamtkohlenverbrauch oder beim Elektro-Verhüttungsofen dazu noch auf den Stromverbrauch günstig auswirkt. Die *Asche der Kohle* schmilzt im Ofen und geht in die Schlacke. Saure Schlacke muß mit Kalk des Kalksteines verschlackt werden, was zu höheren Schlackenmengen/t Roheisen und zu höherem Wärmebedarf führt. Die übliche *Schwefelmenge der Kohle* (bis etwa 1,5%) geht im Verhüttungsofen teilweise ins Gas und weitgehend in die Schlacke, wodurch ein schwefelarmes Roheisen (unter 0,05% S) resultiert. Die Zusammensetzung verschiedener Kohlensorten ist aus der Tab. A-VI ersichtlich.

d) Schlackenmenge und Zusammensetzung. Die Schlacke liefern diejenigen Oxyde des Möllers, d. h. der Erze, der Zuschläge und der Kohle, die nicht zu Roheisen reduziert werden und die bei der Temperatur des unteren Ofenteiles (etwa 1400—1500 °C) bereits flüssig sind; sie besteht vor allem aus CaO, SiO_2, Al_2O_3, MgO, FeO, MnO, CaS usw. und schwimmt, weil sie leichter ist, auf der Roheisenschmelze. Der Schlackenabstich erfolgt entweder mit dem Roheisen (Laufschlacke) oder durch den besonderen Schlackenabstich. Ihre Menge ist vor allem von der Menge der Erz-Gangart, des Kalksteines und der Kohlenasche des Möllers abhängig. Gewöhnlich liegt die Schlackenmenge bei etwa 400—800 kg/t Roheisen; sie kann bei reichen Erzen gegen 250 kg und bei armen, kieselsäurehaltigen Erzen gegen 1500 kg betragen.

Die Ermittlung der Schlackenmenge und ihrer Zusammensetzung erfolgt durch die Möllerberechnung (s. unten).

e) Gichtgas-Menge und -Zusammensetzung. Im Elektro-Verhüttungsofen besteht das Gichtgas aus CO der direkten Reduktion, CO_2 der indirekten Reduktion und Karbonaten, H_2 der Kohle und der Wassergasreaktion sowie H_2O der Feuchtigkeit und des Hydratwassers des Möllers. Die Gesamtgasmenge des Elektro-Niederschachtofens liegt um 600—700 cbm/t Roheisen.

Im Hochofen kommen dazu noch die Verbrennungsgase des Kokses; sie bestehen aus CO, N_2 und teilweise aus CO_2 (infolge stärkerer indirekter Reduktion). Die Gichtgasmenge des Hochofens liegt bei etwa 3000—4000 cbm/t Roheisen.

Die Ermittlung der Gichtgasmenge und ihrer Zusammensetzung erfolgt bei der Möllerberechnung.

4.1.4 Wärmeverbrauchende Vorgänge

Die meisten Reaktionen und Vorgänge des Verhüttungsprozesses verlaufen wärmeverbrauchend. Die Wärme kommt z. B. für das Erwärmen des Möllers auf Reduktionstemperatur in Betracht, wobei das Austreiben der Feuchtigkeit, des Hydratwassers und der Kohlensäure erfolgt. Auch für die Reduktion der Oxyde des Eisens, Siliziums, Mangans und Phosphors, für das Schmelzen des Eisens und der Schlacke, für die Wärmeverluste des Ofens und für die fühlbare Wärme der heißen Gichtgase ist Wärme notwendig.

Die Menge der Möllerstoffe hängt vor allem vom Eisengehalt der Erze, der Menge der Zuschläge, besonders des Kalksteines und von dem C-Gehalt der Kohle ab. Weil bei verschiedenen Rohstoffen, vor allem bei Erzen, die Menge und die Beschaffenheit des Möllers sehr stark schwanken können, ist auch die je t Roheisen notwendige Wärmemenge stark verschieden.

Die Einteilung der wärmeverbrauchenden Vorgänge kann in folgende Gruppen erfolgen:

1. Erhitzen der Möllerbestandteile

Beim Erhitzen der Möllerbestandteile — Erze, Zuschläge, Kohle — auf die Ofen-Temperatur — im Hochofen z. B. auf etwa 1450 °C — geht auch das Verdampfen des Wasserdampfes der Feuchtigkeit und des Hydratwassers, sowie die Austreibung der Kohlensäure der Karbonate des Möllers vor sich.

Der Möller, der normalerweise aus verschiedenen Erzen, Kalkstein und Kohle (gewöhnlich Koks) besteht, wird im Verhüttungsofen zuerst erhitzt, um die bei hohen Temperaturen vor sich gehende Verhüttung durchführen zu können. Die notwendige Temperatur ist von der Arbeitsweise des Ofens, vor allem von der Schmelztemperatur des Möllers, abhängig. Beim Gießereiroheisen mit etwa 2% Si liegen die Roheisenabstichtemperaturen bei etwa 1350—1400 °C, beim Hämatitroheisen gewöhnlich um etwa 50 °C höher. Die Schlacken-Abstichtemperatur um etwa 50 °C über der Roheisentemperatur. Im allgemeinen kann man mit 1400 °C als Roheisentemperatur rechnen.

Die Wärmeinhalte der Möllerbestandteile [*3, 4, 6, 10*] sind aus der Tab. A-XIII und aus der Abb. A.4 ersichtlich.

Bei der Erhitzung des Möllers erfolgt bei 100 °C die Verdampfung der Feuchtigkeit, wofür 545 kcal/kg H_2O notwendig sind. Bei 300 °C zersetzen sich die Hydrate (Wärmeverbrauch 75 kcal/kg H_2O).

Bei noch höheren Temperaturen von etwa 900 °C geht die Zersetzung der Karbonate vor sich. Die dabei notwendigen Wärmemengen sind aus der Tab. A-IX ersichtlich.

Die Temperaturbereiche verschiedener Teilvorgänge der Roheisengewinnung sind in der Tab. A-X aufgeführt.

Der theoretische Wärmeverbrauch für das Austreiben der Möller-Feuchtigkeit, des -Hydratwassers und der -Kohlensäure in Abhängigkeit von der Gichtgastemperatur ist in der Tab. 4-III zusammengestellt.

Tabelle 4-III. *Theoretischer Wärmeverbrauch für das Austreiben der Möller-Feuchtigkeit, -Hydratwasser und -Kohlensäure in Abhängigkeit von der Gichtgas-Temperatur in kcal/kg und in kcal/cbm; Bezugstemperatur 0 °C*

Temp. °C	Feuchtigkeit		Hydratwasser		CO_2 aus $CaCO_3$	
	je m³	je kg	je m³	je kg	je m³	je kg
0	480,1	597,2	540,5	672,2	1915,7	969,0
25	489,1	608,3	549,4	683,3	1925,6	974,0
100	516,1	641,9	576,4	716,9	1956,2	989,5
200	552,9	687,7	613,2	762,7	2001,1	1012,2
300	590,8	734,8	651,1	809,8	2049,4	1036.6
400	629,6	783,1	689,9	858,1	2100,8	1062,6
500	669,3	832,5	729,6	907,5	2153,7	1089,4
600	711,0	884,3	771,3	959,3	2209,3	1117,5
700	753,7	937,4	813,9	1012,4	2265,0	1145,7
800	797,6	992,0	857,9	1067,0	2324,0	1175,5
900	843,2	1048,7	903,5	1123,7	2383,9	1205,8
1000	889,8	1106,8	950,2	1181,8	2444,9	1236,7
1100	937,5	1166,0	997,8	1241,0	2505,4	1267,3
1200	986,3	1226,7	1046,6	1301,7	2567,5	1298.7
1250	1010,9	1257,4	1071,2	1332,4	2598,2	1314,7

2. Reduktion

Der Wärmebedarf der einzelnen Reduktionsreaktionen ist in der Tab. A-IX verzeichnet. Diese Zahlen stellen die für die Reaktionen bei 25 °C in Betracht kommende Wärmemenge dar. Das Ablaufen dieser Reaktionen ist von den Gleichgewichtsverhältnissen und von der Kinetik abhängig.

3. Erhitzen und Schmelzen des Roheisens

Der Wärmeinhalt des Roheisens, der aus der Abb. A-4 ersichtlich ist, liegt im flüssigen Bereiche zwischen 269 und 300 kcal/kg (bei einer Schmelzwärme von 55 kcal/kg) und entspricht dann folgenden Beziehungen [6] ($t =$ °C):

Wärmeinhalt des grauen Gußeisens $= 5 + 0{,}215 \cdot t$ (kcal/kg)
Wärmeinhalt des weißen Gußeisens $= 35 + 0{,}18 \cdot t$ (kcal/kg)

4. Erhitzen und Schmelzen der Schlacke

Der Wärmeinhalt der Schlackenbestandteile ist bei verschiedenen Temperaturen aus der Tab. A-XIII und aus der Abb. A.4 ersichtlich. Der Wärmeinhalt der Schlacke ist, weil die Wärmeinhalte der Bestandteile nicht sehr verschieden sind, nach der Mischungsregel ermittelbar. Auf diese Art berechnete Wärmeinhalte der Schlacke sind in der Tab. A-XIII verzeichnet. Bei 1400 °C liegt der Wärmeinhalt bei rd. 450 kcal/kg.

Bekanntlich ist die Schlacke im Verhüttungsofen etwa 50 °C heißer als das Roheisen. Bei einer Temperatur des Roheisens von 1400 °C hat die Schlacke eine Temperatur von 1450 °C, was einem Wärmeinhalt von 467 kcal/kg entspricht. Von dieser Zahl ist im Verhüttungsofen die Schlackenbildungswärme, die zwischen 0 und 180 kcal/kg liegen kann, abzuziehen. Bei der Koksasche und bei der Schlacke aus dem sauren Sinter beträgt die Bildungswärme 75 kcal/kg, beim basischen Sinter liegt sie um Null, beim Rohkalkstein bei 150 kcal, bei Roherz, entsprechend der Analyse und den vorhandenen Bindungen, zwischen 100 und 150 kcal/kg [7]. Überall kommt ein $CaO : SiO_2$-Verhältnis von 1,3 in Betracht.

Der Wärmeinhalt der flüssigen Schlacke bei 1450 °C ist bei unterschiedlicher Schlackenbildungswärme aus der Tab. 4-IV ersichtlich.

Tabelle 4-IV. *Wärmebedarf der flüssigen Schlacke (1450 °C) bei unterschiedlicher Schlackenbildungswärme in kcal/kg*

	Bildungswärme	Wärmebedarf $\eta = 100\%$ total	Wärmebedarf bei $\eta = 80\%$ in kWh/kg
Wärmeinhalt der Schlacke bei 1450 °C	—	467	0,68
Wärmebedarf der Schlacke aus Kalksinter	0	467	0,68
Wärmebedarf der Schlacke aus saurem Sinter und aus Koksasche	75	392	0,57
Wärmebedarf der Schlacke beim Roh-Kalkstein	150	317	0,46
Wärmebedarf der Schlacke beim Roherz	100—150	367—317	0,53—0,46

5. Wärmeinhalt der Gichtgase

Die Gichtgase des Verhüttungsofens bestehen aus CO, CO_2, H_2, CH_4, H_2O und N_2. Der Wärmeinhalt dieser Gase ist in der Tab. A-XII und der Abb. A-3 in Abhängigkeit von der Temperatur verzeichnet.

6. Wärmeverluste des Verhüttungsofens

Die Wärmeverluste (ohne Wärmeverluste durch die heißen Gichtgase) sind von der Ofenkonstruktion, Wasserkühlung und von der Arbeitsweise, besonders aber von der Leistung des Ofens, abhängig. Genaue Daten der Ofenverluste sind nur selten erhältlich und werden meistens aus der Differenz zwischen den wärmeliefernden und wärmeverbrauchenden Vorgängen ermittelt.

Die Wärmeverluste des Hochofens und des Elektro-Verhüttungsofens wurden bei der Besprechung dieser Öfen erörtert.

4.1.5 Wärmeliefernde Vorgänge

Bei den Verhüttungsprozessen verlaufen, wenn man von der Wärmeerzeugung durch die Koksverbrennung oder durch den elektrischen Strom absieht, nur wenige Reaktionen exotherm.

So verläuft z. B. das *Lösen der Legierungselemente* P und Si im flüssigen Roheisen (s. Tab. A-IX) wärmeabgebend.

Auch die *Bildungswärme der Schlacke* (siehe oben) ist exotherm; ihre Berücksichtigung findet beim Schmelzen der Schlacke statt.

Die notwendige Wärme liefert im Elektro-Niederschachtofen der *elektrische Strom* (s. auch S. 50), wobei 1 kWh 860 kcal entspricht, und im Hochofen die *Koksverbrennung*, die vor den Blasformen bis CO verläuft. Die Vorgänge der Koksverbrennung, wie sie im Hochofen in Betracht kommen, auch unter Berücksichtigung der Luftvorwärmung und Sauerstoffanwendung, sind unter Verbrennung (s. S. 37 ff.) eingehend besprochen.

4.1.6 Stoff- und Wärmeumsatz

Die im Verhüttungsofen notwendige Wärme kommt, wie schon erwähnt, zum Erwärmen des Möllers auf Reaktionstemperatur in Anwendung; dabei werden die Feuchtigkeit, das Hydratwasser und die Kohlensäure ausgetrieben. Auch für die direkte Reduktion der Oxyde des Eisens, Siliziums, Mangans und Phosphors, für das Schmelzen des Eisens, das Lösen der Legierungselemente im flüssigen Eisen, das Schmelzen der Schlacke, sowie für das Decken der Wärmeverluste des Ofens und der fühlbaren Wärme der heißen Abgase ist Wärme notwendig.

Die Menge der chargierten Möllerstoffe hängt vom Eisengehalt der Erze, der Menge der Zuschläge, besonders des Kalksteines, und von der Aschenmenge der Kohle ab. Weil bei verschiedenen Rohstoffen, besonders bei Erzen, die Zusammensetzung und die Beschaffenheit sehr stark schwanken kann, ist auch der Wärmeverbrauch je t Roheisen stark verschieden. Zerlegt man aber die Möllerstoffe in einzelne Bestandteile und betrachtet man sie gesondert, dann kann der Stoff- und Energieverbrauch für jede Roheisensorte einfach erfolgen.

Zu diesem Zweck wird der Möller, beim Hochofen der Heizkoksmöller ausgenommen, als in zwei Teile getrennt betrachtet. Diejenigen Bestandteile des Möllers, die für die Herstellung des Roheisens unbedingt notwendig sind, bilden den sogenannten *reinen* (schlackenfreien) *Roheisenmöller*. Der reine Roheisenmöller besteht dementsprechend aus den im Möller vorhandenen reinen Eisenoxyden, Oxyden der Legierungselemente — jedoch nur soweit, als sie bei der Roheisenherstellung reduziert werden (Kieselsäure, Manganoxyde und Phosphorsäure) — und aus dem Kohlenstoff der Kohle für die Reduktion und für die Aufkohlung. Alle übrigen Bestandteile des Möllers, abgesehen vom Heizkoks, bilden den *schlackenhaltigen* Möller, der einerseits aus schlackenbildenden Möllerteilen (nicht reduzierten Oxyden des Erzes, der Asche der Reduktions- und Aufkohlungs-Kohle und des Kalksteins), sowie aus Feuchtigkeit, Hydratwasser und Kohlensäure dieser Möllerbestandteile besteht. Sowohl der *reine Roheisenmöller*, als auch der *schlackenhaltige Möller*, beim Hochofen auch der *Heizkoksmöller*, der aus denjenigen Möllerbestandteilen, die für die Wärmeerzeugung notwendig sind (Heizkoks, inkl. Heizkoksasche, Kalkstein zur Verschlackung der Heizkoksasche, sowie Wind inkl. Windfeuchtigkeit) besteht, sollen nachfolgend eingehend betrachtet werden.

Das Gichtgas entstammt sowohl dem *reinen Roheisenmöller* (Bildung von CO bei der direkten und CO_2 bei der indirekten Reduktion) als auch dem *schlackenhaltigen Möller* (Kohlensäure der Karbonate usw.), und im Hochofen dem Heizkoks.

Somit gehört nur der Kohlenstoff der Kohle, der für die Reduktion und für die Aufkohlung in Betracht kommt, zum *reinen Roheisenmöller*. Der übrige Teil der Kohle — von der Heizkohle abgesehen — somit auch der Kohlenstoffanteil, der evtl. mit der Möllerfeuchtigkeit reagiert, die Kohlenasche der Reduktions- und Aufkohlungskohle usw. gehört zum *schlackenhaltigen Möller*. Zum *reinen Roheisenmöller* gehören also nur diejenigen Bestandteile des Möllers, die für die Herstellung des Roheisens *unbedingt notwendig* sind.

Demnach erfolgt die Einteilung der Möllerbestandteile in folgende Gruppen:

1. reiner Roheisenmöller,
2. schlackenhaltige Möller,
3. Heizkoksmöller (nur beim Hochofen).

Durch diese Aufteilung ist eine bessere Übersicht über die Vorgänge, die im Verhüttungsofen vor sich gehen, möglich; der Wärmebedarf für den *reinen* und für den *schlackenhaltigen* Roheisenmöller dient der Ermittlung der notwendigen Menge des elektrischen Stromes beim Elektro-Verhüttungsofen und des Heizkokses beim Hochofen.

Weiterhin kann man die Berechnung des *reinen Roheisenmöllers* für eine bestimmte Roheisenzusammensetzung nur einmal vornehmen, weil sie

weitgehend von der Roheisenzusammensetzung, die z. B. bei einer Ofen-
reise meist unverändert bleibt, abhängig ist. Bei verschiedenen Erz-,
Kohle und Zuschlag-Kombinationen ist dann nur die Berechnung für
den *schlackenhaltigen Möller* für jede neue Erzmischung notwendig, sowie
für den *Heizkoksmöller* für neue Koksmischung, wenn der *reine Roheisenmöller* gleich bleibt bzw. sich nicht wesentlich ändert. Somit ist auch
der Einfluß der verschiedenen Erze und Kokse auf die Herstellung eines
Roheisens einfacher zu erfassen.

Die Berechnung selbst soll an Beispielen der Roheisenherstellung im
Elektro-Verhüttungsofen und im Hochofen zur Erörterung kommen.

4.2 Roheisenherstellung im Elektro-Verhüttungsofen

4.2.1 Einleitung

Heute entspricht das im Elektro-Verhüttungsofen (s. Abb. 4.3) erzeugte Roheisen etwa 2% (etwa 4 Mio t jährlich) der Weltproduktion. Die
notwendige Wärme deckt in diesem Ofen — im Gegensatz zum Hochofen — die elektrische Energie, womit weder Heizkohle noch Verbrennungsluft notwendig sind. Die Gase bilden sich im Ofen bei der Reduktion
der Eisenerze, sowie beim Austreiben und Zersetzen der Feuchtigkeit, der
Hydrate und der Karbonate der Beschickung. Die Gasmenge (etwa
650 cbm/t Roheisen) ist im Vergleich zum Hochofen (etwa 2—4000 cbm/t
Roheisen) bedeutend kleiner, der Heizwert des Gichtgases, da kein Stickstoff vorhanden, sehr hoch (etwa 2500 kcal/cbm gegenüber etwa 1000
kcal/cbm beim Hochofen). Infolge der geringen Gasmenge ist die Beschik-
kungshöhe im Elektro-Verhüttungsofen niedrig (nur etwa 3 m); die Möllerbestandteile brauchen nicht grobstückig und abriebfest zu sein. Es kann
praktisch jede Kohle (sehr gasreiche Sorten ausgenommen), auch aschen-
reiche Sorten (gegen 50% Asche) verwendet werden.

Die Reduktion der Eisenerze geht infolge der geringen Gasmenge fast
nur mit Kohlenstoff, d. h. direkt, vor sich, wofür etwa 300 kg C/t Roheisen notwendig sind. Mit dem Aufkohlungskohlenstoff kommen je nach
der Kohlequalität 420—500 kg Kohle/t Roheisen in Betracht.

Der Elektro-Verhüttungsofen, der aus schlechter Kohle hochwertiges
Gas erzeugt, ist somit bezüglich der Form und der Güte der Rohstoffe
anpassungsfähiger als der Hochofen. Deshalb kommen für die elektrische
Verhüttung heute vor allem diejenigen Gebiete, die über keine Kokskohle, dafür aber über genügend hydraulische elektrische Energie ver-
fügen, mit Vorteil in Betracht. Auch in Gegenden mit elektrischem Strom
aus Öl oder minderwertiger Kohle kann die Roheisenherstellung im
Elektro-Verhüttungsofen dann wirtschaftlicher als im Hochofen erfolgen,
wenn der hohe Kokspreis, die höheren Anlagekosten und die höheren
Anforderungen an die Möllerbestandteile im Hochofen, im Vergleich mit

5*

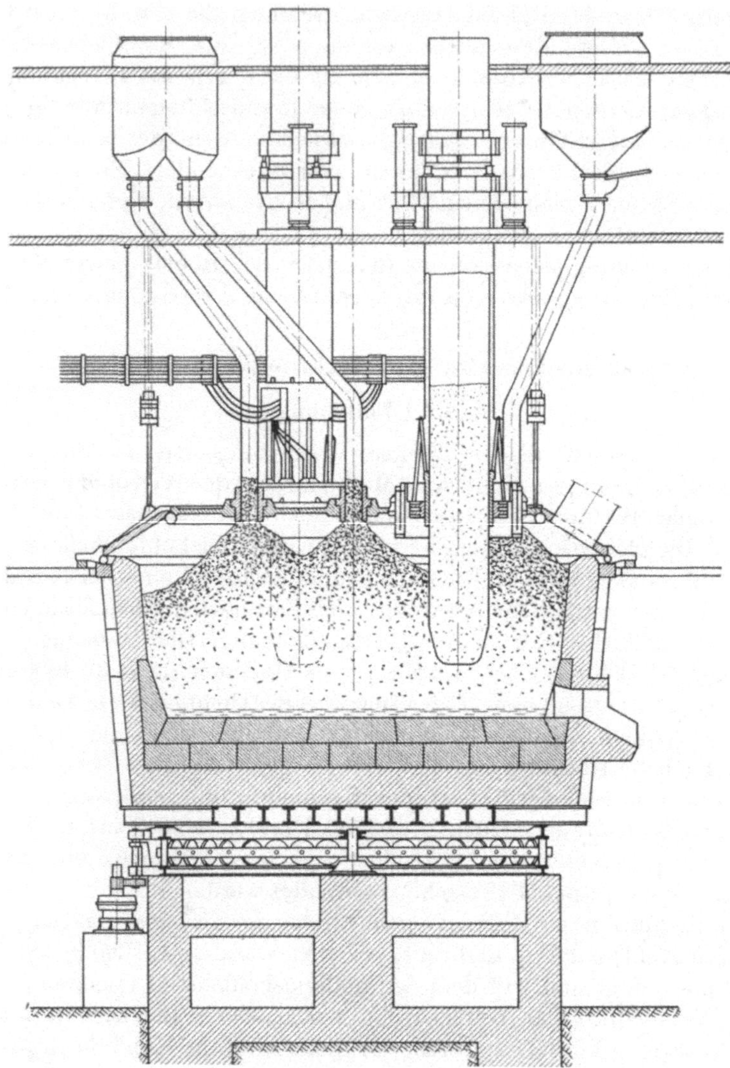

Abb. 4.3 Elektro-Verhüttungsofen

dem Elektro-Verhüttungsofen, zu unwirtschaftlicherer Roheisenherstellung führen. Solche Bedingungen sind heute in vielen Gebieten gegeben. Deshalb sind in einigen Ländern Elektro-Verhüttungsöfen an Stelle der Hochöfen (z. B. in Italien, Schweiz, Jugoslawien, Venezuela, Brasilien, Norwegen, Schweden) in Betrieb.

In Zukunft wird es infolge schwindender Kohlenvorräte immer dringender sein, die Kohle — vor allem die hochwertige Kohle — nicht wie das heute im Hochofen der Fall ist, als Brennstoff zu verbrauchen, sondern weitgehend als Reduktionsmittel auszunützen und dabei, wenn möglich, mit minderwertiger Kohle — wie im Elektro-Verhüttungsofen — zu arbeiten. Der elektrischen Verhüttung kommt weiterhin, wenn in den nächsten Jahrzehnten die elektrische Energie durch den Bau der Atomkraftwerke im Verhältnis zur Kohlenwärme billiger wird, eine mit der Zeit immer größere allgemeine Bedeutung zu.

4.2.2 Metallurgische Vorgänge

Im Elektro-Verhüttungsofen kommt der Kohlenstoff des Möllers nur für die Reduktion und für die Aufkohlung des Eisens in Betracht. Dabei erfolgt die Reduktion der Eisenoxyde weitgehend direkt (mit Kohlenstoff) und nur in unwesentlichem Umfange indirekt (mit Kohlenoxyd).

Bei sehr heißem Ofengang und beim Verarbeiten reicher, schwer reduzierbarer Erze erfolgt fast keine indirekte Reduktion. Bei für die indirekte Reduktion günstigen Verhältnissen (sehr gut reduzierbare Erze, hohe Möllerschicht, niedrige Ofentemperatur usw.) kann eine indirekte Reduktion in einem Umfange bis etwa 15% auftreten.

Aus der praktisch nur direkten Reduktion bei der heute üblichen Arbeitsweise ist der für die Reduktion erforderliche hohe Kohlenstoffbedarf erklärlich.

Im Elektro-Verhüttungsofen kann die Reduktion des Wassers der Feuchtigkeit oder des Hydratwassers des Möllers durch den Kohlenstoff nach der Gleichung

$$H_2O + C = H_2 + CO \tag{4.12}$$

(s. auch Tab. A-IX) besonders bei heißem Ofengang bedeutenden Umfang annehmen. Dieser Vorgang kommt beim Arbeiten mit einem feuchten Möller in Betracht und führt zum hohen Wasserstoffgehalt des Gichtgases. Bei folgenden wärme- und stofftechnischen Betrachtungen wird dieser Vorgang — der Übersichtlichkeit wegen — außer Acht gelassen.

4.2.3 Stoffumsatz

Die wichtigsten Daten des Elektro-Verhüttungsofens sind aus der Tab. 4-V ersichtlich; die notwendige *Gesamtkohlenstoff*-Menge liegt, weil kein Heizkoks in Betracht kommt, bei etwa 350—400 kg, gleich 410 bis 470 kg Koks oder entsprechender Menge anderer Kohle.

Die flüchtigen Bestandteile der Kohle bis etwa 10% stören den Ofengang kaum; der Verbrauch solcher Kohle ist größer, weil sie weniger fixen C enthält. Das Arbeiten mit gasreicheren Kohlen kann in der Gasreinigung zu Schwierigkeiten führen, wenn diese für die Ausscheidung größerer Teermengen nicht geeignet ist.

Auch eine höhere Feuchtigkeit der Kohle führt zu höheren Stromverbrauchszahlen, weil das Wasser mit der elektrischen Energie verdampft werden muß. Weiterhin reagiert die Feuchtigkeit auch mit dem C-Anteil der Kohle, wodurch der Kohlenbedarf steigt. Aus diesen Gründen ist es oft wirtschaftlich, die Kohle, bevor sie in den Ofen kommt, zu trocknen.

Der Verbrauch der Elektroden bzw. der Elektrodenmasse, liegt im allgemeinen zwischen 10 und 25 kg/t Roheisen. Trockener Möller führt bei niedrigem Stromverbrauch zu niedrigem Elektrodenverbrauch.

Tabelle 4-V. Daten des Elektro-Verhüttungsofens
(bezogen auf 1 t Roheisen)

Indirekte Reduktion	meist keine (max. 15%)
C-Bedarf (Red.- u. Aufkohlungs-C)	etwa 350—400 kg
Koksbedarf (bei 85% fix-C)	etwa 450 kg (410—470 kg)
Gichtgasmenge	etwa 600—700 cbm
Gichtgastemperatur °C	etwa 350—450 °C
Gichtgaszusammensetzung	etwa 70—80% CO, 15—20% CO_2 5—12% H_2 (etwa 2500 kcal/cbm)
Wärmeverluste des Ofens	etwa 20% (10—25% der Gesamtstrommenge)
Elektrische Leistung	bis max. etwa 25 MW
Elektrodenverbrauch	etwa 15 kg (10—30 kg)
Stromverbrauch	etwa 2500 kWh (2200—3000, bei armen Erzen etwa 4000 kWh)
Tagesproduktion	bis max. 250 t Roheisen
Roheisen	alle Roheisensorten, s. Tab. A-XV, etwa 3,8—4% C, 0,5—3% Si, Mn- und P-Gehalt nach dem Möller, S unter 0,05% etwa
Schlackenmenge	400—1500 kg
Schlackenzusammensetzung	etwa CaO : SiO_2 = 1,3 38—43% CaO, 29—33% SiO_2
Möller (Stückgröße etwa 10—30 mm)	*Eisenerze* (25—66% Fe): Erzmenge entspricht dem Fe-Gehalt des Roheisens (etwa 910—960 kg Fe), Zusammens. einiger Erze s. Tab. A-XVI
	Koks: für Reduktion und Aufkohlung 350—400 kg C, bei z. B. 85% fix. C 410—470 kg Koks/t Roheisen
	Kalkstein: Zuschlag, um eine Schlacke mit CaO : SiO_2 = 1,3 zu bekommen, was etwa 200 bis 600 kg/t Roheisen ausmacht

Die in der Möllerrechnung berücksichtigte Elektrodenmasse besteht annähernd aus 15% flüchtigen Bestandteilen, 6% Asche, 78% fixem C und vernachlässigbarem Schwefelgehalt.

Weil in den Elektro-Verhüttungsöfen keine Luft eingeblasen wird, bestehen die aus dem Ofen entweichenden Gase vor allem aus CO der direkten Reduktion und der Wassergasreaktion, aus CO_2 der Zersetzung der Karbonate und evtl. vorhandenen geringen indirekten Reduktion, aus H_2 und wenig CH_4 der flüchtigen Bestandteile der Kohle und der Elektrodenmasse, sowie der Wassergasreaktion und aus H_2O-Dampf der Feuchtigkeit und des Hydratwassers des Möllers.

Die wasserdampffreie Gasmenge liegt annähernd bei etwa 650 cbm/t Roheisen und hat folgende Zusammensetzung: etwa 70% CO, 15% CO_2, 14% H_2, 1% CH_4. Die Gasmenge ist weitgehend von der Oxydstufe der Eisenoxyde und der Zusammensetzung der Erze, sowie von der Roheisenanalyse abhängig; sie kann bis etwa 900 cbm/t Roheisen betragen.

4.2.4 Wärmeverbrauchende Vorgänge

Im Elektro-Verhüttungsofen muß der Möller auf die notwendige Temperatur gebracht werden, um die Reduktion der Eisenoxyde durchführen zu können; dabei gehen auch weitere wärmeverbrauchende Vorgänge vor sich, die schon auf S. 62 behandelt worden sind.

Die Wärmeverluste des Elektro-Verhüttungsofens bestehen aus den Kühlwasserverlusten der Elektroden und des Ofens sowie aus den Strahlungs- und Leitungsverlusten der Ofenanlage.

Ein Beispiel der Kühlwasserverluste eines Elektro-Verhüttungsofens ist in der Tab. 4-VI aufgeführt; bei einer Ofenbelastung von 7000 kW liegen sie bei etwa 6% oder etwa 420 kWh/t Roheisen.

Tabelle 4-VI. *Kühlwasserverluste eines Elektro-Verhüttungsofens (in %)*

Tragringe	3,5	
Elektrodenkontaktplatten	40,6	
Dichtungsringe	5,9	
Elektrodenbüchsen	26,6	76,6
Balken des Deckels	16,8	
Füllschächte	6,6	23,4
Total = 417 kWh =		100,0

Die Gesamtverluste des Elektro-Verhüttungsofens liegen bei 15 bis 25% des Gesamtstromverbrauches. Bei schlechten Ofenkonstruktionen können die Gesamtofenverluste 25% sogar übersteigen; als Anhaltszahl kommen 20% in Betracht.

4.2.5 Wärmeliefernde Vorgänge

Bei Nichtberücksichtigung einiger nicht ins Gewicht fallender exothermen Reaktionen des Roheisenprozesses (s. S. 65) kommt für die Deckung der für den Prozeß notwendigen Gesamtwärmemenge der elektrische Strom in Betracht. Der *Stromverbrauch*, der von der Art des Möllers und von der Größe und Konstruktion des Ofens abhängig ist, kann beim Arbeiten mit Eisenerz im günstigsten Falle bei etwa 2000 kWh/t Roheisen liegen. Gewöhnlich liegt der Stromverbrauch bei 2500—3000 kWh. Für die Verhüttung feuchter, karbonathaltiger und eisenarmer Erze sind bis 4000 kWh/t Roheisen und mehr notwendig.

4.2.6 Stoff- und Wärmeumsatz

1. Einleitung

Infolge des Fehlens des Heizkokses ist die Aufstellung des Stoff- und Wärmeumsatzes bei der Roheisenherstellung im Elektro-Verhüttungsofen einfach und durch die Berechnung des

a) *reinen* Roheisenmöllers und

b) *schlackenhaltigen* Roheisenmöllers

(s. auch S. 66) durchführbar. Die Deckung des so ermittelten Wärmebedarfes und der Wärmeverluste erfolgt durch den elektrischen Strom.

2. Reiner Roheisenmöller

Der Stoff- und Wärmebedarf des *reinen Roheisenmöllers* ist vor allem von der Analyse des herzustellenden Roheisens, sowie von dem Umfang der direkten Reduktion — im Elektro-Verhüttungsofen verläuft diese fast hundertprozentig — abhängig. Durch die Roheisen-Zusammensetzung ist

Tabelle 4-VII. *Stoff- und Wärmeumsatz des reinen Roheisenmöllers im Elektro-Verhüttungsofen (bezogen auf 1 t Roheisen)*

A. Roheisen			B. Sauerstoffabbau (Direkte Reduktion 95%)			C. Wärmebedarf	
%	Element	kg	Oxydform	kgO/kgM	kgO	kcal/kg	kcal
3,8	C	38	—	—	—	450	17 100
0,5	Si	5	SiO_2/Si	1,139	5,7	4833	24 165
0,3	P	3	P_2O_5/P	1,291	3,9	2479	7 437
0,8	Mn	8	MnO_2/Mn	0,582	4,7	1256	10 048
			Mn_2O_3/Mn	0,437		1334	—
			Mn_3O_4/Mn	0,388	—	1340	—
			MnO/Mn	0,291	—	1172	—
5,4	Leg. El.	54	—	—	14,3	—	58 750
94,6	Fe	798,3	Fe_2O_3/Fe	0,430	343,3	1022	815 863
			Fe_3O_4/Fe	0,382	—	940	—
100,0	Gesamt	147,7	FeO/Fe	0,287	42,4	656	96 891
		1000	Oxyde dir. reduz.		400,0	—	971 504
		190,1	Fe_2O_3/FeO	0,111	21,1	5	951
			Fe_3O_4/FeO	0,074	—	44	—
			FeO/Fe	0,287	—	− 63	—
			Oxyde ind. reduz.		21,1	—	—
			Oxyde gesamt red.		421,1	—	972 455
		1000 kg Roheisen 1400 °C inkl. Schmelzwärme					287 000
		Gichtgas (400 °C):					
		560,0 cbm CO (127,2 kcal)				71232	
		29,5 cbm CO_2 (57,6 kcal)				1699	72 931
		Wärmebedarf total (ohne Verluste)					1 332 386

Tabelle 4-VII (Fortsetzung)

D. Sauerstoffabbau	
Sauerstoffmenge der Legierungselemente	14,3 kg
Fe-Sauerstoffmenge	406,8 kg
Sauerstoffabbau	421,1 kg
Direkt 95%	400,0 kg
Indirekt: 5%	21,1 kg
Fe_2O_3-*Menge*	1352,5 kg
Indirekt:	
211,1 kg Fe_2O_3 → 190,1 kg FeO	21,1 kg O
Direkt:	
1141,6 kg Fe_2O_3 → 798,3 kg Fe	343,3 kg O
190,1 kg FeO → 147,7 kg Fe	42,4 kg O
E. Gichtgasbildung	
Gesamtgasmenge: $O_{dir.}$ 1,4 = 400·1,4	560,0 cbm
davon CO_2: $O_{ind.}$ 1,4 = 21,1·1,4	29,5 cbm CO_2
CO-Gasmenge $(O_{dir.}-O_{ind.})$·1,4	530,5 cbm CO
F. C-Bedarf	
Reduktions-C: 400,0 kg $O_{dir.}$ x 0,75	300,0 kg
Aufkohlungs-C:	38,0 kg
Gesamt-C	338,0 kg

die Menge der Legierungselemente (C, Si, P, Mn usw.) bestimmt; daraus ergibt sich auch die je t Roheisen in Betracht kommende Kohlenmenge.

Ein Beispiel für die Berechnung des *reinen* Roheisenmöllers des Elektro-Verhüttungsofens ist unter der Berücksichtigung der 95% direkten Reduktion (bei nur direkter Reduktion, was für die meisten Fälle zutrifft, vereinfacht sich die Berechnung durch den Fortfall der indirekten Reduktion wesentlich) und einer Gichtgastemperatur von 400 °C, alles auf 1 t Stahlroheisen bezogen, aus der Tab. 4-VII ersichtlich.

Die Berechnung der je t Roheisen abzubauenden Sauerstoffmenge erfolgt nach der Kolonne A und B der Tab. 4-VII. Sie setzt sich zusammen aus dem Sauerstoff der Eisenoxyde und der Oxyde der Legierungselemente. Die abzubauende Sauerstoffmenge liegt dabei bei etwa 421 kg/t Roheisen, wenn man nur mit Erz arbeitet (s. S. 58); sie ist von der Oxydationsstufe der Eisenoxyde und von der Menge und der Art der abzubauenden Oxyde der Legierungselemente abhängig.

Mit Hilfe der Menge des abzubauenden Sauerstoffs ist bei der Kenntnis des Umfanges der direkten Reduktion die Ermittlung der bei der Reduktion entstehenden CO- und CO_2-Menge möglich (s. E der Tab. 4-VII). Auch der Kohlenstoffbedarf läßt sich bei der Berücksichtigung des Umfanges der direkten Reduktion aus der abzubauenden Sauerstoffmenge (Reduktions-Kohlenstoff) und dem Aufkohlungskohlenstoff berechnen (F der Tab. 4-VII).

Der *Wärmebedarf*, der notwendig ist, um 1 t Roheisen aus dem *reinen Roheisenmöller* zu erhalten, setzt sich aus der Reduktionswärme der zu reduzierenden Oxyde, aus der Wärme, die notwendig ist, das Eisen und die Legierungselemente (Roheisen) auf die Abstichtemperatur zu bringen und zu schmelzen, sowie aus der Lösungswärme der Legierungselemente zusammen. Dazu kommt noch diejenige Wärme, die aufgewendet werden muß, um bei der Reduktion entstehende CO und CO_2-haltige Gase auf die Abgastemperatur zu bringen. Die Ermittlung dieser Wärmemengen geht aus der Kolonne C der Tab. 4-VII hervor. Die für diese Berechnungen zugrunde liegenden Reaktionsgleichungen sind in der Tab. A-IX zusammengestellt.

Die Addition aller Wärmewerte der Tab. 4-VII ergibt die *theoretische Gesamt-Wärmemenge*, die notwendig ist, um 1 t flüssiges Roheisen mit 1400 °C aus dem *reinen Roheisenmöller* zu erhalten, wobei die sich bildende CO- und CO_2-Menge den Ofen bei der Abgastemperatur (in der Tab. 4-VII bei 400 °C) verläßt.

Diese Ergebnisse sind in der Tab. 4-VII unter C zusammengefaßt. In diesen Zahlen ist die vom *schlackenhaltigen Möller* beanspruchte Wärme- bzw. Strommenge nicht enthalten.

Der theoretische Wärmebedarf des *reinen Roheisenmöllers* liegt beim Beispiel der Tab. 4-VII um 1,33 Mill. kcal/t Roheisen. Nach der Berücksichtigung des Wärmewirkungsgrades des Elektro-Verhüttungsofens, der z. B. bei 0,80 (20% Wärmeverluste) liegt, ergibt sich der praktische Wärmebedarf des *reinen Roheisenmöllers*, der hier bei rd. 1,66 Mill. kcal oder 1930 kWh/t Roheisen liegt.

Ähnlich wurde der Stromverbrauch des *reinen Roheisenmöllers* verschiedener Roheisensorten (Thomas-, Hämatit- und Stahl-Roheisen) bei nur direkter Reduktion berechnet; die Ergebnisse sind in der Tab. 4-VIII zusammengestellt. Der durchschnittliche Strombedarf des *reinen Roheisenmöllers* liegt, wenn die Abgastemperatur etwa 400 °C beträgt, um 2050 kWh/t Roheisen. Die abzubauende Sauerstoffmenge liegt um 430 kg,

Tabelle 4-VIII. *Stromverbrauch usw. des reinen Roheisenmöllers verschiedener Roheisensorten* (je t Roheisen) *bei 100% direkter Reduktion*

Roheisensorte	Thomas-	Hämatit-	Stahl-
Zusammensetzung:			
% C	3,8	3,8	3,8
% Mn	0,8	0,6	0,8
% Si	0,4	2,0	0,5
% P	2,0	0,1	0,3
Abgastemperatur °C	400	400	400
Abgebaute Sauerstoffmenge bei nur Erz	434	429	420
cbm CO und CO_2	607	600	588
kg C	364	359	353
10^6 kcal ($\eta = 100\%$)	1,410	1,440	1,378
kWh ($\eta = 80\%$)	2040	2085	2002

der Kohlenstoffbedarf um 360 kg, und die CO-Menge um 600 cbm, alles je t Roheisen. Sowohl die indirekte Reduktion, als auch der Kohlenstoffbedarf für die verschlackten FeO- und MnO-Mengen, sind hier nicht berücksichtigt.

3. Schlackenhaltiger Roheisenmöller

Der schlackenhaltige Möller besteht, wie schon oben ausgeführt, aus denjenigen Bestandteilen, die die Schlacke bilden, sowie aus der Feuchtigkeit, dem Hydratwasser und der Kohlensäure der Beschickung. Um den Wärme- und Stoffumsatz aufzustellen zu können, ist es notwendig, zuerst die Mengen dieser Stoffe je t Roheisen zu erfassen. Das Beispiel einer solchen Berechnung ist für einen aus Sinter, Kalkstein und Koks bestehenden Möller aus der Tab. 4-IX (Beispiel Elektro-Verhüttungsofen) ersichtlich. Im oberen Teil (unter A) ist die Zusammensetzung der Möllerbestandteile, bezogen auf die trockene Substanz, angegeben. Die Feuchtigkeit ist, auch auf die trockene Substanz bezogen, besonders aufgeführt. Im unteren Teil der Tabelle (unter B) erfolgt die Berechnung der Mengen der einzelnen Bestandteile. Nach dem Abzug des Kohlenstoffs und der Oxyde, die sich nach der Reduktion im Roheisen als Legierungselemente lösen, und die schon bei der Berechnung des *reinen Roheisenmöllers* erfaßt sind (s. Tab. 4-IX), läßt sich der *schlackenhaltige* Möller errechnen. Gleichzeitig ergibt sich auch die Menge und die Zusammensetzung der Schlacke.

a) Berechnung der Erzmenge: Aus der Tab. 4-IX geht hervor, daß insgesamt 946 kg Erz-Fe/t Roheisen notwendig sind, was 1947 kg Sinter, trocken, oder 1970 kg Sinter feucht, entspricht.

b) Berechnung der Kohlenmenge. Die notwendige Kohlenstoffmenge von 338,0 kg, liefert Koks und Elektrodenmasse. Bei einem Verbrauch an Elektrodenmasse von 20 kg/t Roheisen (15,6 kg C) bleiben noch 322,4 kg C aus Koks. Nach Tab. 4-X stehen je kg Koks 0,8690 kg C zur Verfügung. Die notwendige Koksmenge ist dann 371,0 kg (322,4 : 0,8690).

c) Ermittlung der Kalksteinmenge. Das Verhältnis $CaO : SiO_2$ soll 1,3 betragen. Im Erz, Koks und Elektrodenmasse sind 227,0 kg SiO_2 vorhanden. 10,7 kg SiO_2 (5 + 5,7) sind für die Reduktion notwendig; Rest 216,3 kg, wofür 281,2 kg CaO notwendig sind. Im Erz und Koks sind 152,5 kg CaO vorhanden, es fehlen noch 128,7 kg, die durch 233,6 kg Kalkstein (verfügbare CaO-Menge ist 55,4—0,2·1,3 = 55,1 kg CaO/100 kg) einzubringen sind.

Die im Ofen in Betracht kommende Möllermenge muß um den Staubverlust (z. B. um 2%) vergrößert werden.

d) Ermittlung der Schlackenmenge und ihrer Zusammensetzung. Mit Hilfe der Tab. 4-IX läßt sich auch die Schlackenmenge berechnen, die in diesem Falle bei 707,5 kg/t Roheisen liegt. Auch die Zusammensetzung

Tabelle 4-IX. *Stoffbilanz des Stahlroheisen-Möllers* (Elektro-Verhüttungsofen)

A. Zusammensetzung der Möllerbestandteile in % (bezogen auf trockene Substanz)

Möllerbestandteil	Fe	Fe_2O_3	FeO	MnO_2	P_2O_5	CaO	MgO	SiO_2	Al_2O_3	C fix.	Fl. Best.	CO_2	S	Feucht.
Sinter	48,6	69,5	—	0,8	0,4	7,7	0,5	10,8	8,6	—	—	1,5	0,2	1,2
Koks	0,9	(Versch.) 0,4	—	—	—	0,7	0,2	4,5	3,3	(86,9) 87,3	1,8	—	0,9	4,8
Elektrodenmasse	0,5	—	—	—	—	0,2	0,1	3,3	1,8	77,8	16,1	—	0,6	—
Kalkstein	0,6	0,8	—	—	—	(55,1) 55,4	—	0,2	0,2	—	—	43,4	—	0,9

B. Möllergewicht in kg je t Roheisen

152,5

Rohstoff	feucht	trocken	Fe	Fe_2O_3	FeO	MnO_2	P_2O_5	CaO	MgO	SiO_2	Al_2O_3	C fix.	Fl. Best.	CO_2	S	Feucht.
Sinter	1969,9	1946,5	946	1352,8	—	15,6	7,8	149,9	9,7	210,2	167,4	—	—	29,2	3,9	23,4
Koks	388,8	371,0	3,3	(Versch.) 1,5	—	—	—	2,6	0,7	16,7	12,2	322,4	6,7	—	3,3	17,8
El.-Masse	20,0	20,0	0,1	—	—	—	—	—	—	0,1	—	15,6	3,2	—	0,1	—
Kalkstein	235,7	233,6	1,4	1,9	—	—	—	129,4	—	0,5	0,5	—	—	101,4	—	2,1
Einsatz	2614,4	2571,1	950,8	(Versch.)1,5	—	15,6	7,8	281,9	10,4	227,5	180,1	338,0	9,9	130,6	7,3	43,3
Bei der Reduktion			946			12,7	6,9	—	—	10,7	—	338,0	—	—	0,5	—
In die Schlacke		707,5	(4,8)	(Versch.)1,5	6,2	2,9	0,9	281,9	10,4	216,8	180,1	--	—	—	6,8	—
Schlacken zusammen in %				0,2	0,9	0,4	0,1	39,8	1,5	30,6	25,5	--	—	—	1,0	—

Tabelle 4-X. *Reduktions- und Aufkohlungs-Koksrechnung*

I. Zusammensetzung von Trockenkoks
87,30% C
  0,36% H $\Big\}$
  0,54% O
  0,90% N $\Big\}$ 2,20
  0,90% S $\Big\}$
  0,09% Fe
10,00% Asche (inkl. 0,9% S)
  4,80% Feuchtigkeit, bezogen auf Trockenkoks

II. Beim Erhitzen des Kokses verdampft die Feuchtigkeit (0,048 kg/kg Koks = 0,0597 cbm H_2O), H liefert H_2 (0,0036 kg H/kg Koks = 0,0400 cbm H_2) und N → N_2 (0,0090 kg N/kg Koks = 0,0072 cbm N_2). O des Kokses verbindet sich mit C und liefert CO und Wärme (0,0054 kg O/kg Koks = 0,0076 cbm CO und 9,2 kcal); dafür sind 0,0040 kg C notwendig. Somit vermindert sich die zur Verfügung stehende C-Menge auf 86,90% C. Bei diesen Reaktionen in Betracht kommende Reaktionswärmen sollen (außen O-Reaktion) hier vernachlässigt werden. 1 kg Koks liefert bei der Erhitzung folgende Gasmenge:
0,0400 cbm H_2
0,0072 cbm N_2
0,0076 cbm CO
0,0597 cbm H_2O
0,1145 cbm/kg Trockenkoks

III. Ergebnis: verfügbare C-Menge/kg Koks : 0,8690 kg
           Gasmenge/kg Koks : 0,1145 cbm (Zusammensetzung s. oben)
           gelieferte Wärmemenge (ohne Feuchtigkeit): 9,2 kcal/kg Koks
           Koksanalyse: 86,90% C
                     10,00% Asche, inkl. 0,9% S
                       0,90% Fe
                       2,20% flücht. Best.
               100,00%

der Schlacke (in Gew.-%) ist aus der gleichen Tabelle ersichtlich. Die Schlacke besteht aus etwa 40% CaO, 31% SiO_2, 26% Al_2O_3, 2% MgO usw.

e) Berechnung des Strombedarfes für den schlackenhaltigen Möller. Die für das Austreiben der Feuchtigkeit, des Hydratwassers und der Kohlensäure notwendige Wärmemenge, unter Berücksichtigung der Abgastemperatur, ist mit Hilfe der den Tab. 4-III aus der Tab. 4-XI ersichtlich; die Zahlen sind mit Hilfe der Tab. 4-III berechnet. Die für das Erhitzen und Schmelzen der Schlacke notwendige Wärme ist in der Tab.

Tabelle 4-XI. *Wärmebedarf in kWh/kg für das Austreiben der Möller-Feuchtigkeit, -Hydratwassers und -Kohlensäure in Abhängigkeit von der Gichtgastemperatur (bei einem Wärmewirkungsgrad des Ofens von 80%), s. auch Tab. 4-III*

Gichtgastemperatur °C	400	600	800	1000
Feuchtigkeit	1,14	1,29	1,44	1,61
Hydratwasser	1,25	1,39	1,55	1,72
Kohlensäure ($CaCO_3$)	1,54	1,62	1,71	1,80

4-IV aufgeführt. Bei dem vorliegenden Beispiel stammt die Schlacke vor allem aus dem Sinter und aus der Koksasche (Wärmebedarf 392 kcal/kg). Der Strombedarf für das Erhitzen und Schmelzen der 707,5 kg Schlacke liegt somit bei 277 340 kcal (323 kWh).

Der theoretische Wärmebedarf des *schlackenhaltigen Roheisenmöllers* (ohne Ofenverluste) ist aus der Tab. 4-XII ersichtlich. Der Wärmebedarf liegt bei etwa 0,45 Mill. kcal/t Roheisen.

4. Wärme- und Strombedarf des reinen und des schlackenhaltigen, d. h. des Gesamt-Roheisenmöllers (Gesamtstrombedarf je t Roheisen)

Die notwendige Gesamt-Wärmemenge für den *reinen* (d. h. schlackenfreien) und für den *schlackenhaltigen* Roheisenmöller (Berechnung s. Tab. 4-XII) liegt — ohne Ofenverluste — bei etwa 1,8 Mill. kcal. Bei Berücksichtigung der Ofenverluste von z. B. 20% ergibt sich der Gesamtwärmebedarf von etwa 2,2 Mill kcal/t Roheisen.

Die Deckung dieses Wärmebedarfes erfolgt im Elektro-Verhüttungsofen durch den elektrischen Strom.

Für die Erfassung des Gesamtstrombedarfes ist die Umrechnung des Gesamt-Wärmebedarfes in kWh (s. Tab. 4-XII) oder das Zusammenzählen des Strombedarfes für den *reinen* und für den *schlackenhaltigen* Roheisenmöller (s. Tab. 4-XIII) notwendig. Der Gesamt-Strombedarf dieses Beispieles liegt bei 2591 kWh/t Roheisen.

Die bei der Verhüttung anfallende Gesamt-Gichtgasmenge geht aus

Tabelle 4-XII. *Wärmebedarf des reinen und des schlackenhaltigen Roheisenmöllers bei einer Gichtgastemperatur von 400° C (in kcal/t Roheisen)*

	kcal je t		kWh Roheisen
A. Wärmebedarf des *schlackenhaltigen Möllers* (Tab. 4-III, 4-IV u. 4-IX)	kg	kcal	
a) Austreiben der Feuchtigkeit	43,3	783,1	33 908
b) Austreiben des Hydratwassers	—	—	—
c) Austreiben der Kohlensäure	130,6	1062,6	138 775
d) Erhitzen und Schmelzen der Schlacke	707,5	392,0	277 340
Total			450 023
B. Wärmebedarf des *reinen* Roheisenmöllers (Tab. 4-VII)			1 332 386
Gesamtwärmebedarf (ohne Ofenverluste)			1 782 409
C. 20% Ofenverluste			445 602
D. Gesamtwärmebedarf inkl. Ofenverluste			2 228 011
E. Gesamtstromverbrauch			

2 228 011 : 860 = 2591 kWh/t Roheisen

Tabelle 4-XIII. *Gesamtstrombedarf des Beispieles der Tab. 4-VII und 4-IX in kWh/t Roheisen (s. auch Tab. 4-XII)*

	kcal	kWh	kWh	%
A. *Reiner Roheisenmöller*				
Reduktionswärme	972455	1131		43,6
Erhitzen und				
Schmelzen	287000	334		12,9
Gichtgaswärme	72931	85		3,3
	1332386	1550	1550	(59,8)
B. *Schlackenhaltiger*				
Roheisenmöller				
Feuchtigkeit	33908	39		1,5
Hydratwasser	—	—	—	—
Kohlensäure	138775	161		6,2
Schlacke	277340	323		12,5
	450023	523	523	(20,2)
C. *Reiner* und *schlacken-*				
***haltiger* Roheisen-**				
möller	1782409		2073	80,0
D. Ofenverluste (20%)	445602		518	20,0
E. Gesamtwärmemenge				
bzw. Stromverbrauch	2228011		2591	100,0

der Tab. 4-XIV hervor, die beim besprochenen Beispiel bei 646,9 cbm Gichtgas (trocken)/t Roheisen liegt. Bei der Reaktion des Kohlenstoffs mit der Möllerfeuchtigkeit können sich weitere CO- und H_2-Mengen bilden; sie sind hier nicht berücksichtigt.

Die *Gesamtwärmeumsatz*-Rechnung der Stahlroheisenherstellung im Elektro-Verhüttungsofen ist in der Tab. 4-XV (Bildungswärme s. Tab. A-VIII) durchgeführt, wobei die chemische Wärme der Abgase (etwa $^1/_3$ des Gesamtwärmeverbrauches) mitberücksichtigt ist. Fast 35% der verbrauchten Wärmemenge sind für die Reduktionsarbeit notwendig. Ja etwa 10% kommen für den Wärmeinhalt der Produkte (Roheisen, Schlacke und Gichtgas) und Ofenverluste, der Rest für die Vorbereitung des Möllers (etwa 3%) in Betracht. Etwas über die Hälfte der notwendigen Wärme kommt vom Koks (Koks wurde mit seinem Heizwert, d. h. Oxydation bis CO_2, eingesetzt); der elektrische Strom liefert die zweite Hälfte.

Bei Nichtberücksichtigung der chemischen Wärme der Abgase ändern sich diese Zahlen, wie der Tab. 4-XIII zu entnehmen ist. In so einem Falle kommt die gesamte in Betracht kommende Wärme als elektrische Energie in den Ofen. Von dieser beansprucht die Reduktion schwach die Hälfte, ein Viertel das Roheisen und die Schlacke, ein Fünftel die Ofen-

Tabelle 4-XIV. *Gichtgas*

	cbm				
	CO	CO_2	H_2	N_2	H_2O
I. Gichtgasmenge					
a) Gasmenge des *reinen Roheisenmöllers* (Tab. 4-VII)	530,5	29,5			
b) Gasmenge des *schlackenhaltigen Roheisenmöllers* (Tab. 5-IX) 130,6 kg $CO_2 \cdot 0,510$ 371,0 kg Koks (Tab. 4-X) 43,3 kg Feuchtigkeit. 1,244	2,8	66,6	14,8	2,7	53,9
Gesamt 700,8 cbm feucht = 646,9 cbm trocken	533,3	96,1	14,8	2,7	53,9
% (trocken)	82,4	14,9	2,3	0,4	—

II. Gaszusammensetzung, Gichtgaswärmeinhalt, Heizwert

	cbm/t Roheisen	%-Zusammensetzung des Trockengases	kcal/cbm 400 °C	kcal/cbm	Heizwert kcal/cbm Trocken	kcal/t Roheisen (feucht)
CO	533,3	82,4	127,2	3020	2488	67 836
CO_2	96,1	14,9	184,8	—	—	17 759
H_2	14,8	2,3	124,8	2580	59	1847
N_2	2,7	0,4	126,8	—	—	342
H_2O	53,9	—	149,6	—	—	8063
	700,8	—	—	—	2547	95 847

verluste und den Rest die Gichtgaswärme (etwa 4%) sowie die Vorbereitung des Möllers (etwa 8%).

Diese zwei Beispiele zeigen eindeutig, wie unterschiedlich, entsprechend der Betrachtungsweise, der Wärmeumsatz desselben metallurgischen Prozesses ausfallen kann.

5. Wärmeinhalt-Temperatur-Schaubild

Bei der Roheisenherstellung im Elektro-Verhüttungsofen ist es nicht üblich, ein Wärmeinhalt-Temperatur-Schaubild aufzustellen, weil die Gasmenge sehr klein ist und sich somit an und für sich sehr hohe Temperaturen im Gas, vor allem im unteren Teile des Ofens, ergeben. Dadurch, daß die Gesamtbeschickungshöhe nur einige Meter (etwa 3 m) beträgt, kann sich eine in der ganzen Möllerschicht gleichmäßige Erwärmung der Beschickung nicht einstellen. Deshalb weist der auf der gleichen Höhe liegende Möller um die Elektroden andere Temperaturen auf als z. B. in der Mitte des Ofens, vor allem, weil der Möllerverbrauch um die Elektroden auch am größten ist. Aus diesen Gründen kommt auch dem Wärmeinhalt-Temperatur-Schaubild der Beschickung keine Bedeutung zu.

Tabelle 4-XV. *Gesamtwärmeumsatz der Stahl-Roheisen-Herstellung im Elektro-Verhüttungsofen*

	10^3 kcal/t Roheisen	%
a) *Wärmeeinnahmen*		
I. Wärmewert des Reduktionskokses		
388,8 kg · 6820 kcal (S. 30)	2652	53,0
Stromwärme 2591 ·860	2228	44,4
Elektrodenmasse 20 kg · 6170 kcal	123	2,5
Lösungswärme 5 kg Si · 684, 3 kg P · 1265	7	0,1
	5010	
b) *Wärmeverbrauch*		
1. Nutzwärme		
I. Reduktion		
Fe aus Fe_2O_3 946 · 1764 1668744		
Mn aus MnO_2 8 · 2263 18104		
Si aus SiO_2 5 · 7483 37415		
P aus P_2O_5 3 · 5973 17919	1742	34,7
II. Wärmewert d. gel. C 38 (7831 + 450)	315	6,3
III. Wärmeinhalt des fl. Roheisens	287	5,7
IV. Wärmeinhalt der fl. Schlacke	277	5,5
V. Vorbereitung des Möllers		
CO_2-Austreibung	139	2,8
H_2O-Austreibung	34	0,7
2. Ofenverluste, Stromverluste	446	8,9
3. Gichtgaswärme		
I. Heizwert 646,9 ·2547	1648	33,0
II. Fühlbare Wärme (Tab. 4-XIV)	96	1,9
Differenz	26	0,5
	5010	

6. Stromverbrauch im Elektro-Verhüttungsofen — Annäherungsrechnung

In erster Annäherung variiert der Strombedarf des *reinen Roheisen-möllers* verschiedener Roheisensorten (s. Tab. 4-VIII) nicht stark und liegt bei nur direkter Reduktion und bei einer Gichtgastemperatur von etwa 400 °C um etwa 2050 kWh/t Roheisen. Bei genauer Ermittlung sind entsprechend der Roheisen-Analyse die Werte der Tab. 4-VIII einzusetzen. Für jeden % der ind. Reduktion sind 16 kcal in Abzug zu bringen; somit gilt

$$\left. \begin{aligned} &\text{kWh/t Roheisen (reiner Roheisenmöller)} \\ &= 2050 - 16\ (\%\ \text{ind. Reduktion}). \end{aligned} \right\} \quad (4.14)$$

Der Strombedarf des *schlackenhaltigen Möllers* ist bei einer Gichtgastemperatur von etwa 400 °C (s. Tab. 4-IX) gleich.

$$\left. \begin{aligned} &\text{kWh/t Roheisen (schlackenhaltiger Möller)} \\ &= 1,1\ (\text{kg Feuchtigkeit}) + 1,2\ (\text{kg Hydratwasser}) + \\ &+ 1,6\ (\text{kg Karbonat-Kohlensäure}) + 0,6\ (\text{kg Schlacke}). \end{aligned} \right\} \quad (4.13)$$

Die in den Klammern bezeichneten Mengen entsprechen den Mengen der Möllerbestandteile (Erz, Zuschläge, Kohle) je t Roheisen und lassen sich mit Hilfe der Tab. 4-XII berechnen.

Die Berechnung des Gesamtstromverbrauches kann dann nach folgender Beziehung erfolgen, wenn die Roheisenerzeugung nur aus Eisenerz (kein Schrott) erfolgt:

$$\text{Strombedarf in kWh/t Roheisen} = 2050 - 16\,(\%\,\text{ind. Reduktion}) + \\ + 1{,}1\,(\text{kg Feuchtigkeit}) + 1{,}2\,(\text{kg Hydratwasser}) + \\ + 1{,}6\,(\text{kg Kohlensäure}) + 0{,}6\,(\text{kg Schlacke})\,. \tag{4.15}$$

Hiernach errechnet sich der Strombedarf für das Beispiel der Tab. 4-XII zu 2653 kWh/t Roheisen (statt 2591 kWh nach dem genauen Rechnungsgang, was einem Unterschied von etwa 2% entspricht).

Beim Arbeiten mit Schrott oder mit vorreduzierten Eisenerzen sinkt der Stromverbrauch, vor allem der des *reinen Roheisenmöllers*, entsprechend der Menge des metallischen Eisens, weil für das Umschmelzen des Eisens nur etwa 500 kWh/t inkl. Reduktion der Legierungselemente [(287 000 + 60 000) : (0,8·860)] — statt 2050 kWh/t aus Eisenerz — notwendig sind. Somit ist der Stromverbrauch eines aus Erz, Schrott, vorreduzierten Erzen, Zuschlägen und Kohle bestehenden Möllers (Gichtgastemperatur von etwa 400 °C) gleich:

$$\text{Stromverbrauch in kWh/t Roheisen} \\ = [2050 - 16\,(\%\,\text{ind. Reduktion})]\,(1 - \text{t met. Eisen}) + \\ + 500\,(\text{t met. Eisen}) + 1{,}1\,(\text{kg Feuchtigkeit}) + \\ + 1{,}2\,(\text{kg Hydratwasser}) + 1{,}6\,(\text{kg Karbonatkohlensäure}) + \\ + 0{,}6\,(\text{kg Schlacke})\,. \tag{4.16}$$

7. Weitere Beispiele

Der Gesamtstrombedarf dreier verschiedener Möller ist aus der Tab. 4-XVI ersichtlich. Der Stromverbrauch des Fricktalererz-Möllers liegt infolge der hohen Schlacken-, Feuchtigkeits-, Hydratwasser- und Kohlensäuremenge sehr hoch, und ist bei dem verhältnismäßig reinen Sinter-Möller sehr gering.

8. Bemerkungen zum Stoff- und Wärmeumsatz

Bei dem dargestellten Stoff- und Wärmeumsatz sind einige Vorgänge, die auftreten können, nicht berücksichtigt.

So wurde z. B. bei einigen Beispielen angenommen, daß die Reduktion nur direkt vor sich geht. Das ist auch im allgemeinen der Fall. Bei der Verarbeitung sehr gut reduzierbarer kleinstückiger Eisenerze (z. B. Minette) kann auch indirekte Reduktion auftreten. Ihr Umfang über-

Tabelle 4-XVI. *Gesamtstoff- und -Strombedarf dreier verschiedener Roheisenmöller*
(100% direkte Reduktion). — Annäherungsrechnung (je t Roheisen)

Möllersorte		Fricktalererz (Minette) und kieselsäurehaltiger Anthrazit	Pyritsinter und Koks	Brasilianisches Erz und Koks
Erz	kg	3350	1535	1450
Zuschläge	kg	540	113	480
Kohle	kg	565	437	485
Feuchtigkeit	kg	157	52	38
Hydratwasser	kg	190	—	53
Kohlensäure	kg	614	72	170
Schlacke	kg	1535	145	417
Strombedarf für:				
reinen Roheisenmöller				
in kWh		2040	2000	2000
schlackenhaltigen Möller				
in kWh		2303	259	626
Gesamt kWh		4343	2259	2626

schreitet jedoch kaum 10%. In einem solchen Falle ist es notwendig, die indirekte Reduktion zu berücksichtigen (s. auch Tab. 4-VII), was zu geringerem Kohle- und Strombedarf führt.

Beim Arbeiten mit hydrathaltigen Erzen und bei einer Kohle (z. B. Koks oder Holzkohle) und Erz mit viel Feuchtigkeit kann bei hoher Temperatur der Gichtgase die Zersetzung des Wassers nach der Gleichung

$$H_2O + C = H_2 + CO \tag{4.17}$$

vor sich gehen. Bei reichen Erzen reagiert manchmal sogar die gesamte Menge der Möller-Feuchtigkeit und des Hydratwassers mit dem Kohlenstoff der Kohle. In so einem Falle ist es von Vorteil, die Feuchtigkeit des Möllers laufend zu kontrollieren und der gefundenen Feuchtigkeit die Möller-Kohlenmenge anzupassen. Weil dieser Vorgang Kohlenstoff und elektrische Energie braucht, und Wasserstoff und Kohlenoxyd liefert, sind diese Vorgänge bei der Möllerberechnung zu berücksichtigen.

Beim Arbeiten mit Kohlen, die größere Mengen flüchtiger Bestandteile aufweisen, können die Kohlenwasserstoffe mit dem Wasser des Möllers reagieren, und nach

$$CH_4 + H_2O = CO + 3H_2 \tag{4.18}$$

Kohlenoxyd und Wasserstoff (s. auch Tab. A-IX) liefern. Auch dieser Vorgang geht besonders bei heißen oberen Möllerschichten im Ofen vor sich.

Im Zusammenhang mit dem Stoff- und Wärmeumsatz führt die Ermittlung der Zusammensetzung der Möllerbestandteile, sowie die Feststellung der Mengen der einzelnen Möllerstoffe und der Schlacke, des

6*

Roheisens und der Abgase im Betriebe oft zu Schwierigkeiten. Für einen zuverlässigen Stoff- und Wärmeumsatz müssen jedoch diese Daten vorhanden sein.

Weil der Stromverbrauch von den Wärmeverlusten abhängig ist, sollen auch die Kühlwasser-, Strahlungs- und Abgas-Wärmeverluste gemessen werden. Weil sie auch vom Zustand der Ausmauerung abhängig sind, ist es vorteilhaft, die Messung periodisch zu wiederholen.

9. Folgerungen aus dem Stoff- und Wärmeumsatz

a) Verbesserung der Wirtschaftlichkeit. Wie aus den oben angegebenen Gleichungen hervorgeht, ist der Stromverbrauch bei der Herstellung des Roheisens aus Eisenerzen, weil für die Reduktion der Eisenoxyde bei fast allen Roheisensorten etwa die gleiche Strommenge in Betracht kommt, vor allem von der Menge der Feuchtigkeit, des Hydratwassers, der Kohlensäure und der Schlacke des Möllers abhängig. Eine wesentliche Verringerung des Stromverbrauches ist somit möglich, wenn die in den Ofen chargierte Feuchtigkeit-, Hydratwasser- und Kohlensäuremenge, z. B. durch das Rösten der Erze, das Brennen des Kalksteines, das Sintern des Möllers usw., oder, wenn die Erzmenge durch die Zugabe des Schrottes (Späne, Pakete, Gußbruch, vorreduziertes Eisenerz usw.) vermindert wird. Im allgemeinen sinkt der Stromverbrauch, je nach der Zusammensetzung des Möllers, um 200—300 kWh/t Roheisen je 100 kg Schrottzugabe.

Auch die Verminderung der Schlackenmenge, z. B. durch eine Erzaufbereitung, führt zu niedrigem Stromverbrauch. Weil für 100 kg Schlacke nur etwa 60 kWh notwendig sind, ist eine Erzaufbereitung selten wirtschaftlich. In einem solchen Falle sind neben der kleineren Schlackengutschrift die Kosten für die Erzzerkleinerung, Eisenverluste und Sinterung zu berücksichtigen.

Bei günstigem Strompreis ist der Elektro-Verhüttungsofen die wirtschaftlichste Art der Erzaufbereitung, weil dann keine weiteren Anschaffungen und Öfen notwendig sind; auch die Erze fallen dann nicht pulverförmig an. Dabei ist allerdings die Erzeugung des Ofens kleiner; gegebenenfalls ist eine größere Ofeneinheit notwendig. Ob eine Erzaufbereitung aufgestellt werden soll oder nicht, ist eine wirtschaftliche Frage, denn nicht das einfachste, sondern das wirtschaftlichste Verfahren ist vorzuziehen.

Die heute größten Elektro-Verhüttungsöfen sind für einen Anschluß von rund 20—25 MW gebaut, was einer Tageserzeugung von etwa 200 t Roheisen entspricht. Will man die allgemein übliche Tageserzeugung des Hochofens von 500—1000 t erreichen, so ist nach der heutigen Arbeitsweise ein Stromanschluß von 50—100 MW notwendig. Diese hohe Leistung ist bei der heutigen Arbeitsweise und bei gleichbleibender Erzeugung je Elektrode nach den heutigen Erfahrungen nur in einem Reihenofen mit zusätzlichen Elektroden möglich.

b) Roheisenerzeugung mit Vorreduktion. Ersetzt man im Elektro-Verhüttungsofen Erz durch Schrott bzw. Eisen, d. h. chargiert man an Stelle des Eisenoxydes metallisches Eisen, dann sinkt der Stromverbrauch wesentlich, d. h. größenordnungsmäßig viel stärker als durch irgendeine andere Maßnahme. Dieses Verfahren der Kombination eines Vorreduktionsverfahrens mit dem Elektro-Verhüttungsofen, steht zur Zeit an verschiedenen Stellen versuchsweise in Betrieb und führt zu recht beachtlichen Ergebnissen. Aus diesem Grunde soll auch hier auf diese Arbeitsweise näher eingegangen werden.

Die Vorreduktion mit festem Kohlenstoff geht bei feinen Erzen und Kohlen, auch Rohkohlen, besser vor sich, weil kurze Reaktionszeiten resultieren. Die Vorreduktion kann auch gleichzeitig mit der Sinterung oder Pelletisierung erfolgen. Wenn der größte Teil des Möllers schon weitgehend vorreduziert in den Elektro-Verhüttungsofen kommt, dann ist die entwickelte Gasmenge bedeutend kleiner als beim Roherz. Sie liegt bei etwa $1/3$ bis $1/2$ der sonst üblichen Gasmenge. Infolge der Befreiung des Möllers während der Vorreduktion von der Feuchtigkeit, dem Hydratwasser und der Kohlensäure, sinkt der Stromverbrauch entsprechend.

Eine solche Arbeitsweise ist deshalb günstig, weil die einfachere Arbeit teilweise (Vorreduktion, Befreiung des Möllers von der Feuchtigkeit, Hydratwasser und Kohlensäure, Erhitzung des Möllers auf etwa 1000 °C) mit der Kohle vor dem Elektroofen, und die hochwertige Arbeit (Endreduktion, Schmelzen des Roheisens und der Schlacke) im Elektro-Verhüttungsofen mit dem elektrischen Strom erfolgt. Im Idealfall kann man bei der Vorreduktion mit einem selbstgehenden Möller arbeiten, der so zusammengesetzt ist, daß im Elektroofen keine weiteren Zusätze notwendig sind, d. h. daß der chargierte Möller die erwünschte Schlackenzusammensetzung und Kohlenstoffmenge, die für die Reduktion der restlichen Oxyde erforderlich ist, enthält. Bei einem solchen Verfahren sinkt der Stromverbrauch, wenn die vorreduzierten Eisenerze heiß (mit 800 bis 1000 °C) dem Elektro-Verhüttungsofen chargiert werden, bei guten Erzen auf rund die Hälfte, bei eisenarmen Erzen sogar unter die Hälfte der bei normaler Arbeitsweise erreichten Werte. Der Stromverbrauch liegt dann bei sehr reichen Erzen um etwa 1000—1200 kWh (nach der heutigen Arbeitsweise bei etwa 2300 kWh), und bei armen Erzen, z. B. Minette, bei etwa 1600—1800 kWh (bei der heutigen Arbeitsweise etwa 4000 kWh), alles je t Roheisen. Die Abgasmenge, die weitgehend aus Kohlenoxyd besteht und somit einen Heizwert von etwa 3000 kcal/cbm aufweist, liegt um 250 cbm/t Roheisen.

Weil die Rohstoffe in feinkörniger Form notwendig sind und weil jede Kohle, auch Rohkohle, in Betracht kommt, ist dieses Verfahren von der

Rohstoffseite her als günstig zu betrachten; dabei ist auch die Strommenge je t Roheisen sehr niedrig (zwischen 1000 und 1800 kWh). Ein solches Verfahren kommt nicht nur für Gebiete, wo der Strom billig ist, sondern auch für Länder, die einen höheren Strompreis aufweisen, in Frage. Weil aller Wahrscheinlichkeit nach die Energie der Zukunft als elektrische Energie vorhanden sein wird, und weil angenommen werden kann, daß der aus der Atomenergie erzeugte elektrische Strom in den nächsten Jahrzehnten billiger sein wird, kann das Verhütten des vorreduzierten Möllers im Elektro-Verhüttungsofen als aussichtsreich für die Zukunft angesehen werden.

4.3 Roheisenherstellung im Hochofen

4.3.1 Einleitung

Heute macht die Weltroheisenerzeugung rund 250 Millionen t Roheisen aus. Die Roheisenerzeugung geht aus Erz vor sich und erfolgt praktisch nur im seit Jahrhunderten bekannten Hochofen (Skizze s. Abb. 4.4), dessen Wirtschaftlichkeit durch den Bau immer größerer Einheiten — die Tagesleistung des üblichen Hochofens liegt zwischen 500 und 2000 t Roheisen — bis heute gesichert blieb.

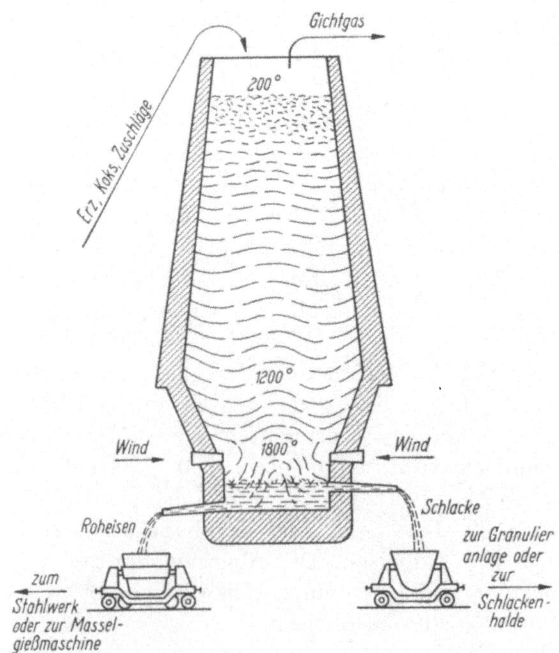

Abb. 4.4 Schema der Arbeitsweise eines Hochofens

Die für die Roheisenherstellung notwendige Wärme liefert im Hochofen die Koksverbrennung mit der Heißluft. Dieser Vorgang ist für die wichtigsten Merkmale des Hochofens bestimmend: Verarbeitung stückiger Möllerbestandteile, weitgehende indirekte Reduktion der Eisenoxyde, große Tagesleistung des Ofens, und mit Luftstickstoff verdünntes Gichtgas in großen Mengen, jedoch mit geringem Heizwert.

4.3.2 Metallurgische Vorgänge

Die Reduktion der Eisenerze erfolgt im Hochofen zu etwa 30—70% indirekt und zu etwa 70—30% direkt, d. h. nur etwa 150—250 kg Koks sind für die direkte Reduktion und für die Aufkohlung des Roheisens notwendig, wozu allerdings noch die Kokswärme für die Deckung der wärmeverbrauchenden Reaktionen hinzukommt. Die indirekte Reduktion verläuft über CO, wofür kein Koks und praktisch keine Wärme notwendig sind. Weil im Hochofen selbst rund die Hälfte der Koksmenge ausgenützt wird (etwa 400—500 kg) und die andere Hälfte als chemische und physikalische Wärme des Gichtgases entweicht, stehen nach Abzug des Reduktionskokses (s. oben) etwa 200—300 kg Koks/t Roheisen für die Erhitzung der Beschickung, inklusive Austreibung der Feuchtigkeit und Zersetzung der Karbonate, und für das Schmelzen der Schlacke und des Roheisens zur Verfügung. Die günstigen Reduktionsverhältnisse (hohe indirekte Reduktion) sind im Hochofen nur deshalb möglich, weil der Ofen wegen des Stickstoffes der Luft mit verhältnismäßig viel Gas arbeitet. Die großen Gasmengen befördern die Wärme von den Blasformen in die oberen Teile des Hochofens, wodurch der etwa 30 m hohe Hochofenschacht für die Erhitzung der Beschickung, für die indirekte Reduktion und teilweise für die direkte Reduktion zur Ausnützung kommt. Würde man keinen Stickstoff in den Hochofen einblasen, dann würde die Reduktion nur direkt erfolgen, wobei größere Reduktions- und Heizkoksmengen notwendig werden. Die günstige indirekte Reduktion ist somit im Hochofen weitgehend nur infolge des Stickstoffgehaltes der Luft möglich.

Um die großen Luft- bzw. Gasmengen durch den Hochofen durchleiten zu können, muß die aus Erz, Zuschlägen und Koks bestehende Beschickung grobstückig und frei von feinem Anteil sein. Feine Erze müssen vorher stückig gemacht werden. Als Kohle kommt nur druckfester, grobstückiger Koks in Betracht.

Die große Produktion des Hochofens ist deshalb möglich, weil im Schacht des Hochofens eine thermische und metallurgische Vorbereitung der Beschickung erfolgt, wodurch im unteren Teil des Ofens nur noch das Schmelzen des Eisens und der Schlacke, sowie die Endreduktion notwendig sind, Vorgänge, die wenig Wärme benötigen.

4.3.3 Stoffumsatz im Hochofen

Die wichtigsten Daten des Hochofenprozesses sind aus der Tab. 4-XVII und Angaben über die Herstellung einiger Roheisensorten im Hochofen aus der Tab. 4-XVIII ersichtlich.

Tabelle 4-XVII. *Hochofen-Daten, bezogen auf 1 t Roheisen [3]*

Tagesleistung	500–2000 t Roheisen
Gesamtausbringen brutto	28–55%
Koksbedarf	700–1200 kg
Windtemperatur	550–900 °C
Windmenge	2500–3000 cbm Luft
Gichtgasmenge	3500–4200 cbm Luft
Gichtgastemperatur	180–350 °C
Gichtgaszusammensetzung	6–13% CO_2, 27–34% CO, 1,5–2,5% H_2, 56–59% N_2
Schlackenmenge	500–1200 kg
Schlackenzusammensetzung	38–45% CaO, 30–36% SiO_2, 2–8% MgO, 7–17% Al_2O_3, 0,2–1,8% FeO, 0,2–3,0% MnO bis 0,5% P_2O_5, 0,8 bis 2,7% S (%CaO : % SiO_2 = etwa 1,3)
Fe-Verluste	
Schlacke und Granalien	8–10 kg Fe
Gichtstaub	20–50 kg Fe

Reduzierbarkeit	gut	mittel	schlecht
Möller	leicht reduzierbar (Minette, Brauneisenstein, Flußspat usw.)	zwischen beiden angrenzenden Fällen	schwer reduzierbar und grobstückig (Magnet-, Roteisenstein, stark gebrannt. Sinter usw.)
Gestellbelastung	niedrig, unter 800 kg Koks/m²h	zwischen beiden angrenzend. Fällen	hoch, über 1000 kg Koks/m²h
Gichtgastemperatur	150–200 °C	zwischen beiden angrenzend. Fällen	oberhalb 250 °C
Indirekte Reduktion	60—75%	45—60%	30—45%
Ofenverluste in kcal/kg Heizkoks	200	zwischen beiden angrenzend. Fällen	270

Bei der Herstellung der üblichen Roheisensorten aus Erz liegt die *abzubauende Sauerstoffmenge* — wie beim Elektro-Verhüttungsofen — bei etwa 400 kg/t Roheisen (s. auch S. 58). Die Ermittlung der abzubauenden Sauerstoffmenge siehe Tab. 4-XIX.

Die abzubauende Sauerstoffmenge ist kleiner, wenn Eisenerze niedrigerer Oxydationsstufe, reduzierte Erze, schon reduziertes Eisen oder Schrott im Hochofen zur Möllerung kommen (s. auch S. 59).

Der Kohlenstoffbedarf für die Reduktion ist im Hochofen von der direkt reduzierten Sauerstoffmenge abhängig (s. auch S. 60). Infolge

Tabelle 4-XVIII. *Angaben über die Herstellung einiger Roheisensorten im Hochofen* [3]

Roheisensorte	Thomasroheisen			Stahl-roheisen	Hämatit-roheisen	Gießerei-roheisen
Gesamtausbrin-gen %	41—50	30—33	28—32	45—55	42—50	42—46
Feuchtigkeit, Hydratwasser u. Kohlensäure in kg/t Roheisen	150—350	350—450	600—900	100—250	150—350	150—300
Schlackenmenge in kg/t Roheisen	600—900	1000—1200	750—1100	500—750	500—800	500—700
Windtempera-tur, °C	600—800	550—750	550—750	600—750	750—900	700—850
Gichtgas-temperatur °C	250—330	230—270	180—250	260—330	270—350	250—350
Gichtgas-Zusammensetzg. $\%\ CO_2$ $\%\ CO$ $\%\ H_2$ $\%\ N_2$	6—8 31—34 1,5—2,5 56—59	7,5—11 29—32 1,5—2,5 56—58	10—13 27—30 1,5—2,5 56—58	6,5—10 29—33 1,5—2,5 57—59	6,5—8 31—34 1,5—2,5 56—59	7—8.5 30—33 1,5—2,5 57—59
% ind. Red.	35—45	40—60	60—75	45—55	40—45	35—45
Rohkoksver-brauch in kg/t Roheisen	850—1050	1000—1200	800—1150	800—950	1000—1200	1000—1150

des kleineren Umfanges der direkten Reduktion (etwa 50%) liegt der Reduktions-Kohlenstoffbedarf um etwa 150 kg/t Roheisen.

Die Schlacke bilden die Gangart der Eisenerze, die Asche des Kokses, und zwar sowohl des Reduktions-, des Aufkohlungs-, als auch des Heiz-kokses, und die Zuschläge des Möllers. Ihre Menge liegt meist zwischen 400 und 800 kg, bei eisenarmen Erzen entsprechend höher.

4.3.4 Wärmeverbrauchende Vorgänge

Die wärmeverbrauchenden Vorgänge der Roheisenherstellung im Hochofen sind zusammenfassend schon auf der S. 62 besprochen. Es handelt sich um ähnliche Vorgänge, wie beim Elektro-Verhüttungsofen (S. 71). Für die wärmeverbrauchenden Vorgänge des Hochofens ist charakteristisch:

a) Kleinere direkte (25—70%) und somit größere indirekte Reduktion (s. auch Tab. 4-XVIII).

b) Tiefere Gichtgastemperatur von etwa 180—350 °C.

Der Umfang dieser Faktoren ist aus dem Stoff- und Wärmeumsatz ersichtlich.

4.3.5 Wärmeliefernde Vorgänge

Im Hochofen erfolgt die Erzeugung der für den Prozeß notwendigen Wärme durch die Verbrennung des Kokses bis CO meist mit bis etwa 900 °C vorgewärmter Luft (rund 2000—3000 cbm/t Roheisen). Der Koksverbrauch liegt bei etwa 700—1200 kg/t Roheisen. Die dabei sich bildenden heißen Verbrennungsgase geben im Schacht ihre Wärme an den herabrutschenden Möller ab, reagieren mit der Beschickung, reduzieren die Eisenoxyde und entweichen als Hochofengichtgas (3000 bis 4000 cbm/t Roheisen mit einem Heizwert von etwa 900—1000 kcal/cbm).

Somit liefert im Hochofen die C-Verbrennung bis CO und die Heißluft den größten Teil der für die Roheisenherstellung notwendigen Wärmemenge.

Der Koks ist im Hochofen infolge der Verbrennung bis CO nur teilweise ausgenützt. Die Ausnützung der Hälfte der Kokskalorien erfolgt im Hochofen; die andere Hälfte entweicht im Gichtgas. Weil rund die Hälfte der erzeugten Gichtgasmenge im Hochofen wieder verbraucht wird (Vorwärmung und Kompression der Luft, Stromerzeugung usw.), kommt für die Ausnützung außerhalb des Hochofens nur rund die Hälfte der anfallenden Gichtgasmenge in Betracht. Unter Berücksichtigung der für den Hochofen wiederverwendeten Gichtgasmenge werden bei z. B. 800 kg Gesamtkoksverbrauch etwa 500—600 kg des Kokses im Hochofen ausgenützt; eine 200—300 kg Koks entsprechende Wärmemenge steht als Gas außerhalb des Hochofens zur Verfügung.

4.3.6 Stoff- und Wärmeumsatz der Roheisenherstellung im Hochofen

1. Einleitung

Aus Übersichtsgründen soll hier der Stoff- und Wärmeumsatz, wie schon unter *Allgemeines* besprochen, eine dreiteilige Gliederung erfahren: *reiner Roheisenmöller, schlackenhaltiger Möller* und *Heizkoks-Möller*. Die Ermittlung soll ähnlich wie beim Elektro-Verhüttungsofen erfolgen.

Die Deckung der für den *reinen Roheisenmöller* und für den *schlackenhaltigen* Möller notwendigen Wärme, sowie der Wärmeverluste des Hochofens erfolgt durch die Heizkoks- und Heißwindwärme.

2. Reiner Roheisenmöller

Die Berechnung des Stoff- und Wärmeumsatzes des *reinen Roheisenmöllers* ist als Beispiel (Stahleisen-Herstellung im Hochofen) in der Tab. 4-XIX dargestellt, wobei eine 50% direkte Reduktion und eine Gichtgastemperatur von 300 °C angenommen ist. Der Sauerstoffabbau, die C-, die Gichtgas-, sowie die notwendige Wärmemenge sind auch aus der Tab. 4-XIX ersichtlich.

Die bei der direkten Reduktion gebildete CO-Menge (294,7 cbm) wird weitgehend bei der indirekten Reduktion verbraucht; im Gichtgas entweichen 294,7 cbm CO_2 und kein CO (CO der direkten Reduktion wird zu CO_2 oxydiert).

Der Tab. 4-XIX entsprechend beträgt die abgebaute Sauerstoffmenge 421,0 kg, der C-Bedarf für die Reduktion und die Aufkohlung 195,9 kg, und die notwendige Gesamtwärmemenge etwa 0,8 Mill. kcal, alles je t Roheisen.

3. Schlackenhaltiger Möller

Der Stoffumsatz des *schlackenhaltigen Möllers* ist ohne und mit *Heizkoks-Möller* in der Tab. 4-XX verzeichnet. Die Ausrechnung der Erz- und der Kalkstein- (ohne Heizkoks)-Menge erfolgt wie S. 76.

Auch die Schlackenmenge des *schlackenhaltigen Möllers* ist aus der gleichen Tabelle ersichtlich (ohne Heizkoks 682,0 kg/t Roheisen).

Tabelle 4-XIX. *Stoff- und Wärmeumsatz des reinen Roheisenmöllers (Hochofen)* bezogen auf 1 t Roheisen

A. Roheisen			B. Sauerstoffabbau (Direkte Reduktion 50%)			C. Wärmebedarf	
%	Element	kg	Oxydform	kgO/kgM	KgO	kcal/kg	kcal
3,8	C	38	—	—	—	450	17 100
0,5	Si	5	SiO_2/Si	1,139	5,7	4833	24 165
0,3	P	3	P_2O_5/P	1,291	3,9	2479	7 437
0,8	Mn	8	MnO_2/Mn	0,582	4,6	1256	10 048
			Mn_2O_3/Mn	0,437	—	1334	—
			Mn_3O_4/Mn	0,388	—	1340	—
			MnO/Mn	0,291	—	1172	—
5,4	Leg.-El.	54	—	—	14,2	—	58 750
94,6	Fe	—	$Fe_2O_3/\underline{Fe}$	0,430	(406,8)	1022	—
			$Fe_3O_4/\underline{Fe}$	0,382	—	940	—
100,0	Gesamt	684,0	$FeO/\underline{Fe}$	0,287	196,3	656	448 704
		738,0	Oxyde dir. reduz.		210,5	—	507 454
		1217,5	Fe_2O_3/FeO	0,111	135,3	5	6 087
			Fe_3O_4/FeO	0,074	—	44	—
		262,0	FeO/Fe	0,287	75,2	− 63	− 16 506
		1000	Oxyde ind. reduz.		210,5	—	− 10 419
			Oxyde gesamt red.		421,0	—	497 035
		1000 kg Roheisen 1400 °C inkl. Schmelzwärme					287 000
		Gichtgas (300 °C): cbm CO 294,7 cbm CO_2 (133,5 kcal)				— 39 342	— 39 342
		Wärmebedarf total (ohne Verluste)					823 377

Tabelle 4-XIX (Fortsetzung)

D. Sauerstoffabbau

O der Leg.-Elemente	14,2 kg
Fe-Sauerstoff (946 · 0,430)	406,8 kg
Sauerstoffabbau gesamt	421,0 kg
50% direkt	210,5 kg
50% indirekt	210,5 kg
Fe_2O_3-Menge	1352,8 kg

Indirekt:

1352,8 kg Fe_2O_3 → 1217,5 kg FeO	135,3 kg O
337,2 kg FeO → 262,0 kg Fe	75,2 kg O

Direkt:

210,5 – 14,2 = 196,3	
880,3 kg FeO → 684,0 kg Fe	196,3 kg O

E. Gichtgasmenge des *reinen Roheisenmöllers*

Gesamtgas: $O_{dir.}$ ·1,4 = 210,5 ·1,4	294,7 cbm
CO_2 : $O_{ind.}$ ·1,4 = 210,5 ·1,4	294,7 cbm CO_2
CO : ($O_{dir.}$ − $O_{ind.}$) ·1,4 = 0,0 ·1,4	— cbm CO

F. Kohlenstoff-Bedarf

210,5 kg $O_{dir.}$ · 0,75	157,9 kg C
38,0 kg Aufkohlungs-C	38,0 kg C
	195,9 kg C

Aufkohlungs- und Reduktions-Koksbedarf. Die notwendige Reduktions- und Aufkohlungskoksmenge ergibt sich aus der Forderung, daß für die Reduktion und Aufkohlung 195,9 kg C (s. Tab. 4-XIX) notwendig sind. Entsprechend der Tab. 4-X stehen je 1 kg Koks nur 0,8690 kg C zur Verfügung. Somit kommt für 195,9 kg C eine Koksmenge von 225,4 kg (195,9 : 0,8690) je t Roheisen in Betracht.

Gasmenge. Bei der Ermittlung der Gasmenge des *schlackenhaltigen Möllers* ist es notwendig, die gasbildenden Bestandteile des Kokses (0,36% H, 0,90% N, 0,54% O), sowie die Feuchtigkeit und die Kohlensäure der Möllerbestandteile (s. Tab. 4-XX) zu berücksichtigen. Die Berechnung ist aus der Tab. 4-XXI ersichtlich.

Die für den *schlackenhaltigen Möller* notwendige Wärmemenge ist unter Berücksichtigung der Gichtgastemperatur von 300 °C in der Tab. 4-XXII zusammengestellt und beträgt etwa 0,42 Mill. kcal. Darin ist der Wärmebedarf für die Verdampfung der Feuchtigkeit und Erhitzung auf 300 °C, für die Zersetzung der Karbonate und Erhitzung der Kohlensäure auf 300 °C, der Wärmeinhalt der Gase des Aufkohlungs-

Tabelle 4-XX. *Stoffbilanz des Stahlroheisen-Möllers* (Hochofen)
A. Zusammensetzung der Möllerbestandteile in % (bezogen auf trockene Substanz)

Möllerbestandteil	Fe	Fe_2O_3	FeO	MnO_2	P_2O_5	CaO	MgO	SiO_2	Al_2O_3	C fix.	Fl. Best.	CO_2	S	Feucht.
Sinter	48,6	69,5	—	0,8	0,4	7,7	0,5	10,8	8,6	—	—	1,5	0,2	1,2
Koks (Schlackenbildner 10,9%)	0,9	(versch. 0,4)	—	—	—	0,7	0,2	4,5	3,3	(86,9) 87,3	1,8	—	0,9	4,8
Kalkstein (Schlackenbildner 56,6%)	0,6	0,8	—	—	—	(55,1) 55,4	—	0,2	0,2	—	—	43,4	—	0,9

B. Möllergewicht in kg je t Roheisen

Rohstoff	feucht	trocken	Fe	Fe_2O_3	FeO	MnO_2	P_2O_5	CaO	MgO	SiO_2	Al_2O_3	C fix.	Fl. Best.	CO_2	S	Feucht.
Sinter	1969,9	1946,5	946	1352,8	—	15,6	7,8	149,9	9,7	210,2	167,4	—	—	29,2	3,9	23,4
Koks Red., Aufk.	236,2	225,4	2,0	(versch. 0,9)	—	—	—	1,6	0,5	10,1	7,4	196,8	4,1	—	2,0	10,8
Kalkstein	221,6	219,6	(1,3)	1,8	—	—	—	121,7	—	0,4	0,4	—	—	95,3	—	2,0
Einsatz ohne Heizkoks	2427,7	2391,5	949,3	(versch. 0,9)	—	15,6	7,8	273,2	10,2	220,7	175,2	196,8	4,1	124,5	5,9	36,2
Heizkoks	677,5	646,5	5,8	(versch. 2,6)	—	—	—	4,5	1,3	29,2	21,4	564,3	11,7	—	5,8	31,0
Kalkstein für Heizkoks	61,0	60,5	0,4	0,5	—	—	—	33,5	—	0,1	0,1	—	—	26,3	—	0,5
Einsatz	3166,2	3098,5	955,5	(versch. 4,0)	—	15,6	7,8	311,2	11,5	250,0	196,7	762,5	15,8	150,8	11,7	67,7
Reduktion			946,0	—	—	12,7	6,9	—	—	10,7	—	—	—	—	0,5	—
Schlacke (ohne Heizkoks)	682,0	(3,3)	(versch. 0,9)	4,2	2,9	0,9	273,2	10,2	210,0	175,2	—	—	—	5,4	—
Schlacke in kg	785,9	(9,5)	(versch. 4,0)	12,2	2,9	0,9	311,2	11,5	239,3	196,7	—	—	—	11,2	—
Schlacke in %				0,5	1,5	0,4	0,1	39,6	1,4	30,4	25,2				1,4	

Tabelle 4-XXI. *Gasmenge und Gaswärmemenge bei 300 °C des schlackenhaltigen Möllers* (Wärmeinhalt der Gase s. Tab. A-XII)

	cbm					
	CO	CO_2	N_2	H_2	H_2O	Gesamt
Faktor cbm/kg	1,400	0,506	0,797	11,111	1,244	
1. 225,4 kg Aufkohlungs- und Reduktionskoks (Tab. 4-X)	1,7	—	1,6	9,0	13,5	25,8
2. 219,6 kg Kalkstein	—	48,2	—	—	2,5	50,7
3. 1946,5 kg Sinter	—	14,8	—	—	29,1	43,9
Total cbm	1,7	63,0	1,6	9,0	45,1	120,4
Wärmeinhalt bei 300° kcal/cbm	94,8	133,5	94,5	93,5	110,7	—
Gesamtwärmeinhalt bei 300 °C in kcal	161,2	8410,5	151,2	841,5	4992,5	14557
Wärmeinhalt ohne CO_2 und H_2O (12,3 cbm)	161,2	—	151,2	841,5	—	1154

und Reduktionskokses (ohne CO_2-Gasmenge der Reduktion, die bereits beim Roheisenmöller berücksichtigt ist) bei 300 °C, sowie der Wärmebedarf für die Schlacke (bis 1450 °C) enthalten.

Bei der mit Berücksichtigung der für den *reinen Roheisenmöller* notwendigen Wärmemenge resultiert diejenige Wärmemenge, die vom Heizkoks zu decken ist; sie liegt bei etwa 1,25 Mill. kcal (s. Tab. 4-XXII).

Tabelle 4-XXII. *Wärmebedarf des schlackenhaltigen Möllers und des reinen Roheisenmöllers* (Stahleisen, Gichtgastemperatur von 300 °C)

Bestandteil	kg	kcal/kg	kcal/t Roheisen
Feuchtigkeit	36,2	734,8	26599
Hydratwasser	—	—	—
Kohlensäure	124,5	1036,6	129056
Schlacke	682,0	392,0	267344
12,3 cbm Gichtgas	—	—	1154
Wärmebedarf des *schlackenhaltigen Möllers*			424153
Wärmebedarf des *reinen Roheisenmöllers*			823377
Gesamtwärmeverbrauch (ohne Verluste)			1247530

4. Heizkoksmöller

Im Hochofen verbrennt der Heizkoks mit Heißluft bis CO. Dabei sind die Kokszusammensetzung, die Luftfeuchtigkeit, sowie die Luftüberhitzung die beeinflussenden Faktoren. Gleichzeitig schmilzt die Koksasche und wird auf 1450 °C erhitzt. Weil die Koksasche meist kieselsäurehaltig ist, muß sie mit Kalkstein (bis CaO : SiO_2-Verhältnis von 1,3) verschlackt werden; dabei ist auch der Wärmebedarf für Kalkstein zu berücksichtigen.

Die Berechnung der bei der Koksverbrennung freiwerdenden Wärme (Heizkoksrechnung) ist aus der Tab. 4-XXIII ersichtlich. Bei den verzeichneten Arbeitsbedingungen sind je 1 kg Koks 1929,7 kcal/kg verfügbar.

In der Tab. 4-XXIII wurde der Wärmeinhalt des Kokses bei der Verbrennungstemperatur deshalb nicht berücksichtigt, weil für die Erhitzung des Kokses die gleiche Wärmemenge notwendig ist, die dann unter Wärmeausgaben stehen muß; das Endresultat ändert sich dabei nicht.

Tabelle 4-XXIII. *Heizkoksrechnung* (je kg Koks, trocken) (s. 3.3.4 ·5)

Daten: Koksanalyse s. S. 37, Luftvorwärmung 700 °C, Gichtgastemperatur 300 °C (s. Tab. 4-XVII), Luftfeuchtigkeit 10 g/cbm.

1. Notwendige *Luftmenge* (S. 38): 3,811 cbm/kg Koks.
2. Notwendige *Kalksteinmenge*: in 1 kg Koks sind 0,0070 kg CaO und 0,045 kg SiO_2 enthalten. Bis CaO : SiO_2 = 1,3 fehlen noch 0,0515 kg CaO, was 0,0935 kg Kalkstein[1] entspricht. Diese Kalksteinmenge liefert 0,0406 kg CO_2 (gleich 0,0205 cbm CO_2), sowie 0,0529 kg Schlacke; die Feuchtigkeitsmenge des Kalksteines beträgt 0,0008 kg H_2O = 0,0010 cbm H_2O.
3. *Schlackenmenge* setzt sich aus 0,1090 kg (Koksasche inkl. S und Fe) und 0,0529 kg (Kalkstein) zusammen, somit *0,1619 kg*.
4. *Gasmenge* und Wärmeinhalt des Gases bei 300 °C (s. auch S. 39) und Tab. 3/VI:

	kcal/cbm bei 300 °C	kcal
1,630 cbm CO	94,8	154,5
0,052 cbm H_2	93,5	4,9
2,981 cbm N_2	94,5	281,7
4,663 cbm		441,1
0,0205 cbm CO_2 (aus Kalkstein)	2049,4[2]	42,0
0,0597 cbm Koks- und 0,0010 cbm Kalkstein-Feuchtigkeit	590,8[2]	35,9
4,7432 cbm Gesamtgasmenge Wärmeinhalt		519,0

5) *Wärmeverhältnisse*:

a) *Wärmeangebot*:		
0,873 kg C ·2300		2007,9
3,811 cbm Heißluft ·230,0		876,5
		2884,4
b) *Wärmeverbrauch*:		
0,1619 kg Schlacke inkl. Bildungswärme ·392	63,5	
Zersetzen der Luftfeuchtigkeit (S. 39)	122,2	
Gaswärme bei 300 °C	519,0	704,7
		2179,7
c) Wärmeverluste des Ofens (Tab. 4-XVII)		250,0
Verfügbare Wärmemenge je kg Heizkoks trocken		1929,7

[1] 55,4 − 0,2 · 1,3 = 55,1 kg CaO/100 kg Kalkstein verfügbar
[2] nach Tab. 4-III, jedoch in kcal/cbm

Die notwendige Heizkoksmenge resultiert durch die Division der für den *reinen Roheisenmöller* und für den *schlackenhaltigen Möller* notwendigen Wärmemenge durch die je 1 kg Koks gelieferte Wärmemenge. Für den hier besprochenen Fall gilt

$$\text{kg Heizkoks} = \frac{1\,247\,530 \text{ kcal}}{1\,929,7 \text{ kcal}} = 646,5 \text{ kg (trocken)}.$$

Für diese Koksmenge sind 60,5 kg Kalkstein zur Verschlackung der Koksasche notwendig.

Bei der Verbrennung des Heizkokses mit Heißwind bildet sich folgende Gasmenge (s. Tab. 4-XXIII):

1053,8 cbm CO, 33,6 cbm H_2, 1927,2 cbm N_2, gesamt also 3014,6 cbm; darin sind CO_2 des Kalksteines und Feuchtigkeit des Kokses, sowie des Kalksteines nicht berücksichtigt. Die notwendige Windmenge liegt bei 2463,8 cbm (646,5·3,811)/t Roheisen.

5. Gesamt-Stoffumsatz

Die Ermittlung des Gesamt-Stoffumsatzes muß unter Berücksichtigung der Heizkoksmenge, sowie der durch Heizkoks bedingten zusätzlichen Kalksteinmenge erfolgen (s. Tab. 4-XX).

Gesamtschlackenmenge und ihre Zusammensetzung. Sie ist aus der Tab. 4-XX ersichtlich, in der 646,5 kg Heizkoks und 60,5 kg Kalkstein mitberücksichtigt sind. Die Schlackenmenge beträgt 785,9 kg/t Roheisen.

Tabelle 4-XXIV. *Berechnung der Gesamt-Gichtgasmenge* (in cbm/t Roheisen)

	CO	CO_2	H_2	N_2	H_2O	Gesamt
1. Reduktion (Tab. 4-XIX)	—	294,7	—	—	—	294,7
2. *schlackenhaltiger Möller* ohne CO_2 und H_2O (Tab. 4-XXI)	1,7	—	9,0	1,6	—	12,3
3. Heizkoks	1053,8	—	33,6	1927,2	—	3014,6
4. 150,8 kg CO_2 ·0,506	—	76,3	—	—	—	76,3
5. 67,7 kg Feuchtigkeit · 1,244	—	—	—	—	84,2	84,2
Total	1055,5	371,0	42,6	1928,8	84,2	3482,1
3482,1 cbm Gichtgas mit Feuchtigkeit %	30,3	10,7	1,2	55,4	2,4	100
3397,9 cbm Gichtgas trocken %	31,1	10,9	1,2	56,8	—	100
kcal/cbm Gasbestandteil	3020	—	2580	—	—	
kcal/cbm Gichtgas	939,2	—	31,0	—	—	970,2
Heizwert: 970,2 kcal/cbm						

Gaswärme (300 °C)

cbm/t Roheisen	kcal/cbm	kcal/t Roheisen
1055,5 CO	94,8	100 061
371,0 CO_2	133,5	49 529
42,6 H_2	93,5	3 983
1928,8 N_2	94,5	182 272
		335 845
84,2 H_2O	110,7	9 321
	gesamt	345 166

Gesamt-Gichtgasmenge. Um die Gesamtgasmenge zu erhalten, muß man die Gasmengen der Reduktion, des Reduktions- und des Aufkohlungskokses (s. Tab. 4-XIX und 4-XXI), des Heizkokses, CO_2 der Karbonate und H_2O der Feuchtigkeit (s. Tab. 4-XX) berücksichtigen. Wie der Aufstellung (s. Tab. 4-XXIV) entnommen werden kann, beträgt die Gesamt-Gichtgasmenge des trockenen Gases 3397,9 cbm. Der Heizwert liegt bei 970,2 kcal/cbm, womit der Gichtgasmenge 3 296 643 kcal entsprechen.

Je t Roheisen ist (s. Tab. 4-XX) folgender Möller notwendig:

	feucht	trocken
Sinter	1969,9	1946,5
Koks	913,7	871,9
Kalkstein	282,6	280,1
Gesamtmöller	3166,2	3098,5

Luftmenge   2463,8 cbm

Als *Produkte* fallen an:

1 t Roheisen
  785,9 kg Schlacke
3482,1 cbm Gichtgas, inkl. Wasserdampf
oder   3397,9 cbm Gichtgas trocken

Weil 1 cbm Gichtgas 970,2 kcal Heizwert aufweist, enthält die gesamte Gichtgasmenge 3 296 643 kcal/t Roheisen.

6. Wärmeumsatz

Die je 1 t Roheisen *notwendige Wärmemenge* setzt sich beim Beispiel des Stahleisenmöllers, wenn man den *reinen Roheisenmöller*, den *schlackenhaltigen Möller* und den *Heizkoks-Möller* berücksichtigt, aus folgenden Einzelbeträgen zusammen, wobei im Gegensatz zur Tab. 4-XIX die notwendige Reduktion-Wärmemenge als Bildungswärme der entsprechenden Fe-, Si-, Mn- und P-Oxyde (s. Tab. A-VIII) aufgeführt ist:

1. Reduktion   kcal/t   %
                                                  Roheisen

Fe aus Fe_2O_3 946·1764   1668744
Mn aus MnO_2 8·2262   18096
Si aus SiO_2 5·7483   37415
P   aus P_2O_5 3·5973   17919   1742174   55,7
2. Lösungswärme des C: 38·450   17100   0,5
3. Wärmeinhalt der flüssigen Schlacke
        785,9·392   308073   9,9
4. Wärmeinhalt des flüssigen Roheisens   287000   9,9
5. Zersetzen der Luftfeuchtigkeit
        122,2·646,5   79002   2,5
6. Feuchtigkeit austreiben und auf 300 °C:
        67,7·734,8   49746   1,6
7. Zersetzung der Karbonate, CO_2 auf 300 °C:
        150,8·1036,6   156319   5,0
8. Fühlbare Wärme des Gichtgases bei 300 °C
        (ohne Karbonat-CO_2 und Feuchtig-
        keit)   325659   10,4
9. Wärmeverluste des Ofens
        646,5·250   161625   5,2
   Gesamtwärmemenge   3126698   100,0

Diesem Betrage entspricht der *Wärmeverbrauch* je t Roheisen, der
neben der Lösungswärme des Si und P durch die Oxydation des Heizkokses und des Reduktionskokses bis CO und durch die Oxydation des
CO zu CO_2 entsprechend der indirekten Reduktion geliefert wird:
   1. Oxydation des C zu CO:
        828,2·2007,9 (Tab. 4-XXIII)   1662943   53,2
   2. Heißluftwärmemenge 646,5·876,5   566657   18,1
   3. Oxydation CO zu CO_2: 294,7 cbm·3020   889994   28,5
   4. Lösungswärme 5 kg Si·684 u. 3 kg P·1265   7215   0,2
                                                  3126809   100,0

Hier liefert die Oxydation des C bis CO bzw. CO_2 etwa $^4/_5$ und die Windwärme rd. $^1/_5$ der notwendigen Wärmemenge. Diese wird zu etwa $^1/_2$ für
die Reduktionsvorgänge, $^1/_7$ für die Ofen- und Gasverluste, $^1/_5$ für den
Wärmeinhalt des flüssigen Roheisens und Schlacke und der Rest
(9,1% = rd. $^1/_{10}$) für das Austreiben der Feuchtigkeit, der Kohlensäure
der Karbonate und das Zersetzen der Luftfeuchtigkeit gebraucht. Der
Wärmewirkungsgrad liegt bei etwa 85%.

Diese Aufstellung unterscheidet sich wesentlich von den sonst üblichen Hochofen-Wärmeumsatz-Rechnungen, nach denen die Oxydation

der gesamten Koksmenge bis CO_2 in die Rechnung kommt, obgleich das im Hochofen nicht geschieht. Der Unterschied liegt vor allem in der chemischen Wärme des Gichtgases (Heizwert), die in der obigen Rechnung, die nur die im Hochofen vor sich gehende Vorgänge umfaßt, nicht enthalten ist.

Der sonst übliche Hochofen-Wärmeumsatz ist bei der Mitberücksichtigung des Heizwertes der Gichtgase und bei der Erfassung der Gesamt-Reduktion der zu reduzierenden Oxyde aus der Tab. 4-XXV ersichtlich.

Tabelle 4-XXV. *Beispiel des Hochofen-Wärmeumsatzes*
(Beispiel Stahlroheisen, Tabellen 4-XVII bis 4-XX)

	10^3 kcal/t	%
A. *Wärmeeinnahmen*		
I. Kokswärme: 913,7 kg · Heizwert		
6820 kcal (S. 30)	6231	91,5
II. Windwärme: 2463,8 cbm · 230,0		
700 °C (Tab. A-XII)	567	8,3
Luftfeuchtigkeit: 24,638 kg · 1,244 · 273,7		
700 °C (Tab. A-XII)	8	0,1
Lösungswärme 5 kg Si · 684 u. 3 kg P · 1265	7	0,1
Wärmeangebot	6813	100,0
B. *Wärmeverbrauch*		
1. *Nutzwärme*		
I. Reduktion (Tab. A-VIII)		
Fe aus Fe_2O_3 946 · 1764 1668744		
Mn aus MnO_2 8 · 2263 18104		
Si aus SiO_2 5 · 7483 37415		
P aus P_2O_5 3 · 5973 17919	1742	25,6
II. Wärmewert des gelösten C		
38 · (7830 + 450)	315	4,6
III. Wärmeinhalt des flüssigen Roheisens	287	4,2
IV. Wärmeinhalt der flüssigen Schlacke	308	4,6
V. Vorbereitung des Möllers		
CO_2-Austreibung	156	2,3
H_2O(Feuchtigkeit)-Austreibung	50	0,7
2. *Zersetzung der Luftfeuchtigkeit*	79	1,1
3. *Wandverluste*	162	2,4
4. *Gichtgaswärme*		
I. Heizwert	3300	48,3
II. Fühlbare Wärme ohne Feuchtigkeit	336	5,0
	6735	
Differenz	78	1,1
Wärmeverbrauch	6813	

Der Gesamtwärmeumsatz liegt hier um 6,8 Mill. kcal/t Roheisen. Etwa die Hälfte dieser Wärmemenge befindet sich im Gichtgas, ein weiteres Viertel beansprucht die Reduktion. Die Wandverluste und die fühlbare Wärme des Gichtgases, der Schlacke und des Roheisens brauchen rd. 15%. Der Wärmewirkungsgrad beträgt hier rd. 45%.

7*

Das zusammengefaßte Ergebnis der Berechnung der Stahleisen-Herstellung im Hochofen ist der Tab. 4-XXVI zu entnehmen.

Tabelle 4-XXVI. *Ergebnis der Berechnung der Stahleisen-Herstellung im Hochofen (je t Roheisen)*

I. *Einsatz*:	1969,9 kg Sinter	(feucht)	(Analyse Tab. 4-XX)
	913,7 kg Koks	(feucht)	,,
	282,6 kg Kalkstein	(feucht)	,,
Möller:	3166,2 kg (feucht)		

II. *Roheisenanalyse*: 3,8% C, 0,5% Si, 0,8% Mn, 0,3% P, 0,05% S

III. *Reduktion*:
50% direkte Reduktion
Red. Sauerstoffmenge: 421,0 kg
Heizkoks   (feucht)   677,5 kg
Red.-Koks   ,,   190,4 kg
Aufkohl.-Koks   ,,   45,8 kg

IV. *Schlacke*: 785,9 kg (Analyse Tab. 4-XX)

V. *Wärmeentwicklung*:
Heizkoksmenge: 677,5 kg (feucht)
Windmenge: 2463,8 cbm
Luftfeuchtigkeit: 10 g H_2O/cbm
Heißwindtemperatur: 700 °C

VI. *Gichtgas*:
Gichttemperatur: 300 °C
Menge: 3482,1 cbm feucht, 3397,9 trocken

Zusammensetzung

	cbm	% trocken	% feucht
CO	1055,5	31,1	30,3
CO_2	371,0	10,9	10,7
H_2	42,6	1,2	1,2
H_2O	84,2	—	2,4
N_2	1928,8	56,8	55,4

7. *Wärmeinhalt-Temperatur-Schaubild der Roheisenherstellung im Hochofen*

Um das Wärmeinhalt-Temperatur-Schaubild der Roheisenherstellung im Hochofen aufzustellen, ist es notwendig, die Stoff- und die Gas-Temperatur-Linie zu ermitteln. Zu diesem Zwecke ist zuerst die Aufstellung des Stoff- und Wärmeumsatzes notwendig.

Als Beispiel soll im folgenden die Roheisenherstellung aus einem eisenärmeren Erz, Fricktalererz — eine Art Minette — zur Betrachtung kommen. Die wichtigsten Daten sind: Indirekte Reduktion 60%, Heißlufttemperatur 700 °C, Gichtgastemperatur 200 °C, Roheisenzusammensetzung: 3,8% C, 0,3% Mn, 2,0% Si, 1,5% P und 0,05% S.

Der Stoff- und Wärmeumsatz des *reinen Roheisenmöllers* ist aus der Tab. XXVII ersichtlich. Bei der Gichtgasmenge (unter F) ist es notwendig, darauf hinzuweisen, daß die bei der direkten Reduktion gebildete CO-Menge nicht genügt, um genügend CO für die indirekte Reduktion (Bedarf 370,4 cbm) zu liefern. Deshalb muß ein Teil des CO der

Koksverbrennung (123,9 cbm CO) für die indirekte Reduktion in Anwendung kommen, was bei der Ermittlung der Gichtgasmenge zu berücksichtigen ist.

Tab. 4-XXVIII zeigt den Stoff- und Wärmeumsatz des *schlackenhaltigen Möllers*. Die Menge des Fricktalererzes in kg/t Roheisen läßt sich wie folgt berechnen:

924 kg Fe (in Roheisen) : 29,6% Fe (in Fricktalererz) = 3121,6 kg Fricktalererz (trocken).

Der Möller (ohne Heizkoks) (Tab. 4-XXVIII) besteht aus 3321,4 kg Fricktalererz und 205,1 kg Koks, beides feucht. Wegen des Neutralcharakters der Gangart des Fricktalererzes ist ein Kalksteinzuschlag nicht notwendig. Die resultierende Schlacke besitzt ein $CaO : SiO_2$-Verhältnis von etwa 1,0. Weiter enthält dieser heizkoksfreie Möller 209,2 kg Feuchtigkeit, 219,4 kg Hydratwasser und 365,2 kg CO_2 der Karbonate.

Tabelle 4-XXVII. *Stoff- und Wärmeumsatz des reinen Roheisenmöllers*, bezogen auf 1 t (Roheisenherstellung aus Fricktalererz im Hochofen)

A. Roheisen			B. Sauerstoffabbau (Direkte Reduktion 40%)			C. Wärmebedarf	
%	Element	kg	Oxydstufe	kgO/kgM	kgO	kcal/kg	kcal
3,8	C	38	—	—	—	450	17 100
2,0	Si	20	SiO_2/Si	1,139	22,8	4833	96 660
1,5	P	15	P_2O_5/P	1,291	19,4	2479	37 185
0,3	Mn		MnO_2/Mn	0,582		1256	
			Mn_2O_3/Mn	0,437		1334	
		3	Mn_3O_4/Mn	0,388	1,2	1340	4 020
			MnO/Mn	0,291		1172	
7,6	Leg.-El.				43,4		154 965
92,4	Fe		Fe_2O_3/Fe	0,430	(397,3)	1022	
			Fe_3O_4/Fe	0,382		940	
100,0	Gesamt	462,5	FeO/Fe	0,287	132,7	656	303 400
			Oxyde dir. red.		176,1	—	458 365
		1188,9	Fe_2O_3/FeO	0,111	132,1	5	5 945
			Fe_3O_4/FeO	0,074		44	
		461,5	FeO/Fe	0,287	132,5	− 63	− 29 075
			Oxyde ind. red.		264,6	—	− 23 130
			Oxyde gesamt red.		440,7	—	435 235
			1000 kg Roheisen 1400 °C inkl. Schmelzwärme				287 000
			Gichtgas (200 °C)				
			246,5 cbm CO (62,8 kcal)			15480	
			370,4 cbm CO_2 (22,6 kcal)			8371	23 851
			Wärmebedarf total (ohne Verluste)				746 086

Tabelle 4-XXVII (Fortsetzung)

D. *Sauerstoffabbau*

O der Legierungs-Elemente	43,4 kg
Fe-Sauerstoff	397,3 kg
	440,7 kg
40% direkt	176,1 kg
60% indirekt	264,6 kg
Fe_2O_3-Menge	1321,0 kg

Indirekt = 264,5 kg O

1321,0 kg Fe_2O_3 → 1188,9 FeO	132,1 kg
594,0 kg FeO → 461,5 Fe	132,5 kg
Direkt = (176,1 − 43,4 = 132,7)	264,6 kg
595,2 kg FeO → 462,5 Fe	132,7 kg
(1188,9 − 594,0)	

E. *C-Bedarf*

176,1 kg O (dir. Red.) 0,75	132,1 kg C
38,0 kg C Aufkohlung	38,0 kg C
	170,1 kg C

was einer Koksmenge von (170,1 : 0,8690) (Tab. 4-X) 195,7 kg entspricht

F. *Gichtgasmenge bei der Reduktion*

total 176,1 · 1,4	246,5 cbm CO
CO_2 264,6 · 1,4	370,4 cbm CO_2

Gasmenge des Reduktions- und Aufkohlungskokses (ohne Reduktions-CO bzw. CO_2 und ohne Feuchtigkeit):

1 kg Koks liefert (Tab. 4-X) 0,040 cbm H_2, 0,0072 cbm N_2 und 0,0076 cbm CO
195,7 kg Koks: 7,8 cbm H_2, 1,4 cbm N_2, 1,5 cbm CO = 10,7 cbm.

a) Berechnung des Wärmebedarfs für den heizkoksfreien Möller. Zu diesem Zwecke erfolgt die Einteilung des Hochofens auf den Wärmebedarf des Gestells und des Schachts und im Schacht weiterhin die Einteilung auf einzelne Temperaturbereiche, und zwar:

a)   25—100 °C (Erhitzen des Möllers auf 100 °C)
b)   100 °C (Austreiben der Feuchtigkeit)
c) 100—300 °C (Weitererhitzen des Möllers bis 300 °C, Austreiben des Hydratwassers)
d) 300—900 °C (Weitererhitzen des Möllers bis 900 °C)
e)   900 °C (Austreiben der Kohlensäure der Karbonate)
f) 900—1250 °C (Weitererhitzen des Möllers bis 1250 °C, indirekte Reduktion, Schmelzen des indirekt reduzierten Eisens)

Tabelle 4-XXVIII. *Stoffumsatz des schlackenhaltigen Möllers*
(Roheisenherstellung aus Fricktalererz im Hochofen)

A. Zusammensetzung der Möllerbestandteile in % (bezogen auf trockene Substanz)

Möllerbestandteil	Fe	Fe_2O_3	Hydr. Wass.	Mn_3O_4	P_2O_5	CaO	MgO	SiO_2	Al_2O_3	C flx.	Fl. Best.	CO_2	S	Feucht.
Fricktalererz	29,6	42,3	7,03	0,14	1,17	14,0	1,5	14,0	8,0	—	—	11,7	0,16	6,4
Koks (10,9% Schlacke)	0,9	(versch. 0,4)	—	—	—	0,7	0,2	4,5	3,3	(86,9) 87,3	1,8	—	0,9	4,8

B. Möllergewicht in kg je t Roheisen

Rohstoff	feucht	trocken	Fe	Fe_2O_3	Hydr. Wass.	Mn_3O_4	P_2O_5	CaO	MgO	SiO_2	Al_2O_3	C flx.	Fl. Best.	CO_2	S	Feucht.
Frickt.-Erz	3321,4	3121,6	924,0	1321,0	219,4	4,3	36,5	436,9	46,8	436,9	249,6	—	—	365,2	5,0	199,8
Red. u. Aufk. Koks	205,1	195,7	1,8	(versch. 0,8)	—	—	—	1,4	0,4	8,8	6,4	170,9	3,5	—	1,8	9,4
Einsatz ohne Heizkoks	3526,5	3317,3	925,8	(versch. 0,8)	219,4	4,3	36,5	438,3	47,2	445,7	256,0	170,9	3,5	365,2	6,8	209,2
Heizkoks	884,6	844,1	7,6	(versch. 3,3)	—	—	—	5,9	1,7	38,0	27,9	736,9	15,2	—	7,6	40,5
Möller	4411,1	4161,4	933,4	4,1	219,4	4,3	36,5	444,2	48,9	483,7	283,9	907,8	18,7	365,2	14,4	249,7
Roheisen	—	924,0	—	—	—	4,2	34,4	—	—	42,8	—	—	—	—	0,5	—
Ohne Heizkoks Schlacke	1155,2	(1,8)	0,8	—	FeO 2,3	0,1	2,1	438,3	47,2	402,9	256,0	—	—	—	6,3	—
Gesamt-Schlacke	1246,1	(9,4)	(versch. 4,1)	—	12,1	0,1	2,1	444,2	48,9	440,9	283,9	—	—	—	13,9	$\frac{CaO}{SiO_2} = 1,0$
in %	100,0				0,9	0,0	0,2	35,7	3,9	35,4	22,8				1,1	

Tabelle 4-XXIX. *Wärmebedarf des heizkoksfreien Möllers*

		kcal/t Roheisen
A. *Wärmebedarf Gestell*		
Direkte Reduktion (Tab. 4-XXVII)		458365
Schmelzen des direkt reduzierten Eisens		
462,5 · 62,9		29091
		487456
Einsatz: Reinkoks	174,4 kg	
Feuchtigkeit	209,2 kg	
Hydratwasser	219,4 kg	
CO_2	365,2 kg	
Fe_2O_3	1321,0 kg	
Schlacke	1155,2 kg	
B. *Wärmebedarf Schacht* (s. Tab. A-XIII)		
a) 25–100 °C: 209,2 kg H_2O · (100–25)	15690	
365,2 kg CO_2 · 15,7	5734	
1321,0 kg Fe_2O_3 · 12,2	16116	
1155,2 kg Schlacke · 14,6	16866	
219,4 kg Hydratwasser · 75	16455	
174,4 kg Reinkoks · 17,0	2965	73826
b) 100 °C: 209,2 kg H_2O · 545		114014
c) 100–300 °C: 209,2 kg (bis H_2O bis 200 °C) · 45,8	9581	
219,4 kg Hydratwasser bis 200 °C · 45,8	10049	
219,4 kg Hydratwasser (75 + 545)	136028	
1321,0 kg Fe_2O_3 · 37,2	49141	
1155,2 kg Schlacke · 44,5	51406	
174,4 kg Reinkoks · 54,0	9418	
365,2 kg CO_2 · 47,1	17201	282824
d) 300–900 °C: 174,4 kg Reinkoks · 256,4	44716	
365,2 kg CO_2 · 169,0	61719	
1321,0 kg Fe_2O_3 · 142,5	188243	
1155,2 kg Schlacke · 172,2	198925	493603
e) 900 °C: 365,2 kg CO_2 · 965		352418
f) 900–1250 °C: 174,4 kg Reinkoks · 168,0	29299	
1321,0 kg Fe_2O_3 · 95,1	125627	
1155,2 kg Schlacke · 116,9	135043	
Ind. Reduktion	− 23130	
461,5 kg Fe schmelzen · 62,9	29028	
1155,2 kg · −81,7 Schlackenbildungswärme	− 94380	201487
g) 1250–1400 °C: 174,4 kg Reinkoks · 75,0	13080	
595,2 kg FeO · 42,3	25177	
1155,2 kg Schlacke · 53,1	61341	99598
		1617770
C. *Wärmerückgewinnung*		
a) bei 900 °C: CO_2 von 900 auf 200 °C		
365,2 kg CO_2 = 184,8 cbm CO_2 · 382,2		70631

Tabelle 4-XXIX (Fortsetzung)

		kcal/t Roheisen
b) bei 1250 °C: O_2 der ind. Red. von 1250 °C auf 200 °C 264,6 kg = 185,2 · (450,1 − 64,4)		71 432
c) bei 1400 °C: Aufkohlungs- und Reduktionskoks-Gase von 1400 °C auf 200 °C 170,1 kg C aus 195,7 kg Koks (trocken) liefert (s. Tab. 4-XXVII unter F):		
7,8 cbm H_2 · 392,8	3064	
1,4 cbm N_2 · 420,4	589	
1,5 cbm CO · 424,4	637	
246,5 cbm CO · 424,4	104 615	108 905
		250 968
D. *Gesamtwärmemenge*		
Schacht		1 617 770
Wärmerückgewinnung		250 968
		1 366 802
Gestell		487 456
Gesamt		1 854 258

g) 1250—1400 °C (Weitererhitzen des Möllers bis 1400 °C, Schmelzen
und Bildungswärme der Schlacke)

Die Berechnung selbst ist in der Tab. 4-XXIX durchgeführt. Die
Reaktionswärmen, sowie die Wärmeinhalte der in Betracht kommenden
Stoffe sind der Tab. A-IX und A-XIII zu entnehmen. Der Gesamt-
wärmebedarf beträgt etwa 1,85 Mill. kcal/t Roheisen.

b) Heizkoksmöller. Für die Deckung dieses Wärmebedarfes kommt
Heizkoks (Berechnung der verfügbaren Wärmemenge je kg Heizkoks
(s. Tab. 4-XXX) in Betracht; hiernach liefert 1 kg Heizkoks bei 700 °C
Heißwind und 200 °C Gichtgastemperatur 2196,8 kcal.

Die Ermittlung der notwendigen Heizkoks- und der Gesamtkoksmenge, sowie des Wärmebedarfes des Heizkokses ist in der Tab. 4-XXXI
durchgeführt.

Der Wärmeverbrauch der einzelnen Temperaturabschnitte ist für den
koksfreien Möller (s. Tab. 4-XXIX) und für den Heizkoks (Tab. 4-XXXI-C)
unter Berücksichtigung der Wärmeverluste des Ofens aus der Tab.
4-XXXII ersichtlich. Die Gesamtwärmeverluste, die 168 820 kcal (844,1 ·
· 200) betragen, sind folgendermaßen verteilt: 10% Temperaturstufe 300
bis 900 °C, 15% Temperaturstufe 1250—1400 °C und 75% Temperaturstufe 1400 °C (Gestell).

c) Berechnung des Wärmeinhalt-Temperatur-Schaubildes. Die Stoff-
Wärmeinhalt-Temperatur-Werte sind der Tab. 4-XXXII entnehmbar.
Der Gesamtwärmbedarf liegt bei etwa 2,76 Mill. kcal/t Roheisen.

Die Berechnung der Gas-Temperatur-Linie ist in der Tab. 4-XXXIII
durchgeführt. Die Berechnung erfolgt so, daß zuerst die Ermittlung der

Tabelle 4-XXX. *Heizkoksrechnung* (s. auch Tab. 4-XXIII)
je kg Trockenkoks

Daten: 1 kg Koks enthält 10,9% Schlacke, 4,8% Feuchtigkeit und 89,10% Reinkoks. Koksanalyse (s. Tab. 4-XXVIII, sowie S. 37), Heißlufttemperatur 700 °C, Gichtgastemperatur 200 °C, Luftfeuchtigkeit 10 g/cbm.

1. *Notwendige Luftmenge*: 3,811 cbm/kg Koks.

2. *Kalksteinmenge*: kein Kalkstein, weil Schlacke genügend basisch.

3. *Schlackenmenge*: Koksasche gibt 0,1090 kg Schlacke, s. S. 95

4. *Gichtgas, Menge und Wärmeinhalt* (s. auch S. 102).

	kcal/cbm 200 °C	kcal/kg
1,630 cbm CO	62,8	102,4
0,052 cbm H_2	62,2	3,2
2,981 cbm N_2	62,6	186,6
4,663 cbm		292,2
0,060 cbm H_2O	72,8	4,4
4,723 cbm Gichtgas		296,6

5. *Wärmeumsatz*:

   a) Wärmeangebot   kcal

0,873 kg C zu CO ·2300	2007,9
3,811 cbm Luft 700 °C ·230,0	876,5
	2884,4

   b) Wärmeverbrauch

0,1090 kg Schlacke schmelzen, inkl.		
Bildungswärme ·374,2	40,8	
Zersetzen der Luftfeuchtigkeit (S. 39)	122,2	
Gichtgas bei 200 °C	296,6	
Verdampfen der Koksfeuchtigkeit		
0,048 kg ·583,3	28,0	487,6
		2396,8

   c) Wärmeverluste des Ofens (Tab. 4-XVII)   200,0

      Verfügbare Wärmemenge in kcal je kg Heizkoks   2196,8

Tabelle 4-XXXI. *Berechnung der Heizkoks- und der Gesamtkoksmenge (Kokszusammensetzung s. S. 37), sowie des Wärmebedarfes des Heizkokses, alles je t Roheisen*

A. *Heizkoksmenge*

$$\frac{1\,854\,258 \text{ kcal}}{2196,8 \text{ kcal}} = 844,1 \text{ kg Koks, trocken}$$

   844,1 kg Heizkoks (trocken) enthält (s. Tab. 4-XXX: 89,1% Reinkoks, 4,8% Feuchtigkeit, 10,9% Schlacke inkl. S) 40,5 kg Feuchtigkeit, 752,1 kg Reinkoks, 92,0 kg Schlacke und braucht 3216,9 cbm Heißluft

B. *Gesamtkoksmenge*

	kg Koks	
	trocken	feucht
a) Reduktions- und Aufkohlungskoks	195,7	205,1
b) Heizkoks	844,1	884,6
Gesamt	1039,8	1089,7

C. *Wärmebedarf des Heizkokses* (Wärmeinhalts-Werte s. Tab. A-XIII)

	25—100 °C	100 °C	100—300 °C	300—900 °C	900—1250°C	1250 bis 1400 °C
40,5 kg Feuchtigk.	3 038	22 073	1 855	—	—	—
92,0 kg Schlacke	1 343	—	4 094	15 842	7 838	4 885
752,1 kg Reinkoks	12 786	—	40 613	192 838	126 353	56 408
	17 167	22 073	46 562	208 680	134 191	61 293

Gesamt 489 966

Tabelle 4-XXXII. *Wärmebedarf des Gesamtmöllers* (Stoff-Wärmeinhalt-Temperatur-Linie), in kcal/t Roheisen

Abschnitt	Möller ohne Heizkoks	Verluste	Heizkoks	Gesamt	Stoff-Wärmeinhalt-Temperatur-Linie	Gas-Wärmeinhalt-Temperatur-Linie in °C (Tabelle 4-XXXIII)
25 °C	—	—	—	—	—	205
25— 100 °C	73 826		17 167	90 993	90 993	259
100 °C	114 014		22 073	136 087	227 080	347
100— 300 °C	282 824		46 562	329 386	556 466	567
300— 900 °C	493 603	16 882	208 680	719 165	1 275 631	998
900 °C	352 418		—	352 418	1 628 049	1220
900—1250 °C	201 487		134 191	335 678	1 963 727	1439
1250—1400 °C	99 598	25 323	61 293	186 214	2 149 941	1556
1400 °C	487 456	126 615	—	614 071	2 764 012	1971
	2 105 226	168 820	489 966	2 764 012		

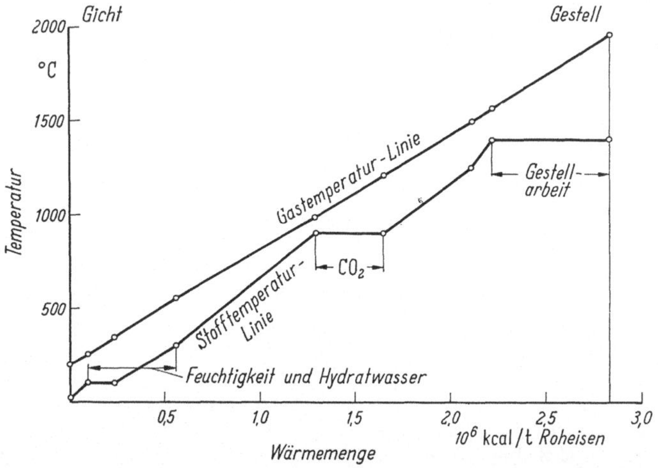

Abb. 4.5 Wärmeinhalt-Temperatur-Schaubild beim Verhütten von Fricktaler-(Minette)-Erz

Tabelle 4-XXXIII. *Berechnung der Gastemperatur-Linie*
(für 1 t Roheisen)

I. Gasanfangstemperatur (vor den Blasformen)   kcal   kcal

Wärmelieferung der $C \cdot$ Verbrennung/kg Koks   2007,9
Wärmeinhalt des Reinkokses bei 1400 °C
(Tab. A-XIII) (0,891 · 575)   512,3
Heißluftwärme 3,811 cbm · 230,0   876,5   3396,7
Zersetzung der Luftfeuchtigkeit   122,2
                      3274,5

Gasmenge: 1,630 cbm CO · 718 (2000 °C)   1170,3
(Tab. 4-XXX)   0,052 cbm H_2 · 674 (2000 °C)   35,0
          2,981 cbm N_2 · 712 (2000 °C)   2122,5
          4,663 cbm   3327,8

Gastemperatur etwa 1971 °C oder 702 kcal/cbm
Heizkokswärmemenge: 844,1 · 3274,5 kcal   2 764 005
Gesamt-Gasmenge: 1375,9 cbm CO, 43,9 cbm H_2
          2516,3 cbm N_2, tot. 936,1 cbm

II. Gastemperatur nach der Gestellarbeit, Stofftemperatur 1400 °C   kcal

Angebot   2 764 005
Wärmeverbrauch des Möllers (Tab. 4-XXXII)   614 071
          2 149 934

Dazu die fühlbare Wärme des Aufkohlungs- und Reduktions-
koksgases:
248,0 cbm CO, 7,8 cbm H_2 und 1,4 cbm N_2 bei 1400 °C
(Tab. 4-XXIX Cc)   125 051
Gesamtgas 1623,9 cbm CO, 51,7 cbm H_2, 2517,7 cbm N_2 2 274 985
Gesamt 4193,3 cbm oder 543 kcal/cbm = 1556 °C

III. Gastemperatur bis 1250 °C (Stofftemperatur)

Angebot   2 274 985
Wärmeverbrauch des Möllers   186 214
Rest   2 088 771
Wärmeinhalt des Gases 498 kcal/cbm = 1439 °C

IV. Gastemperatur bis 900 °C (Stofftemperatur)

Angebot   2 088 771
Verbrauch   335 678
Rest   1 753 093
Gaswärme des O der Ind. Reduktion (CO_2–CO)
264,6 kg O = 185,2 cbm O_2 · 450,1 (1250 °C)   83 359
Gaswärme   1 836 452
Gasmenge: 185,2 cbm O_2 oxydieren 370,4 cbm CO zu CO_2,
       somit besteht das Gas aus 1253,5 cbm CO,
       370,4 cbm CO_2, 51,7 cbm H_2, 2517,7 cbm N_2
       Gesamt 4193,3 cbm oder 438 kcal/cbm = 1220 °C

V. Gastemperatur bis 900 °C (nach CO_2-Austreibung)

Angebot   1 836 452
Verbrauch   352 418
Rest   1 484 034
Gaswärme des CO_2 der Karbonate
365,2 kg = 184,8 cbm · 467,6 kcal (900 °C)   86 412
Gaswärme   1 570 446

Tabelle 4-XXXIII (Fortsetzung)

Gasmenge erhöht sich um 184,8 cbm CO_2, somit 1253,5 cbm
CO, 555,2 cbm CO_2, 51,7 cbm H_2, 2517,7 cbm N_2
Gesamt 4378,1 cbm oder 359 kcal/cbm = 998 °C

VI. Gastemperatur bis 300 °C (Stofftemperatur)

Angebot	1 570 446
Verbrauch	719 165
Gaswärme	851 281

Wärmeinhalt des Gases 194 kcal/cbm = 567 °C

VII. Gastemperatur bis 100 °C (Stofftemperatur)

Angebot	851 281
Verbrauch	329 386
	521 895
Wärme im Wasserdampf: 219,4 kg Hydratwasser = 272,9 cbm ·72,8 kcal (200 °C)	19 867
Gaswärme	541 762

Gasmenge erhöht sich um 272,9 cbm H_2O auf 1253,5 cbm
CO, 555,2 cbm CO_2, 51,7 cbm H_2, 2517,7 cbm N_2
und 272,9 cbm H_2O, zusammen 4651,0 cbm Gas
oder 117 kcal/cbm = 347 °C

VIII. Gastemperatur bis 100 °C (nach Feuchtigkeits-Verdampfung)

Angebot	541 762
Verbrauch	136 087
Rest	405 675
Wärme im Dampf: 249,7 kg = 310,6 cbm ·72,8 kcal (200 °C)	22 612
	428 287

Gasmenge erhöht sich um 310,6 cbm H_2O auf 1253,5 cbm CO,
555,2 cbm CO_2, 51,7 cbm H_2, 2517,7 cbm N_2 und
583,5 cbm H_2O, zusammen 4961,6 cbm Gas oder
86,3 kcal/cbm = 259 °C

IX. Gastemperatur an der Gicht

Angebot	428 287
Verbrauch	90 993
Gaswärme	337 294

Gasmenge: 4961,6 cbm oder 68,0 kcal/cbm rd. 205 °C an der
Gicht

Gas-Temperatur vor den Blasformen vor sich geht, und dann von der zur Verfügung stehenden Wärmemenge der Wärmeverbrauch der einzelnen Temperaturstufen in Abzug kommt.

Die vor den Blasformen durch die Verbrennung sich bildende Gasmenge vergrößert sich dann zuerst durch die Reduktionsgasmenge, die auch Wärme mitbringt. In gleicher Weise erfolgt die Berücksichtigung weiterer Abschnitte. Die Einzelheiten sind der Tab. 4-XXXIII zu entnehmen.

Die Darstellung des so ermittelten Wärmeinhalt-Temperatur-Schaubildes erfolgt in der Abb. 4.5, der zu entnehmen ist, daß durch die Lage der Gastemperatur-Linie oberhalb der Stofftemperatur-Linie das Wärmeangebot größer als der Wärmebedarf ist. An allen Stellen des Hochofens ist also das notwendige Temperaturgefälle, das für die Wärmeübertragung notwendig ist, vorhanden. Der berechnete Koksverbrauch ist also richtig.

Das Ergebnis der Rechnung ist in der Tab. 4-XXXIV zusammengefaßt.

Tabelle 4-XXXIV. *Ergebnis der Berechnung der Roheisenherstellung aus Fricktaler (Minette)-Erz im Hochofen*

I. Einsatz: 3321,4 kg Fricktalererz (feucht) (Analyse Tab. 4-XXV)
           1089,7 kg Koks   „
           4411,1 kg Gesamtmöller

II. Roheisenanalyse: 3,8% C, 2,0% Si, 0,3% Mn, 1,5% P, 0,05% S

III. Reduktion: 40% direkte Reduktion
              Reduzierte Sauerstoffmenge: 440,7 kg/t Roheisen
              Heizkoks feucht: 884,6 kg
              Red.-Koks   „   : 159,5 kg
              Aufkohlungskoks feucht: 45,6 kg

IV. Schlacke: 1246,1 kg, Analyse s. Tab. 4-XXVIII

V. Wärmeentwicklung: Heizkoksmenge (feucht)   884,6
                     Luftmenge   3216,9 cbm
                     Luftfeuchtigkeit   10 g H_2O/cbm
                     Heißwindtemperatur   700 °C

VI. Gichtgas: Gichttemperatur   200 °C
            Gichtgasmenge   4961,6 cbm feucht
                                     4378,1 cbm trocken

Zusammensetzung und Heizwert:

	cbm	% feucht	% trocken	Heizwert
CO	1253,5	25,3	28,7	866,7
CO_2	555,2	11,2	12,6	
H_2	51,7	1,0	1,2	31
H_2O	583,5	11,8	—	
N_2	2517,7	50,7	57,5	
total cbm		4961,6	4378,1	897,7

Heizwert des trockenen Gichtgases: 897,7 kcal/cbm

8. Folgerungen aus dem Wärmeinhalt-Temperatur-Schaubild

Das Wärmeinhalt-Temperatur-Schaubild ist für die Erörterung der Vorgänge im Hochofen deshalb besonders geeignet, weil aus diesem die bei entsprechender Temperatur zur Verfügung stehenden Wärmemengen ersichtlich sind. Im folgenden soll die Erörterung dieses Schaubildes vom Standpunkte der Wirtschaftlichkeit der Roheisenherstellung im Hochofen, vor allem vom Gesichtspunkte der Verminderung des Koksverbrauches, erfolgen.

Die Beeinflussung der *Gastemperatur-Linie* (d. h. des Wärmeangebotes), die überall oberhalb der Stofftemperatur-Linie liegen muß, ist auf verschiedene Arten möglich. Die Erhöhung der *Koksmenge* führt vor allem zum Wärmeüberschuß an der Gicht, weil die Koksmenge keinen Einfluß auf die Verbrennungstemperatur vor den Blasdüsen ausübt; dadurch kann die Erhöhung der Koksmenge zur Zunahme der Wärmemenge bei tiefen Temperaturen führen (s. Abb. 4.6a). Die Verminderung der Koks-

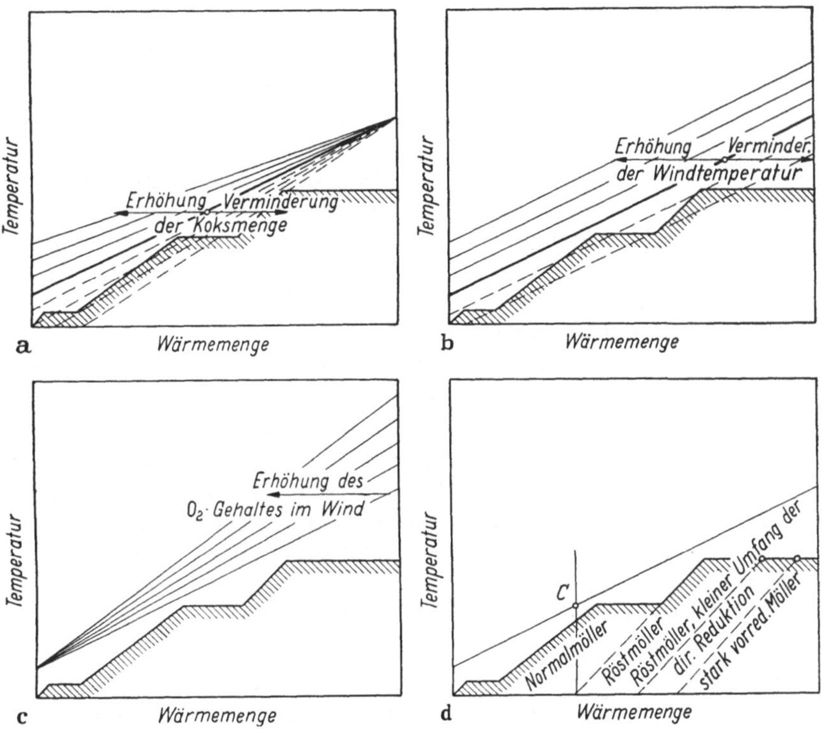

Abb. 4.6a—d Beeinflussung des Wärmeinhalt-Temperatur-Schaubildes durch a Veränderung der Koksmenge, b Veränderung der Windtemperatur, c Erhöhung des Sauerstoffgehaltes im Wind, d Vorbereitung (Rosten, Sintern) und Verringern des Reduktionsumfanges (Vorreduktion der Erze, Schrottzusatz) des Möllers

menge führt zur Abnahme der Wärmemenge vor allem an der Gicht. Dort, wo die Gastemperatur-Linie die Stofftemperatur-Linie zuerst schneidet, zeigt sich zuerst das Fehlen der Wärmemenge, was zu ernsten betrieblichen Störungen (Hängen usw.) führen kann.

Die *Erhöhung der Heißwindtemperatur* führt bei gleicher Windmenge zur Zunahme der Gesamtwärmemenge (s. auch Abb. 3.9, S. 33), und zwar sowie bei den höheren, als auch bei den niedrigeren Temperaturen, wie aus der Abb. 4.6b ersichtlich ist. Diese Zunahme ist um so wirkungsvoller, je höher die Windtemperatur. Durch die Erhöhung der Windtemperatur kann die Reduktion der Koksmenge auf die einfachste Art erfolgen. Diesen Bestrebungen setzen sich leider betriebliche Schwierigkeiten entgegen. Bekanntlich nimmt das Volumen des Gases (bei gleichem Normalvolumen) mit steigender Temperatur zu, wodurch das Arbeiten mit noch heißerem Wind nur möglich ist, wenn der Möller vor den Blasformen den größeren Verbrennungsgasmengen, keinen zu großen Widerstand entgegenstellt. Zu hoher Widerstand führt zu betrieblichen Störungen, wie.unregelmäßigem Arbeiten usw.

Im Gegensatz zur Lufterwärmung führt die *Anwendung des Sauerstoffs im Hochofenwind* (s. auch Abb. 3.9, S. 33) zur Wärmezunahme bei hohen Temperaturen im unteren Teil des Hochofens, d. h. im Gestell, wie aus der Abb. 4.6 c ersichtlich, und das bei kleiner werdenden Windmengen; das Arbeiten mit dem Sauerstoff im Wind führt deshalb vom strömungstechnischen Gesichtspunkte zu keinen Betriebsschwierigkeiten, weil infolge der geringeren Windmenge der Widerstand des Möllers abnimmt.

Die Stofftemperatur-Linie ist vor allem von den Vorgängen bei 1400 °C (Reduktion), bei 900 °C (CO_2-Austreibung) und bei 100 °C (H_2O-Austreibung) abhängig. Eine Abnahme der notwendigen Wärmemenge ist durch die Verminderung des Umfanges dieser Vorgänge möglich.

Weil z. B. das *Rösten und das Sintern* zur Beseitigung der Feuchtigkeit, des Hydratwassers und des CO_2 der Karbonate führt, ist bei solchen Möllern die Wärmemenge bei 100 °C und 900 °C kleiner, wie das z. B. in der Abb. 4.6d dargestellt ist. Das Rösten und Sintern allein bringt jedoch keine wesentliche Kokserparnis, wenn nicht gleichzeitig auch eine Verminderung der direkten und eine Zunahme der indirekten Reduktion (z. B. durch die bessere Reduzierbarkeit der gerösteten oder gesinterten Eisenerze) erfolgt, weil bei kleinerer Koksmenge die 1400 °C-Ecke der Stofftemperatur-Linie über die Gastemperatur-Linie kommt, was bedeutet, daß im Gestell das Wärmeangebot zu gering ist, d. h. das Arbeiten nicht möglich ist. Das Rösten oder Sintern ohne Verringerung der direkten Reduktionsstufe (1400 °C) führt somit nicht zu wesentlicher Kokserparnis, sondern nur zu einer hohen Gichtgastemperatur (Punkt C der Gastemperatur-Linie der Abb. 4.6d), was z. B. beim Verhütten der Rostspate bekannt ist. In einem solchen Falle ist eine Verringerung des Koksbedarfes nur durch das Arbeiten mit einem an O_2 angereicherten Winde möglich, was eine steilere Gastemperatur-Linie und somit eine bessere Anpassung an die Stofftemperatur-Linie des Röst- oder des Sinter-Möllers führt. Das Arbeiten mit dem O_2-haltigen Wind kommt jedoch aus wirtschaftlichen Gründen selten in Betracht.

Eine Verringerung des Koksbedarfes ist jedoch beim Rösterz und beim Sinter möglich, wenn z. B. der Möller infolge der kleineren direkten und größeren indirekten Reduktion weniger Wärme in der 1400 °C-Stufe benötigt. Eine noch günstigere Arbeitsweise ergibt sich, wenn der Umfang der direkten Reduktion z. B. durch das Arbeiten mit Schrott oder vorreduzierten Eisenerzen im Möller (s. Abb. 4.6d) weiter zurückgeht. Die Bedeutung des Umfanges der indirekten Reduktion auf den Umfang der 1400 °C-Stufe und somit auf die Wirtschaftlichkeit des Hochofens ist daraus klar ersichtlich.

Aus den hier erörterten Gründen ist man heute bei der Roheisenherstellung im Hochofen bestrebt — um Koks einzusparen und um die Produktion zu erhöhen (bei geringerer Koksmenge und gleicher Windmenge mehr Roheisen zu produzieren) — die indirekte Reduktion zu erhöhen, mit der Windtemperatur so hoch wie möglich zu gehen und mit Sauerstoff zu arbeiten, um gleichzeitig die Windmenge zu verringern. Um jedoch die mit Sauerstoff erzielte zu hohe Temperatur vor den Blasformen zu mildern, bläst man mit der Luft Wasserdampf ein. Das sich dabei bildende H_2 verbessert die Gasreduktion der Eisenerze. Weiterhin gehen heute die Bestrebungen zu einem vorbereiteten, d. h. weitgehend selbstgehenden und die notwendige Kalkstein- bzw. Kalkmenge enthaltenden, somit H_2O- und CO_2-freien Möller, um dadurch die Gesamtwärmemenge/t Roheisen zu verringern. Eine weitere Verbesserung in dieser Richtung kann unter bestimmten Verhältnissen das Arbeiten mit den vorreduzierten Eisenerzen im Möller bringen.

4.3.7 Annäherungsrechnung des Stoff- und Wärmeumsatzes der Roheisenherstellung im Hochofen

Bei der näheren Betrachtung des Stoff- und Wärmeumsatzes der Roheisenherstellung im Hochofen, d. h. des *reinen Roheisen-, schlackenhaltigen* und *Heizkoks-Möllers* (s. S. 66, bes. Tab. 4-XIX, 4-XXII und 4-XXIII) ist ersichtlich, daß nur einige Faktoren die Resultate entscheidend beeinflussen.

So verändern sich z. B. beim *reinen Roheisenmöller* (s. Tab. 4-XIX) die Wärmemengen für die Reduktion und Lösen der Legierungselemente C, Si, Mn und P bei verschiedenen Roheisensorten nicht entscheidend. Die Roheisenschmelzwärme ist für alle Roheisensorten praktisch gleich. Die für den *reinen Roheisenmöller* in Betracht kommenden Wärmemengen beeinflussen vor allem den Umfang der indirekten bzw. der direkten Reduktion der Eisenoxyde (wobei die Menge der Eisenoxyde/t Roheisen etwa gleich ist) sowie die Abgastemperatur der beim *reinen Roheisenmöller* sich gebildeten Gase (CO und CO_2). Der so ermittelte annähernde Wärmebedarf des *reinen Roheisenmöllers* ist für alle übliche Roheisensorten (Hämatit-, Gießerei-, Spiegel-, Stahl- und Thomas-Roheisen) aus der Abb. 4.7 ersichtlich [3].

Weiterhin ist der Wärmebedarf des *schlackenhaltigen Möllers* vor allem von der Menge der Feuchtigkeit, des Hydratwassers, der Kohlensäure sowie der Schlackenmenge des Möllers sowie von der Gichtgastemperatur abhängig; die dabei in Betracht kommenden Wärmemengen sind in der Tab. 4-III zu finden.

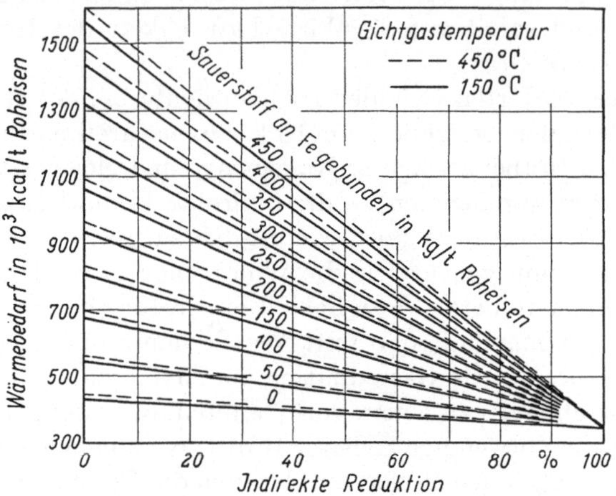

Abb. 4.7 Wärmebedarf für den „reinen Roheisenmöller"

Auch die je kg Heizkoks gelieferte Wärmemenge ist annähernd vor allem von der Wind- sowie von der Gichtgastemperatur (s. Abb. 4.8) abhängig [3].

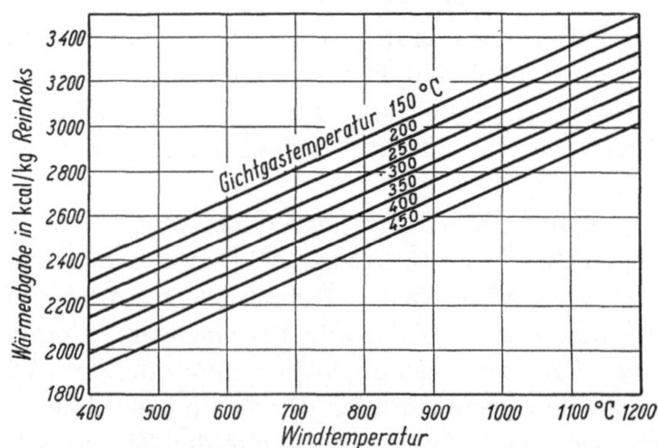

Abb. 4.8 Wärmeabgabe von 1 kg Reinkoks (Feuchtigkeit 109 H_2O/cbm Wind)

Die Annäherungsrechnung (Stoff- und Wärmeumsatz) der Roheisenherstellung im Hochofen kann bei der Berücksichtigung dieser Unterlagen nach der Tab. 4-XXXIV [8] erfolgen (s. Beispiel Verhüttung von Fricktalererz ohne Kalksteinzuschlag). Die Berechnung selbst ist aus der Tabelle ersichtlich.

Die Ermittlung der notwendigen Koksmenge kann für einen bekannten Hochofenmöller entweder mit Hilfe der Tab. 4-XIX, 4-XXII und 4-XXIII oder im Rahmen der Annäherungsrechnung entsprechend der Tab. 4-XXXV erfolgen.

Tabelle 4-XXXV. *Stoff- und Wärmeumsatz der Roheisenherstellung im Hochofen (Annäherungsrechnung)*

I. Bedingungen

1. Roheisenanalyse: 3,5% C, 0,3% Mn, 2,0% Si, 1,5% P
2. Indirekte Reduktion: 60%
3. Windtemperatur 700 °C
4. Gichtgastemperatur 200 °C
5. Kühlverlust des Ofens 200000 kcal/t
6. Gehalt des Rohkokses in a) Kohlenstoff   87%
                             b) Reinkoks   90%
                             c) Asche   10%
                             d) Feuchtigkeit 5%
7. Erz: Fricktalererz (s. Tab. XXVIII) mit 38,8% Schlacke

II. Sauerstoffmenge /t Roheisen

Möllerbestandteile trocken	Menge kg/t Roheisen	Gehalt an Fe %	Eiseninhalt kg/t Roheisen	Sauerstoffmenge	
				kg/t Fe	kg/t Roheisen
Spalte	a	b	c	d	e
Fricktalererz	3132	29,6	927,0	430	398,6
3 kg Mn					1,2
20 kg Si					22,8
15 kg P					19,4
Insgesamt					442,0

III. Stoffumsatz/t Roheisen
(Austreiben von Kohlensäure, Hydrat und Nässe)

Möllerbestandteile trocken	% Gehalt an			Mengen in kg/t Roheisen			
	CO_2	Hydrat	Nässe	CO_2	Hydrat	Feuchtigkeit	Schlacke
3132 kg Fricktalererz	11	7	6	345	219	188	1215
Zuschläge							
1080 kg Koks			5			54	108
Insgesamt				345	219	242	1323

Schlackenmenge: 1323—81 = 1242

IV. Koksverbrauch

    A. Aufkohlungskoks:

        1. Bedarf an Aufkohlungs-C
          (nach Analyse des Roheisens)   35,0 kg/t Roheisen
        2. Bedarf an Trockenkoks: 40,2 kg/t Roheisen

8*

Tabelle 4-XXXV (Fortsetzung)

B. Reduktionskoks:
  1. Bedarf an Reduktions-C
    $0,0075 \cdot 442,0 \cdot 40$ 132,6 kg/t Roheisen
  2. Umgerechnet auf Trockenkoks: 152,4 kg/t Roheisen

V. Wärmeabgabe von Heizkoks
  1. Sie beträgt nach Abb. 4.8 für Reinkoks   2730 kcal/kg Reinkoks
  2. Umgerechnet auf Trockenkoks:
    (Wärmeabgabe des Heizkokses)   2457 kcal/kg Rohkoks

VI. Wärmebedarf des Hochofens (s. Tab. 4-III und 4-IV sowie Abb. 4.6)

Vorgang	Wärmebedarf kcal/kg	Menge kg/t Roheisen	Wärmebedarf in kcal/t Roheisen
Austreiben der Feuchtigkeit	687,7	242	166423
Austreiben des Hydratwassers	762,7	219	167031
Austreiben der Kohlensäure	1012,2	345	349209
Erhitzen und Schmelzen der Schlacke	392	1242	486864
Erhitzen und Reduktion des vorbereiteten Möllers, Schmelzen des Roheisens	846	1000	846000
Gesamt rd.			2015527
Kühlverluste			170000
Total			2185527

VII. Gesamt-Koksverbrauch   *Trockenkoks*
  1. Kohlungskoks   193 $\left\{\begin{array}{l}40,2 \text{ kg/t Roheisen} \\ 152,4 \text{ kg/t Roheisen}\end{array}\right.$
  2. Reduktionskoks
  3. Heizkoks trocken $\dfrac{2185527}{2457}$ 889,5 kg/t Roheisen
  4. Koksbedarf insgesamt feucht: 1136,2 kg   1082,1 kg/t Roheisen

4.3.8 Zweistufen-Stoff- und Wärme-Umsatz des Hochofens

1. Einleitung

Nach den Feststellungen der letzten Jahre kann der Hochofen als ein Wärmeaustauscher, wobei die aufsteigenden heißen Gase den herabrutschenden Möller erhitzen, und vom thermischen Gesichtspunkt aus als aus drei Zonen bestehend betrachtet werden (s. Abb. 4.9).

Die breite *mittlere Zone B* (Zone der thermischen Reserve), die durch eine weitgehende Annäherung der Temperatur zwischen Gas und Möller um etwa 900 °C gekennzeichnet ist, trennt den Hochofen in die obere und untere Zone.

Die indirekte Reduktion der Eisenoxyde geht im Hochofen im schmalen Temperaturbereich von 800—1000 °C (s. Abb. 4.10), d. h. als Annäherung um etwa 900 °C und somit in der mittleren Zone des Hochofens vor sich [9].

Im Bereich der *oberen Austauschzone A (Vorbereitungszone)* unterhalb der Gicht erfolgt die Schachtarbeit, d. h. die Erhitzung des Möllers auf etwa 900 °C und die Abkühlung der Gichtgase auf die Gichtgastemperatur. Die metallurgischen Umsetzungen sind in dieser Zone gering; sie beschränken sich nur auf die

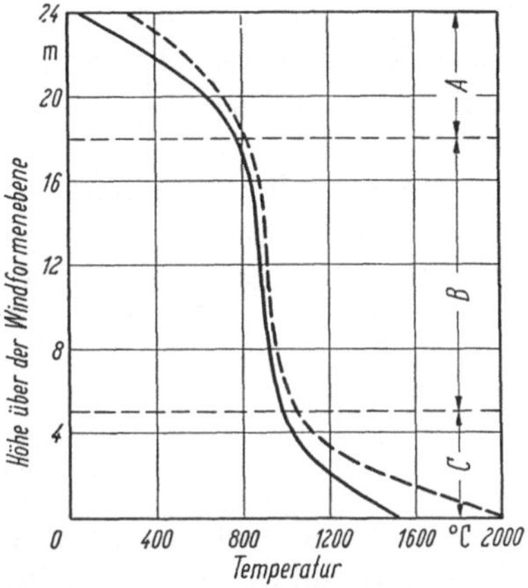

Abb. 4.9 Verlauf der Möller- und der GasTemperatur entlang eines Hochofens

Austreibung der Feuchtigkeit (bei etwa 100 °C Möllertemperatur) und des Hydratwassers (bei etwa 300 °C).

In der *unteren Austauschzone C (Ausarbeitungszone)* erfolgt praktisch die gesamte metallurgische Arbeit des Hochofens, und zwar die Zersetzung der Kohlensäure (bei etwa 800—1000 °C), die direkte Reduktion

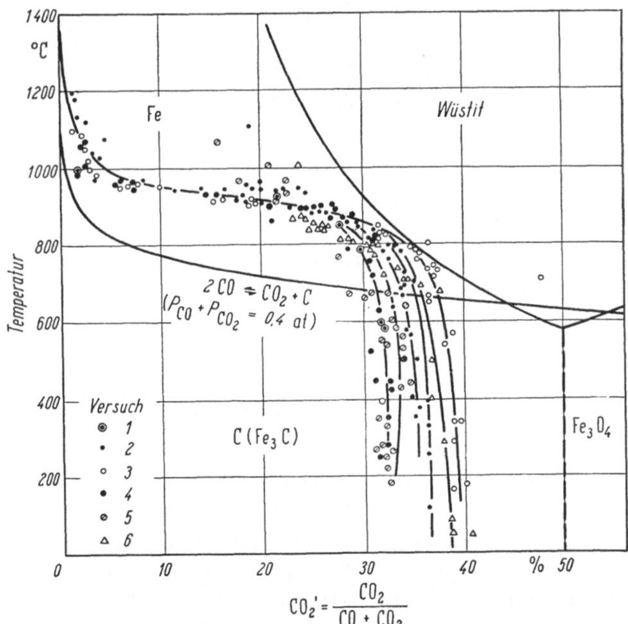

Abb. 4.10 Vergleich der Änderung der Gaszusammensetzung bei der indirekten Reduktion im Hochofen mit den Gleichgewichtsverhältnissen [9]

des Wüstits (FeO) und der Oxyde der Legierungselemente des Roheisens sowie das Erhitzen und Schmelzen des Roheisens und der Schlacke (von 900 °C auf die Abstichtemperatur von etwa 1450 °C). Alle diese Reaktionen sind stark wärmeverbrauchend.

Die thermische und die metallurgische Arbeit des Hochofens geht somit vor allem in zwei Zonen vor sich, wodurch sich der Zweistufen-Wärme- und Stoffumsatz aufdrängt. Die Umsetzungen in der oberen und in der unteren Zone sind dabei bezüglich der notwendigen Wärme- und der umgesetzten Stoffmengen auf das engste verknüpft.

2. Reduktionsverhältnisse

Heute ist es nicht möglich, den Umfang der direkten bzw. der indirekten Reduktion im Hochofen im voraus genau zu ermitteln, obgleich die Kenntnisse der letzten Jahre auch auf diesem Gebiet fortgeschritten sind. Wie schon oben erwähnt (s. auch Abb. 4.10), geht die gesamte indirekte Reduktion im schmalen Temperaturbereich von 800—1000 °C vor sich. Die indirekte Reduktion kann aber nur dann in genügendem Umfang erfolgen, wenn im Hochofen eine ausreichend ausgedehnte mittlere Zone (s. Abb. 4.9) vorhanden und wenn die Bedingung erfüllt ist, daß der Möller dabei mit einem genügend reduktionskräftigen Gas (bei entsprechendem $CO-CO_2$-Verhältnis) und der erforderlichen CO-Menge umspült wird. Wie aus der Abb. 4.10 ersichtlich, muß das Gas, um Wüstit bis Fe reduzieren zu können, bei 900 °C wenigstens 69% CO im $CO-CO_2$-Gasgemisch im Gleichgewichtsfall enthalten. Weil für die Reduktion von Fe_3O_4 bis Wüstit nur 20% CO und für $Fe_2O_3-Fe_3O_4$ nur Spuren von CO in $CO-CO_2$-Gasen notwendig sind, ist für diese Reduktionsschritte im Hochofen immer eine genügende CO-Menge bei entsprechender Konzentration vorhanden. Das kann jedoch bei der Wüstit-Fe-Stufe, besonders bei kleineren Koksmengen, nicht stets der Fall sein.

Bei der Roheisenherstellung im Hochofen muß der Sauerstoff der Eisenoxyde der Erze sowie der Oxyde der Legierungselemente abgebaut werden. Die Menge der Legierungselemente des Roheisens, die aus ihren Oxyden reduziert werden müssen, liegt je nach der Roheisensorte zwischen 10 und 30 kg, was 10—35 kg O/t Roheisen entspricht. Bei der Berücksichtigung des C-Gehaltes (etwa 4%) weisen verschiedene Roheisensorten etwa 930—950 kg Fe/t Roheisen auf (s. Tab. 4-XXXVI). Die Eisenoxyde der meisten Hochofenerze entsprechen der Formel von rund $FeO_{1,30}$ bis $FeO_{1,47}$ (solche Erze entsprechen etwa Fe_3O_4 und Fe_3O_4 mit mehr oder weniger Fe_2O_3), was 360—410 kg O/t Roheisen gleich ist. Die größte O-Menge, und zwar $2/3$ bis fast $4/5$ der ganzen abzubauenden Sauerstoffmenge (s. Tab. 4-XXXVI), muß in der Wüstit-Fe-Stufe abgebaut werden.

Die Reduktion der Oxyde der Legierungselemente (10—35 kg O, entsprechend 3—8% der gesamten abzubauenden Sauerstoffmenge) geht in jedem Fall direkt (mit C) vor sich. Weiterhin erfolgt der Fe_2O_3—Fe_3O_4 und der Fe_3O_4-Wüstitabbau (beide etwa 70—110 kg O oder 20—25%)

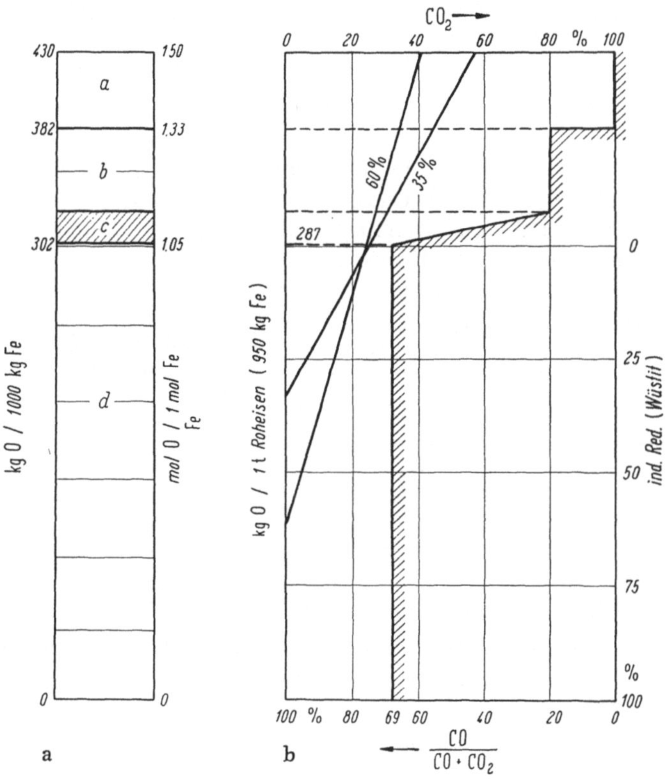

Abb. 4.11 a u. b Gleichgewichtsverhältnisse der Reduktion der Eisenoxyde mit CO-CO_2-Gasgemischen bei 900 °C

immer mit CO (indirekt); für diese Reduktion steht im Hochofen stets genügend CO zur Verfügung. Deshalb liegt der Umfang der indirekten Reduktion nie unter 30%.

Somit sind die Reduktionsverhältnisse des Hochofens vor allem von der indirekten bzw. direkten Reduktion der Wüstit-Fe-Stufe abhängig Es liegt auf der Hand, diese Reduktionsstufe besonders zu betrachten um festzustellen, welcher Anteil des Wüstits indirekt (mit CO) und welcher Anteil direkt (mit C) reduziert wird. Weil die abzubauende O-Menge des Wüstits bei allen Roheisensorten um etwa 285 kg/t Roheisen (s. Tab. 4-XXXVI), d. h. in sehr engem Bereich liegt, beträgt bei unterschiedlich betriebenen Hochöfen die indirekte Reduktion des Wüstits, wie die Praxis zeigt, etwa 30—60%, d. h.

$$b = \% \text{ ind. Red. (Wüstit)} = \frac{\text{kg O ind. Red. (Wüstit)}}{285 \text{ kg O}} = \text{etwa } 30\text{—}60\%.$$

Beiden Grenzfällen entsprechende Geraden sind in die Abb. 4.11 b eingezeichnet.

Die Betrachtung des Umfanges der indirekten Reduktion des Wüstits (b) weist gegenüber der sonst üblichen indirekten Reduktion (Gesamt-kg O indirekt reduziert mal 100 zu der gesamten zu reduzierenden O-Menge) den Vorteil auf, daß die Schwankungen in der Oxydationsstufe des Möllers (höhere Fe-Oxyde), die den Koksbedarf nicht beeinflussen (s. Abb. 4.11 b) ausgeschaltet sind, was bei der üblichen indirekten Reduktion nicht der Fall ist.

Tabelle 4-XXXVI. *Aufteilung der zu reduzierenden Sauerstoffmenge für die meisten Roheisenanalysen und Hochofenerze*

Abgebaute Sauerstoffmenge	kg O/1000 kg Fe	kg O/t Roheisen (930—950 kg Fe)	
		in kg	in %
$FeO_{1,31}$ bis $FeO_{1,47}$	375—421	349—400	97—92
Wüstit ($FeO_{1,05}$)	302	280—287	78—66
höhere Fe-Oxyde	73—119	69—113	19—26
Legierungselemente	11—38	10—35	3—8
Gesamt		360—435	100

Bei unterschiedlich betriebenen Hochöfen wurde gefunden, daß die Gleichgewichts-Gas-Zusammensetzung der Wüstit-Fe-Reduktion (etwa 70% CO und 30% CO_2 bei 900 °C) nie erreicht wird. In günstigsten Fällen, die auch den niedrigsten Koksverbrauchszahlen im Hochofen entsprechen, wurden 25% CO_2, in den übrigen Fällen bis unter 10% CO_2 im CO—CO_2-Gasgemisch festgestellt.

3. Koksbedarf des Hochofens

Im unteren Teil des Ofens erfolgt

1. die *C-Verbrennung* vor den Blasdüsen zu CO; die gebildete CO-Menge ist, wenn man von der Luftfeuchtigkeit absieht, nur von der oxydierten Heiz-C-Menge abhängig und beträgt $1,865\,A$ cbm ($A = $ Heiz-C-Menge/t Roheisen);

2. die *direkte Reduktion der Legierungselemente und des Wüstits*, wobei CO gebildet wird. Die dabei entstandene CO-Menge ist gleich $1,4$ $(L + W - 0,01\,b\,W)$ ($L = $ kg O der Legierungselemente, $W = $ kg O des Wüstits, beides in kg/t Roheisen).

Somit ist die im unteren Teil des Hochofens gebildete CO-Menge gleich

$$1,4 \; (1,33\,A + L + W - 0,01\,b\,W)\,. \tag{4.19}$$

Um etwa 900 °C (im mittleren Teil des Hochofens) geht die indirekte Reduktion des Wüstits vor sich. Dabei reagiert ein Teil der bereits vorhandenen CO-Menge mit dem Restsauerstoff des Wüstits unter Bildung von CO_2. Die Gesamtgasmenge bleibt dabei unverändert. Die gebildete CO_2-Menge ist dabei $0,014\,b\,W$; die CO-Menge wird dabei um diesen Betrag vermindert.

Wie oben besprochen, können im theoretisch günstigsten Fall nach der indirekten Reduktion des Wüstits die Gase im Gleichgewicht ein Verhältnis von

$$d = \frac{CO_2'}{CO' + CO_2'} \cdot 100 = \frac{b\,W}{(1,33\,A + L + W - 0,01\,b\,W)} \tag{4.20}$$

entsprechend rund 30% aufweisen. Im Hochofenbetrieb werden jedoch nur Werte von etwa 10—25% festgestellt.

Nach der Gl. (4.20) ist die Heiz-C-Menge gleich

$$A = 0,75\,W\,\frac{b}{d} - 0,75\,(L + W - 0,01\,b\,W)\,.$$

Der *Gesamt-C-Bedarf* (B in kg/t Roheisen) im Hochofen setzt sich aus der Heiz-C- (s. oben), der Aufkohlungs-C- (c kg/t Roheisen) und der Reduktions-C-Menge, die für die direkte Reduktion der Oxyde der Legierungselemente und des Wüstits in Betracht kommt und $0,75$ $(L + W - 0,01\,b\,W)$ gleich ist, zusammen; somit ist die Gesamt-C-Menge B

$$\left. \begin{aligned} B = {}& 0,75\,W\,\frac{b}{d} - \underset{\text{(Heiz-C)}}{0,75\,(L + W - 0,01\,b\,W)} + \\[2mm] & + \underset{\text{(Red.-C)}}{0,75\,(L + W - 0,01\,b\,W)} + \underset{\text{(Aufkohl.-C)}}{c} \end{aligned} \right\} \tag{4.21}$$

und weiter

$$B = 0,75 \cdot W\,\frac{b}{d} + c \tag{4.22}$$

oder

$$B = 0,75 \cdot WM + c\,, \tag{4.23}$$

wenn M dem Verhältnis $b:d$ entspricht und als Hochofenmodul bezeichnet wird.

Nach dieser Beziehung ist die Gesamt-C-Menge eines bestimmten Hochofenmöllers (W und c sind dann bekannt) nur von M abhängig.

Bei z. B. $W = 285$ und $c = 38$ kg/t Roheisen sowie bei 1,145 kg

Koks/kg C (p) ist der Trockenkoksverbrauch in kg/t Roheisen (K) gleich bei $\dfrac{K}{p} = A + 0{,}75\,(L + W - 0{,}01\,b\,W) + c$

$$\frac{K}{p} = 0{,}75\,W\,\frac{b}{d} + c \quad \text{oder} \quad K = 245\,M + 43\,. \tag{4.24}$$

Auch nach der Gl. (4.24) ist der Gesamtkoksverbrauch/t Roheisen nur von M abhängig.

Die M-Werte unterschiedlich betriebener Hochöfen [10] sind in der Abb. 4.12 in Abhängigkeit vom Koksverbrauch dargestellt. Die Werte

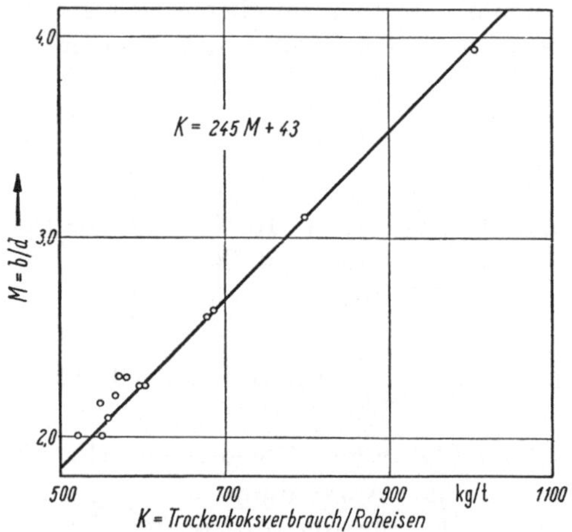

Abb. 4.12 Hochofenmodul M unterschiedlich betriebener Hochöfen in Abhängigkeit vom Koksverbrauch/t Roheisen

liegen weitgehend entlang der Geraden der Gl. (4.24) bei einer Streuung von höchstens 5%. Der niedrigste M-Wert der Abb. 4.12, der auch dem niedrigsten Koksverbrauch entspricht, liegt bei 2,0, der höchste bei etwa 4,0.

Entsprechend der Abb. 4.12 ist der Koksverbrauch um so kleiner, je geringer der Hochofenmodul M ist, wobei die kleinsten Koksverbrauchszahlen von etwa 500 kg/t Roheisen bei $M = 2{,}0$ liegen.

Es ist eigentlich überraschend, daß sich so eine einfache Beziehung so gut mit den Ergebnissen unterschiedlich betriebener Hochöfen [10] deckt, obgleich in der Gl. (4.24) verschiedene Faktoren, wie Schlackenmenge, Windtemperatur usw. nicht enthalten sind.

Die Werte der unterschiedlich betriebenen Hochöfen zeigen (s. Abb. 4.13), daß in der Regel höheren b-Werten auch höhere d-Werte entsprechen; die Mittelwerte entsprechen der Gleichung

$$b = 1{,}32\,d + 20{,}9\,. \tag{4.25}$$

Die Streuung ist dabei beträchtlich; deshalb darf auch die aus der
Gl. (4.24) und (4.25) abgeleitete Beziehung

$$K = \frac{366\,b - 900}{b - 20,9} \qquad (4.26)$$

nur als Näherung betrachtet werden, wie aus der Streuung der Werte
der unterschiedlich betriebenen Hochöfen [10] im Vergleich mit dieser

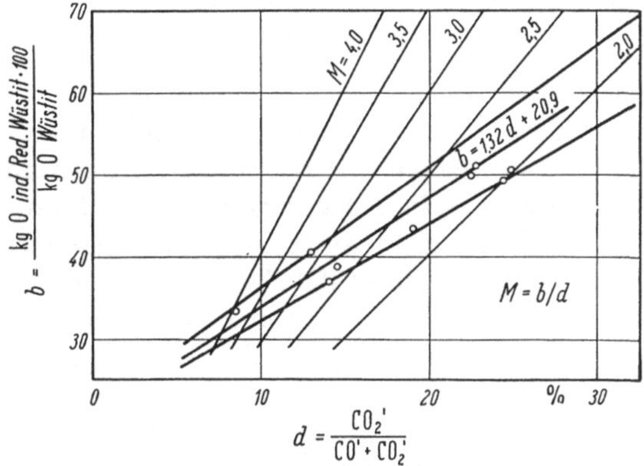

Abb. 4.13 Abhängigkeit der b-Werte von d-Werten bei unterschiedlich betriebenen Hochöfen

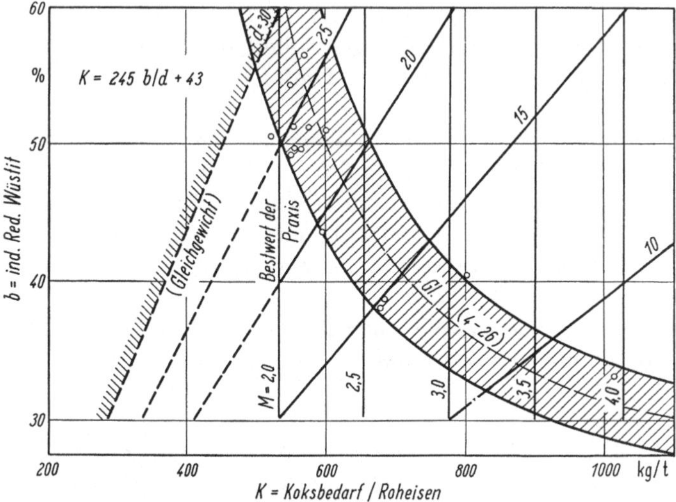

Abb. 4.14 Koksverbrauch in Abhängigkeit vom b (Umfang der indirekten Reduktion des Wüstits)

Gleichung (s. Abb. 4.14) ersichtlich ist. Mit dieser Gleichung ist es möglich, den notwendigen Koksverbrauch (in kg/t Roheisen für eine Durch-

schnitts-Roheisenzusammensetzung) in Abhängigkeit von dem Umfang der indirekten Reduktion des Wüstits (b) annäherungsweise zu berechnen.

Der Koksverbrauch nimmt (s. Abb. 4.14) mit steigendem b-Wert ab. Dabei liegen die höchsten b-Werte gegen etwa 60% entsprechend dem niedrigsten Koksverbrauch von etwa 500 kg/t Roheisen.

4. Zweistufenwärmeumsatz; Berechnung des Koksverbrauches

Wie schon erwähnt, läßt sich der Umfang der indirekten Reduktion im Hochofen nicht im voraus in allen Fällen genau bestimmen, sondern nur abschätzen. Es ist deshalb auch hier angebracht, den C- und somit den Koksverbrauch im Hochofen in Abhängigkeit von der indirekten Reduktion zu ermitteln; weil es günstiger ist, wie oben gezeigt, mit der indirekten Reduktion der Wüstitstufe (b) zu rechnen (die Sauerstoffmenge des Wüstits ist bei den meisten Roheisensorten fast gleich); deshalb soll unten der Koksverbrauch K in Abhängigkeit von b berechnet werden. Die notwendigen Beziehungen liefert der Stoff- und der Wärmeumsatz.

Dadurch, daß der Hochofen wärmetechnisch als aus zwei Teilen bestehend (s. Abb. 4.9) betrachtet werden kann, ist es zweckmäßig, den Wärmeumsatz für diese beiden Teile aufzustellen. Die Trennung erfolgt im mittleren Teil, z. B. vor der indirekten Reduktion des Wüstits. Die zwei dadurch erhaltenen Gleichungen sollen als Unbekannte den Koksverbrauch/t Roheisen (K) und den Umfang der indirekten Reduktion des Wüstits (b) enthalten.

Der Stoffumsatz liefert eine Näherungsgleichung, die auch K in Abhängigkeit von b darstellt (Gl. 4.26).

Alle diese Gleichungen liefern im K-b-Diagramm eigene Gerade, aus denen der Koksverbrauch in Abhängigkeit von b abgelesen werden kann. Die Diskussion dieser Ergebnisse führt zum richtigen Koksverbrauch bei entsprechendem b-Wert.

a) Stoffumsatzbeziehung. Wie oben gezeigt, muß im Hochofen folgende einfache Beziehung erfüllt werden:

$$K = 0,75 \cdot WM + c \qquad (4.24)$$

oder

$$K = \frac{366b - 900}{b - 20,9} . \qquad (4.26)$$

b) Wärmeumsatz im unteren Teil des Hochofens. Bezieht man den Wärmeumsatz im unteren Teil des Hochofens auf die Temperatur von 900 °C, dann resultiert folgendes Schema:

Wärmelieferung	Wärmeverbrauch
1. Verbrennungswärme des C zu CO	2. Schlacke von 900 auf 1400 °C (Abstichtemperatur)
	3. Eisen von 900 auf 1400 °C (Abstichtemperatur)
	4. Austreiben der Kohlensäure des Möl-
	5. Reaktionswärme der direkten [lers Reduktion (Oxyde der Legierungselemente und des Wüstits)
	6. Erhitzen des Windes $(O_2 + N_2)$ von der Windtemperatur auf 900 °C
	7. Wärmeverluste

Wärmeinhalte von C und O der direkten Reduktion bleiben unberücksichtigt, weil sie mit 900 °C in diese Zone kommen und sie auch als Gase

Tabelle 4-XXXVII. *Zeichenerklärung sowie Angaben für das Beispiel des Zweistufenwärmeumsatzes*

		Daten für das Beispiel
a	kg Legierungselemente ohne C/t Roheisen	16
b	% indirekte Reduktion Wüstit	
c	kg C/t Roheisen	38
d	$\dfrac{\% CO_2}{\% CO + \% CO_2}$ nach der indirekten Reduktion des Wüstits	
e	Mol O in Fe-Oxyden des Erzes/Mol Fe	1,43
f	CO_2 des Erzes kg/kg Erz	0,015
h	kg CO_2/kg Kalkstein	0,434
i	kg Fe in kg Erz (trocken)	0,486
k	kg O in Fe-Oxyden des Erzes/kg Erz	0,209
l	kg Schlacke/kg Erz	0,291
m	Feuchtigkeit des Erzes kg/kg Erz	0,012
n	Feuchtigkeit des Kokses kg/kg Koks	0,048
o	Feuchtigkeit des Kalksteines kg/kg Kalkstein	0,009
p	kg Koks/kg C	1,145
r	kg Asche bzw. Schlacke/kg Koks	0,109
s	kg Schlacke/kg Kalkstein	0,558
t	Heißwindtemperatur °C	700
A	Heiz-C-Menge kg/t Roheisen	
B	Gesamt-C-Bedarf/t Roheisen	
D	Indirekt Reduktion Sauerstoff kg/t Roheisen	
E	Si-Menge kg/t Roheisen	5
F	Feuchtigkeitsmenge kg/t Roheisen	
G	Möller-CO_2 in kg/t Roheisen	
K	Gesamtkoksverbrauch kg/t Roheisen	
L	kg O der Oxyde der Legierungselemente/t Roheisen	14
M	Hochofenmodul, s. Gl. (4.22) und (4.23)	
N	kg Erz/t Roheisen	
S	Schlackenmenge kg/t Roheisen	
T	Gichtgastemperatur °C	300
U	Wärmebedarf der direkten Reduktion der Oxyde des Legierungselementes kcal/t Roheisen	58'800
V	kg Kalkstein/t Roheisen	
W	kg Sauerstoff im Wüstit/t Roheisen	286

Tabelle 4-XXXVIII. *Teile der Wärmeumsatzgleichungen des unteren und des oberen Hochofenteils ohne und mit Zahlen des Beispiels (s. Tab. 4-XXXVII)*

I. Wärmeumsatzgleichung des unteren Ofenteils:
1. Bei der C-Verbrennung entwickelte Wärmemenge:
$2300 \cdot A$
2. Erhitzen und Schmelzen des Eisens (von 900 °C auf 1400 °C):
$142\,000$
3. Erhitzen und Schmelzen der Schlacke (von 900 auf 1400 °C), inkl. Schlackenbildungswärme (s. Tab. 4-IV):
S (Schlackenmenge) $\cdot (449{,}5 - 235{,}9 - 75) = 97\,400 + 26\,A - 55\,b$
4. Wärmebedarf für die direkte Reduktion der Oxyde der Legierungselemente (s. Tab. 4-XIX)
$U = 58\,800$
5. Wärmebedarf für die direkte Reduktion des Wüstits:
2286 (Reaktionswärme in kcal/kg O) $(W - 0{,}01\,b\,W) = 654\,000 - 6540\,b$
6. Abspalten der Möller $-$ CO_2:
G (Möller-CO_2) $\cdot 965 = 128\,300 + 44\,A - 97\,b$
7. Wärmebedarf des Windes (Erhitzen von der Heißwindtemperatur t° auf 900 °C):
$4{,}438 \cdot A\,(301{,}5 - 230) = 317\,A$
8. Wärmeverluste des Ofens (300 kcal/kg Heiz-C):
$300\,A$

II. Wärmeumsatzgleichung des oberen Ofenteils:
1. Wärmeinhalt der in den oberen Ofenteil strömenden Gase bei 900 °C:
$3{,}506 \cdot A \cdot 203{,}4 + [1{,}865\,A + 1{,}4\,(L + W - 0{,}01\,b\,W)]\,205{,}8 + 0{,}506 \cdot G \cdot$
    (N₂)   (CO) $\cdot 334{,}1\,(CO_2) = 108\,900 + 1105\,A - 841\,b$
2. Wärmebedarf der Schlacke bis 900 °C:
$(S + a + L) \cdot (235{,}9 - 4{,}7) = 169\,500 + 43\,A - 92\,b$
3. Erhitzen des Eisens auf 900 °C:
$(1000 - a - c) \cdot 145 = 137\,200$
4. Erhitzen des Reinkokses auf 900 °C:
$K\,(1 - r)\,(332 - 4{,}6) = 87\,800 + 334\,A - 717\,b$
5. Erhitzen des direkt reduzierten Sauerstoffs auf 900 °C:
$(L + W - 0{,}01\,W\,b) \cdot 0{,}7\,(315{,}5 - 7{,}9) = 64\,600 - 616\,b$
6. Erhitzen des indirekt reduzierten Sauerstoffs auf die Gichtgastemperatur T (300 °C):
$D \cdot 0{,}7 \cdot (98{,}0 - 7{,}9) = 6500 + 180\,b$
7. Verdampfen der Feuchtigkeit und Erhitzen auf die Gichtgastemperatur T 300 °C (s. Tab. 4-III):
$F \cdot 734{,}8 = (N \cdot m + K \cdot n + V \cdot o) \cdot 734{,}8 = 28\,700 + 41\,A - 88\,b$
8. Zersetzen der Hydrate, Verdampfen und Erhitzen auf die Gichtgastemperatur T: —
9. Erhitzen der Möller-CO_2 auf 900 °C:
$G \cdot 236{,}6 = (N \cdot f + V \cdot h) \cdot 236{,}6 = 30\,800 + 11\,A - 24\,b$
10. Exotherme Reaktionswärme der indirekten Reduktion des Wüstits:
$0{,}01 \cdot b \cdot W \cdot 220 = 629\,b$

III. Allgemeine Beziehungen:
a) *Schlackenmenge* (S beim Abstich in kg/t Roheisen):
$$S = \frac{1000 - (a + c)}{i} \cdot 1 + K \cdot r + V \cdot s - (a + L) = 703 + 0{,}185\,A - 0{,}397\,b$$
    (Erz)   (Koks) (Kalkst.) Oxyde d. Leg.-El.

b) *Koksmenge* (K in kg/t Roheisen):
$$K = p\,[A + 0{,}75\,(L + W - 0{,}01\,b\,W) + c] = 301 + 1{,}145\,A - 2{,}46\,b$$
    (Heiz-C)   (Red.-C)   (Aufkohl.-C)

Tabelle 4-XXXVIII (Fortsetzung)

---

c) *Erzmenge* (N in kg/t Roheisen):

$$N = \frac{1000 - (a + c)}{i} = 1947$$

d) *Kalksteinmenge* $\left(V \text{ in kg/t Roheisen bei } \dfrac{CaO}{SiO_2} = 1,3 \right)$:

$$1,3 = \frac{N \,(\text{kg } CaO) + K \,(\text{kg } CaO) + V \,(\text{kg } CaO)}{N \,(\text{kg } SiO_2) + K \,(\text{kg } SiO_2) + V \,(\text{kg } SiO_2) - 2,14 \cdot E}$$

$$V = 239 + 0,107 \, A - 0,231 \, b$$

e) *Feuchtigkeitsmenge* (F in kg/t Roheisen):
$$F = N \cdot m \,(\text{Erz}) + K \cdot n \,(\text{Koks}) + V \cdot o \,(\text{Kalkstein}) = 39 + 0,056 \, A - 0,12 \, b$$

f) *Möller-CO$_2$* (G in kg/t Roheisen):
$$G = N \cdot f \,(\text{Erz}) + V \cdot h \,(\text{Kalkstein}) = 133 + 0,046 \, A - 0,100 \, b$$

g) kg indirekt reduzierte Sauerstoffmenge (D /t Roheisen):

$$D = 0,01 \cdot b\,W + W \left(\frac{e}{1,05} - 1 \right) = 103 + 2,86 \, b$$

bei 900 °C verlassen. Weil sich der Wärmeumsatz auf 900 °C bezieht, muß die Erhitzung des Windes auf 900 °C im Falle, daß die Windtemperatur tiefer als 900 °C liegt, unter Wärmeverbrauch stehen.

Somit muß im unteren Teil des Hochofens folgende Beziehung erfüllt werden:

Bei der Koksverbrennung (C zu CO) entwickelte Wärmemenge ist gleich der notwendigen Wärmemenge für den unteren Teil des Ofens (direkte Reduktion der Oxyde der Legierungselemente und des Wüstits, Erhitzen von 900 °C und Schmelzen des Roheisens und der Schlacke, Zersetzungswärme der Karbonate des Möllers und Wärmeverluste).

Der im unteren Teil des Ofens gültige Wärmeumsatz lautet dann (Zeichenerklärung s. Tab. 4-XXXVII, Erläuterungen Tab. 4-XXXVIII):
2300 A (Verbrennungswärme C zu CO) = U (Wärmebedarf für die direkte Reduktion der Oxyde der Legierungselemente + 2286 · (W − 0,01 $b\,W$) (Wärmebedarf für die direkte Reduktion des Wüstits) + 142 000 (Erhitzen und Schmelzen des Eisens von 900 auf 1400 °C) + S (449,5 − 235,9 − 150) (Schlackenmenge S von 900 auf 1400 °C, inkl. Schlackenbildungswärme, s. Tab. 4-IV) + $G \cdot 965$ (Abspalten der Möller-CO$_2$) + (301,5 − Z) · 4,438 · A (Erhitzen des Heißwindes von t° auf 900 °C) + 300 · A (Wärmeverluste im unteren Teil des Ofens).

c) Wärmeumsatz im oberen Teil des Hochofens. Den unteren Hochofenteil verlassende Gase haben eine Temperatur von 900 °C; sie müssen mengenmäßig so groß sein, daß ihr Wärmeinhalt für die Vorgänge im oberen Ofenteil (Erhitzung des Möllers auf 900 °C, inkl. Austreibung der Feuchtigkeit, des Hydratwassers und Wärmeinhalt der Gase an der Gicht) ausreicht. Die Menge der aus der unteren Zone aufsteigenden Gichtgase ist aber von der vor den Blasdüsen verbrannten Koksmenge, von den bei der direkten Reduktion sich bildenden CO-Gase und von der Möller-CO_2-Menge abhängig, wodurch die für den oberen Teil des Hochofens notwendige, in den Gichtgasen stehende Wärmemenge vor allem von der Arbeitsweise des unteren Hochofenteils abhängig ist.

Der Wärmeumsatz des oberen Ofenteils ist aus folgender Skizze ersichtlich:

Einnahmen	Verbrauch
1. Wärmeinhalt der Abgase des unteren Ofenteils, die aus CO, CO_2 der indirekten Reduktion des Wüstits und N_2 bestehen (zwischen 900 °C und Gichtgastemperatur)	2. Erhitzen der Schlacke (inkl. Sauerstoff der Legierungselemente) auf 900 °C 3. Erhitzen des Fe auf 900 °C 4. Erhitzen des Reinkokses auf 900 °C 5. Erhitzen des direkt reduzierten Sauerstoffs des Wüstits auf 900 °C 6. Erhitzen des indirekt reduzierten Sauerstoffs des Wüstits und der höheren Fe-Oxyde auf die Gichtgastemperatur 7. Austreiben der Feuchtigkeit und des Hydratwassers des Möllers und Erhitzen auf die Gichtgastemperatur 8. Reaktionswärme der indirekten Reduktion des an Fe gebundenen Sauerstoffs (Wärmelieferung) ev. Wärmeverluste

Der obere Teil des Hochofens wirkt dabei wie ein Wärmeaustauscher im Gegenstromprinzip, wobei die herabrutschende Beschickung die Wärme von den aufsteigenden Gichtgasen übernimmt. Um im oberen Teil des Ofens den erforderlichen Wärmebedarf zu sichern, ist es notwendig, daß der Wärmeinhalt der vom unteren Ofenteil kommenden Gase größer als der Wärmebedarf der Beschickung des oberen Ofenteils ist. Es besteht hier eine kritische Wärmemenge, oberhalb der die Gasmenge zu groß, unterhalb aber die Erhitzung des Möllers zu gering ist. Deshalb besteht eine optimale Wärmemenge der Gase und des Möllers. Zwischen dem Wärmebedarf der oberen Zone, d. h. der Vorbereitungszone (Erhitzen der Beschickung auf etwa 900 °C mit den dort ablaufenden Vorgängen) und der Wärmemenge, die in der Form der Gichtgase die untere Ausarbeitungszone verläßt, besteht ein günstigstes Verhältnis, das z. B. bei der Gichtgastemperatur von etwa 200 °C um 0,8 und bei 300 °C um 0,7 liegt.

Somit muß auch folgende Beziehung im oberen Teil des Ofens bei der Annahme, daß die Wärmeverluste sehr gering sind, erfüllt werden:

Wärmeinhalt der vom unteren Ofenteil nach oben strömenden Gichtgase bei 900 °C, weniger Wärmeinhalt dieser Gase bei der Gichtgastemperatur, ist gleich der im oberen Ofenteil vom Möller benötigten Wärmemenge (Erhitzen des Möllers auf 900 °C, Austreiben der Feuchtigkeit, des Hydratwassers und Erhitzen auf die Gichtgastemperatur).

Die im unteren Ofenteil gebildeten Ofengase (cbm/t Roheisen) bestehen aus N_2 des Windes $(4{,}438 \cdot A)$, aus CO der Verbrennung des Heiz-C $(1{,}865 \cdot A)$ sowie der direkten Reduktion der Oxyde der Legierungselemente und des Wüstits $[1{,}4\,(L + W - 0{,}01\,b\,W)]$ und CO_2 des Möllers; weil die indirekte Reduktion erst im mittleren Ofenteil, der hier zum oberen Ofenteil zählt, beginnt, braucht das dabei gebildete CO_2 nicht berücksichtigt zu werden. Die notwendigen Wärmemengen der einzelnen Vorgänge sind aus der Tab. 4-XXXVIII ersichtlich; dabei wird der Wärmeinhalt der Schlacke, des Kohlenstoffs und des Eisens sowie des direkt abzubauenden Sauerstoffs und der Möller-CO_2 zwischen 25 und 900 °C, der des indirekt reduzierten Sauerstoffs aber zwischen 25 °C und der Gichtgastemperatur berücksichtigt, was auch für die Feuchtigkeit und das Hydratwasser (inkl. Verdampfungs- und Zersetzungswärme) gilt. Die Wärmeumsatzgleichung des oberen Ofenteils lautet dann für die Gichtgastemperatur von 300 °C (s. Tab. 4-XXXVII und 4-XXXVIII):

$[1097{,}2\,A + 288\,(L + W - 0{,}01\,b\,W) + 169{,}2 \cdot G]$ der in den oberen Ofenteil strömenden N_2-, CO- und CO_2-Gase zwischen 900 °C und Gichtgastemperatur — hier 300 °C) $= (S + a + L)\ 231{,}2$ (Wärmebedarf der Schlacke) $+ (1000 - a - c) \cdot 145$ (Wärmebedarf des Eisens) $+ (1 - r)$ $K \cdot 327{,}4$ (Wärmebedarf des Reinkokses) $+ 734{,}8 \cdot F$ (Feuchtigkeit) $+ 236{,}6 \cdot (\text{Möller} - CO_2) + (L + W - 0{,}01 \cdot b\,W) \cdot 215{,}3$ (O der direkten Reduktion auf 900 °C) $+ D \cdot 63{,}1$ (Sauerstoff der indirekten Reduktion auf Gichtgastemperatur) $- 0{,}01\,b\,W \cdot 220$ (Wärmeabgabe der indirekten Reduktion des Wüstits).

d) Beispiel eines Zweistufenwärmeumsatzes und Ermittlung des Koksverbrauchs. Die in Betracht kommenden Daten des Beispiels sind aus der Tab. 4-XXXVII ersichtlich. Die Roheisenanalyse sowie die Ermittlung des Wärmebedarfs für die direkte Reduktion der Oxyde der Legierungselemente s. Tab. 4-XIX, Sinter, Koks und Kalksteinzusammensetzung Tab. A-XVI. Bei der Berücksichtigung dieser Werte (s. auch Tab. 4-XXXVIII) lauten diese Gleichungen:

Stoffumsatzgleichung:

Nach der Gl. (4.26) ist

$$K = \frac{366\,b - 900}{b - 20{,}9}.$$

Die mit dieser Gleichung berechnete Gesamt-C-Menge ist für verschiedene b-Werte (in der Praxis von etwa 30% bis 60%) in der Abb. 4.15 dargestellt.

Wärmeumsatzgleichung des unteren Ofenteils:

Setzt man die Daten des Beispiels (Tab. 4-XXXVII und 4-XXXVIII) in die Gleichung des unteren Ofenteils (s. oben), dann folgt:

$$2300\,A = 142\,000 + (99\,400 + 26\,A - 55\,b) + 58\,800 +$$

$$+ (654\,000 - 6540\,b) + (128\,300 + 44\,A - 97\,b) + 317\,A + 300\,A$$

oder
$$A = 670 - 4{,}15\,b.$$

Hiermit errechnet sich die im unteren Ofenteil die notwendige Gesamtkoksmenge $K = 301 + 1{,}145\,A - 2{,}46\,b$ (s. Gl. III/b der Tab. 4-XXXVIII) zu
$$K = 1068 - 7{,}21\,b.$$

Auch diese Werte sind in die Abb. 4.15 eingezeichnet.

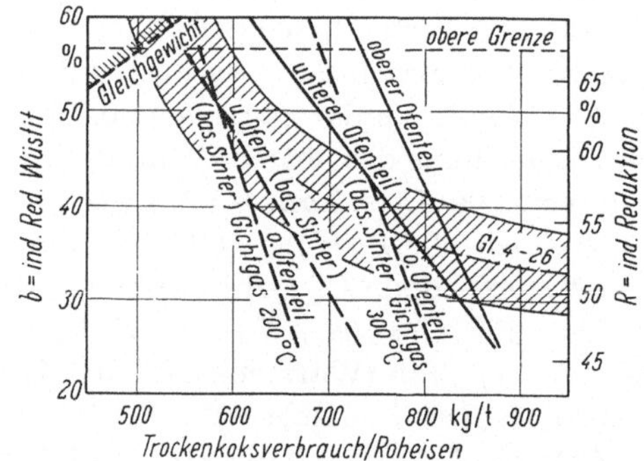

Abb. 4.15 Zweistufenwärmeumsatz des Hochofens: berechneter Koksverbrauch des Beispiels

Wärmeumsatzgleichung des oberen Ofenteils:

Beim Einsetzen der Daten der Tab. 4-XXXVII und 4-XXXVIII in die Gleichung des oberen Ofenteils (s. oben) resultiert:

$(108\,900 + 1105\,A - 841\,b)$ (Wärmelieferung) $= (169\,500 + 43\,A - 92\,b)$ (Schlacke) $+ 137\,200$ (Eisen) $+ (87\,800 + 334\,A - 717\,b)$ (Reinkoks) $+ (64\,600 - 616\,b)$ (dir. O) $+ (6500 + 180\,b)$ (indir. O) $+ (28\,700 + 41\,A - 88\,b)$ (Feuchtigkeit) $+ (30\,800 + 11\,A - 24\,b)$ (Möller-CO_2) $- 629\,b$ (indir. Red.)

$$A = 616 - 1{,}7\,b.$$

Ähnlich wie oben errechnet sich auch hier die Gesamtkoksmenge:

$$K = 1006 - 4{,}42\,b.$$

Die Abb. 4.15 enthält auch die Gerade dieser Beziehung.

Die Abb. 4.15 liefert die Trockenkoksverbrauchszahlen (K), ermittelt nach der Gleichung des Stoffumsatzes (4.26), sowie nach den beiden Gleichungen des Wärmeumsatzes, in allen drei Fällen in Abhängigkeit vom Umfang der indirekten Reduktion des Wüstits (b). Weil die Gerade mit größeren Koksverbrauchszahlen maßgebend ist, wird der Koksverbrauch des Möllers des Beispiels durch den Wärmebedarf des oberen Ofenteils bestimmt ($K = 1006 - 4{,}42\,b$). Der wahrscheinliche b-Wert liegt entsprechend der Gl. (4.26) um $b = 35\%$ bei einem Koksverbrauch um 860 kg/t Roheisen. Mit diesen Daten können dann nach der Tab. 4-XXXVIII weitere Angaben (z. B. Schlackenmenge usw.) ermittelt werden.

Der untere Ofenteil allein würde viel weniger Koks brauchen; um diese günstigen Koksverbrauchszahlen zu erreichen, muß der Wärmebedarf des oberen Ofenteils gesenkt werden, was z. B. durch das Arbeiten mit Kalksinter statt Kalkstein (keine Feuchtigkeit — außer Koks — und keine Möller-CO_2) erzielt werden kann. Die durch die Berücksichtigung entsprechender Daten berechneten Geraden des oberen und unteren Ofenteiles werden nach links zu kleineren Koksverbrauchszahlen verschoben. Dabei sinkt (s. Abb. 4.15) der Koksverbrauch im oberen Ofenteil beim b-Wert der Gl. (4.26) auf rd. 773 kg. Ein noch günstigerer Koksverbrauch resultiert, wenn die Gichtgastemperatur bei 200 °C statt 300 °C liegt; in diesem Falle (s. Abb. 4.15) sind im oberen und im unteren Ofenteil nur noch etwa 590 kg Koks/t Roheisen ($b = 51\%$), unter der Voraussetzung, daß diese günstigen Reduktionsverhältnisse im Hochofen (hohe indirekte Reduktion) auch erzielt werden, notwendig. Dabei ist es bemerkenswert, daß die Gerade des oberen Ofenteiles (Abb. 4.15) bereits durch eine verhältnismäßig geringe Senkung des Wärmeverbrauches (Kalk-Sinter) oder durch eine bessere Wärmeausnützung der aus dem unteren Ofenteil nach oben strömenden Gase (Erniedrigung der Gichtgastemperatur von 300 °C auf 200 °C) stark nach links verschoben wird.

Dieses Beispiel zeigt, wie es möglich ist, mit dem Zweistufenwärmeumsatz und dem Stoffumsatz sowohl den Koksverbrauch als auch die Reduktionsverhältnisse im Hochofen auf einfache Weise zu ermitteln.

5. Folgerungen aus dem Zweistufenwärmeumsatz

Wie aus Abb. 4.15 ersichtlich, ist der Gesamtkoksverbrauch vor allem vom Wärmebedarf im oberen Ofenteil abhängig. Die Senkung des Wärmebedarfs in diesem Teil bringt die höchsten Kokseinsparungen, vor allem weil gleichzeitig im allgemeinen auch der Umfang der indirekten Reduktion zunimmt.

Die Faktoren, die den Wärmebedarf im oberen Ofenteil (s. Tab. XXXVIII) bestimmen, können neben dem Umfang der indirekten Reduktion in unveränderliche (Eisenmenge) sowie vom Möller abhängige (Menge des Reinkokses, der Schlacke, des direkt und indirekt reduzierten Sauerstoffs sowie vor allem der Feuchtigkeit, des Hydratwassers und der Möllerkohlensäure) Einflüsse eingeteilt werden. Die letzten Faktoren können durch entsprechende Rohstoffwahl (z. B. eisenreiche, schlackenarme Eisenerze, Feuchtigkeits- und Möller-CO_2-freie Sinter usw.) weitgehend zur Verminderung des Koksverbrauchs beitragen.

9*

Ist einmal der Koksverbrauch im oberen Ofenteil unter denjenigen des unteren Ofenteils gesunken, dann erst ist es sinnvoll, die Faktoren zu betrachten, die den Koksverbrauch im unteren Ofenteil bestimmen.

Auch hier gibt es unveränderliche (Erhitzen des Eisens, Verbrennungswärme ·des C) und mit der Ofenarbeitsweise veränderliche Faktoren (indirekte Reduktion, Erhitzen der Schlacke, Umfang der indirekten Reduktion, Heißwindtemperatur und Menge der Möller-CO_2). Die Verminderung des Wärmebedarfes durch die letztgenannten Faktoren kann auch hier den Koksverbrauch senken, allerdings nicht stark unter 500 kg/t Roheisen, weil bei noch kleinerem Koksverbrauch die für die indirekte Reduktion notwendige CO-Gasmenge fehlt, die auf jeden Fall durch die Oxydation des Kokses (mit Luft — Verbrennung — oder mit Oxyden — direkte Reduktion —) geliefert werden muß.

Aus diesen Betrachtungen folgt, daß für den Koksverbrauch im Hochofen vor allem die Mölleraufbereitung von Bedeutung ist; durch die Ausnützung dieser Erkenntnisse konnte in den letzten Jahren der Koksverbrauch im Hochofen bis auf rund 500 kg/t Roheisen (s. Abb. 4.15) gesenkt werden.

4.3.9 Folgerungen

Im Hochofen ist es möglich, durch weitgehende Aufbereitung der Beschickung, wobei die Feuchtigkeit, das Hydratwasser und die Kohlensäure der Möllerbestandteile ausgetrieben werden, vor allem aber durch Sintern, den Koksverbrauch bei eisenreichen Erzen von früher über 1000 auf unter 600 kg/t Roheisen bei gleichzeitiger Vergrößerung des Umfanges der indirekten Reduktion zu senken, woraus die Bedeutung der Aufbereitung für den Hochofenbetrieb ersichtlich ist. Die verbrauchte Gesamtwärmemenge, d.h. inkl. Kohle für die Aufbereitung, bleibt dabei weitgehend unverändert; ein Teil des Hochofenkokses wird beim Sintern durch Koksgrieß oder Gichtgas ersetzt.

Im Hochofen ist eine Erhöhung der Produktion bei kleinerem Koksverbrauch und somit günstigerer Wirtschaftlichkeit durch folgende Maßnahmen möglich: Verbesserung der Eisenerze in bezug auf den Eisengehalt und ihre Klassierung; Agglomerierung des Feinanteils des Erzes, um den Kontakt des Gases mit dem Möller zu verbessern; Verbesserung und Klassierung des Kokses; Klassieren des Kalksteins; Verwendung des Kalksinters und Arbeiten unter günstiger Schlacke; Einblasen des Wasserdampfes und des Sauerstoffs im Wind; Anwendung höherer Windtemperaturen bei gleichzeitiger Wasserdampfzugabe; Arbeiten unter erhöhtem Druck; Verbesserung der Hochofenkonstruktion und Verwendung des vorreduzierten Möllers. Viele Hochofenwerke erzielen dadurch merkliche Erfolge.

4.4 Vergleich zwischen der Roheisenherstellung im Hochofen und im Elektro-Verhüttungsofen

Der Vergleich zwischen der Roheisenherstellung im Hochofen und im Elektro-Verhüttungsofen ist anschaulich aus der Abb. 4.9 und aus der Tab. 4-XXXVI ersichtlich. Der Unterschied zwischen den beiden Arbeitsweisen besteht in der unterschiedlichen Wärmeerzeugung, die im Hochofen in der Verbrennung des Heizkokses mit Heißluft, was zu beträchtlichen Gichtgasmengen führt, und im Elektro-Verhüttungsofen in der Wärmeerzeugung durch den elektrischen Strom vor sich geht.

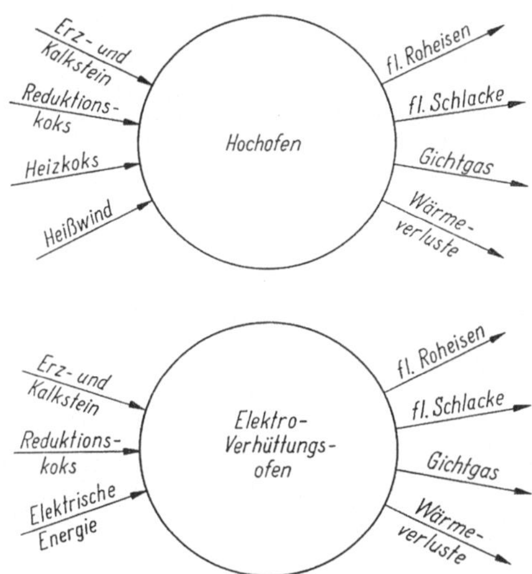

Abb. 4.16 Schematische Darstellung der Arbeitsweise des Hochofens und des Elektro-Verhüttungsofens

Die Folge dieser unterschiedlichen Arbeitsweise ist, daß im Hochofen der Umfang der indirekten Reduktion, im Gegensatz zum Elektro-Verhüttungsofen, wo nur die stark wärmeverbrauchende direkte Reduktion vor sich geht, beträchtlich ist. Dieser Unterschied ist aus der Wärmeumsatz-Rechnung der Tab. 4-XXXVI direkt nicht ersichtlich (die entsprechenden Zahlen der Tab. 4-VII und 4-XIX sind deshalb in Klammern beigefügt), wohl aber aus dem Reduktionskoks-Verbrauch, der im Elektro-Verhüttungsofen etwa 1,7mal größer als im Hochofen ist. Weitere wesentliche Unterschiede bezüglich des Wärmehaushaltes sind: Heizwert des Gichtgases ist beim Hochofen (3,3 Mill. kcal) etwa zweimal größer als beim Elektro-Verhüttungsofen (1,7 Mill. kcal); gleichzeitig ist auch die fühlbare Wärme des Gichtgases des Hochofens (0,32 Mill. kcal) höher als im Elektroofen (0,10 Mill. kcal). Dage-

Tabelle 4-XXXVI. *Vergleich zwischen der Stahlroheisenherstellung im Hochofen und im Elektro-Verhüttungsofen*
(je t Roheisen)

	Hochofen	Elektro-Verhüttungsofen
I. *Möllermenge* (feucht)		
Sinter kg	1969,9	1969,9
Reduktions- und Aufkohlungs-		
koks kg	236,2	388,8
Heizkoks kg	674,6	—
Elektrodenmasse kg	—	20,0
Kalkstein kg	282,3	235,4
II. Elektrischer Strom kWh	—	2591
Windmenge (700 °C) cbm	2453,1	—
III. Schlackenmenge kg	789,4	707,5
Gichtgasmenge cbm (trocken)	3380,3	646,9
Gichtgastemperatur °C	300	400
Heizwert des Gichtgases kcal/cbm	970,2	2547
IV. *Wärmeumsatz in 10^3 kcal*		
a) *Wärmeeinnahmen*		
Kokswärme	6212	2652
Elektrodenmasse	—	123
Windwärme	572	—
Elektrische Energie	—	2228
Lösungswärme P und Si	—	7
	6784	5010
b) *Wärmeverbrauch*		
Reduktion inkl. C-gelöst	2057	2057
	(491)	(967)
CO_2-Austreibung	156	139
Feuchtigkeits-Austreibung	49	34
Zers. der Luftfeuchtigkeit	79	—
Flüssiges Roheisen	287	287
Flüssige Schlacke	310	277
Gichtgas — fühlbare Wärme	334	96
Gichtgas — Heizwert	3280	1648
Ofen-Wandverluste	161	446
Differenz	71	26
	6784	5010

gen sind die Ofenverluste beim Elektroofen (0,45 Mill. kcal) wesentlich größer als im Hochofen (0,16 Mill. kcal).

Zusammenfassend folgt, daß aus wärmetechnischen Gründen im Hochofen die Reduktion wirtschaftlicher als im Elektro-Verhüttungsofen verläuft, und daß infolge größerer Produktionseinheit auch die Ofenverluste günstiger sind.

Was das Gichtgas anbetrifft, ist der Elektro-Verhüttungsofen günstiger: seine Gichtgasmenge, somit auch die Wärmeverluste durch das Gichtgas, ist geringer und gleichzeitig die chemische Wärme des Elektro-Verhüttungsofen-Gases im Vergleich mit dem Hochofen, kleiner.

Die einzige Möglichkeit, den Umfang der Reduktion im Elektro-Verhüttungsofen zu verringern, liegt im Arbeiten mit vorreduziertem Möller. Die Verringerung der Gichtgasmenge kann im Hochofen auf zwei Arten erfolgen: durch O_2-Anreicherung des Windes und durch Verminderung der Hochofenarbeit, d. h. durch Sintern und Vorreduzieren des Möllers, wodurch die Verringerung der Mölleraufbereitungsarbeit (Austreiben der Feuchtigkeit, des Hydratwassers und der Kohlensäure des Möllers) und der Umfang der Reduktion im Ofen zu erreichen ist.

5 Frischen (Stahlherstellung)

5.1 Allgemeines

5.1.1 Einleitung

In letzter Zeit liegt die jährliche Weltstahlerzeugung um etwa $^1/_3$ Milliarde t. Die Herstellung von etwas mehr als der Hälfte des Stahles erfolgt aus Schrott, d. h. aus Alteisen. Die Erzeugung der andern Hälfte geht aus Erz bzw. aus dem flüssigen Roheisen des Hochofens, welches dann für die Stahlherstellung in Betracht kommt, vor sich. Während es sich bei der Stahlherstellung aus Schrott vor allem um eine Umschmelzarbeit, die mit der Raffination der Stahlschmelze verbunden ist, handelt, geht die Stahlherstellung aus dem flüssigen Roheisen des Hochofens so vor sich, daß durch das Frischen (Oxydation) die Entfernung der Legierungselemente des Roheisens erfolgt. Der Frischvorgang ist mit verschiedenen Sauerstoffträgern möglich, und zwar mit dem gasförmigen (z. B. Luft) oder mit dem gebundenen (Erz) Sauerstoff.

In beiden Fällen, d. h., sowohl bei der Stahlherstellung aus Schrott, als auch aus dem flüssigen Roheisen, muß die fertige Stahlschmelze noch desoxydiert werden.

Als Öfen kommen für die Stahlherstellung vor allem Konverter (Durchblas- oder Aufblaskonverter) oder Herdöfen (Siemens-Martin-Öfen oder Elektro-Lichtbogenöfen) in Betracht.

Somit kann die Erörterung der Stahlherstellungsverfahren in bezug auf das Einsatzmaterial, das Frischmittel und das Ofenaggregat erfolgen.

5.1.2 Stahlherstellungsverfahren vom Standpunkte des Einsatzmaterials

Wie oben erwähnt, kommen als Einsatzmaterial vor allem Stahlschrott (Alteisen) und flüssiges Roheisen in Betracht. Weil das flüssige Roheisen eine umfangreiche Frischarbeit fordert (bei der Stahlherstellung aus nur flüssigem Roheisen sind etwa 60—70 kg Sauerstoff/t Stahl — ent-

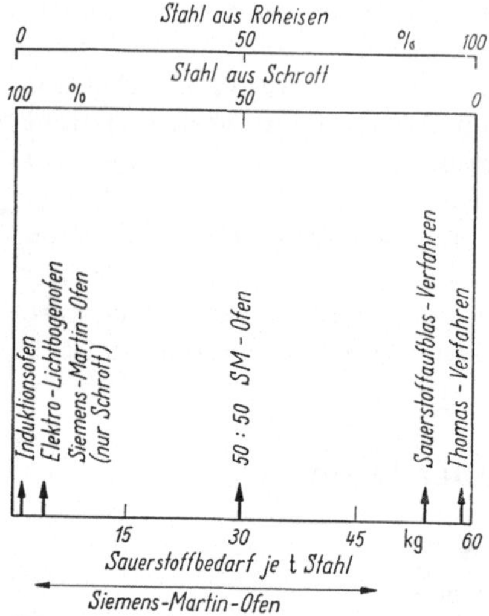

Abb. 5.1 Einteilung der Stahlherstellungsverfahren nach dem Einsatz bzw. nach der Frischarbeit

sprechend der Zusammensetzung des Roheisens — notwendig), kann die Einteilung sowohl in Abhängigkeit von der verwendeten Schrottmenge, als auch vom Umfange der Frischarbeit (in kg Sauerstoff je t Stahl), wie das aus der Abb. 5.1 ersichtlich ist, erfolgen. Dieser Darstellung entsprechend benötigen der Induktionsofen und der Elektro-Lichtbogenofen vorwiegend Schrott. Das Thomas-Verfahren arbeitet dagegen nur mit dem flüssigen Roheisen. Weil man beim Sauerstoffaufblas-Verfahren infolge des Wärmeüberschusses Schrott einschmelzen kann, muß die Einreihung dieses Verfahrens in der Abb. 5.1 links vom Thomas-Verfahren erfolgen. Im Sie-

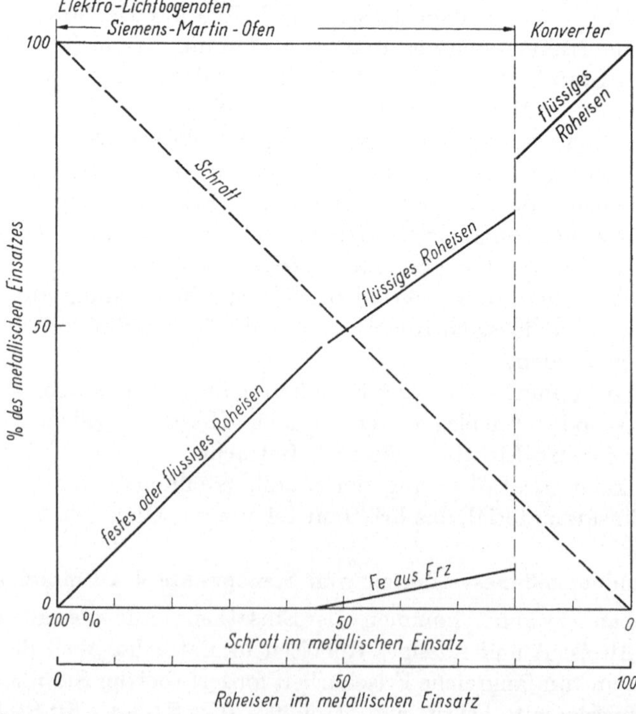

Abb. 5.2 Schematische Darstellung der Einsatzverhältnisse bei den Stahlherstellungsverfahren

mens-Martin-Ofen kommt als Einsatzmaterial sowohl Schrott allein, als auch mehr oder weniger große Mengen flüssigen Roheisens (s. Abb. 5.1) in Betracht.

Eine gute Übersicht gibt auch Abb. 5.2, aus der die Einsatzverhältnisse bei den Stahlherstellungsverfahren ersichtlich sind.

5.1.3 Einteilung der Stahlherstellungsverfahren nach der Ofenart

Weil das Frischen des flüssigen Roheisens Wärme liefert, brauchen die Verfahren, die nur oder weitgehend mit flüssigem Roheisen arbeiten, keine zusätzliche Heizung. Der Wärmebedarf nimmt zu, je größer im Einsatz der Anteil des Schrottes ist. Die notwendige Wärme entsteht entweder bei der Verbrennung verschiedener Brennstoffe (z. B. Generatorgas oder Heizöl im Siemens-Martin-Ofen) oder durch die elektrische Energie (im elektrischen Lichtbogen im Elektro-Lichtbogenofen oder durch die Induktion im Induktions-Ofen).

Bezüglich der Form sind zwei Ofenarten bekannt:

A. *Tiegel-Öfen:*
    I. Konverter.
        1. Bodenblasender Konverter.
        2. Seitenblasender Konverter.
        3. Aufblaskonverter, Aufblaspfanne.
    II. Induktions-Öfen.
B. *Herdöfen.*
    1. Siemens-Martin-Ofen (gas- oder ölbeheizt).
    2. Elektro-Lichtbogenofen (elektrische Energie als Wärmespender).

5.1.4 Einteilung der Stahlherstellungsverfahren nach der Art des Frischmittels

Weil für das Frischen sowohl der gasförmige, als auch der gebundene Sauerstoff in Betracht kommt, kann folgende Einteilung der Stahlherstellungsverfahren in bezug auf die Frischmittel erfolgen:

A. *Gasförmiger Sauerstoff:*
    I. *freier gasförmiger Sauerstoff.*
        1. Luft (21% Sauerstoff, Rest Stickstoff) — Durchblasverfahren.
        2. Angereicherter Sauerstoff, meist 30% Sauerstoff, Rest Stickstoff, Durchblasverfahren.
        3. Reiner Sauerstoff (meist 99,5 oder 95—97% Sauerstoff, Rest Stickstoff), Aufblasverfahren, Herdverfahren.
    II. *Gebundener gasförmiger Sauerstoff:*
        1. CO_2, meist $CO_2 + O_2$. — Durchblasverfahren.
        2. H_2O (Wasserdampf), meist $H_2O + O_2$. Durchblasverfahren.
        3. $H_2O + CO_2$ — Gasgemische — Durchblasverfahren.

B. *Gebundener Sauerstoff:*

    1. Fe_2O_3 bzw. Fe_3O_4-haltiges Eisenerz, — Herd- oder Aufblasverfahren.

    2. Vorreduziertes, d. h. FeO und metallisches Eisen enthaltendes, reduziertes Eisenerz, auch stark verrosteter Schrott, — Herd- oder Aufblasverfahren.

Die Betrachtung der Frischmittel muß dabei in bezug auf die Sauerstoffbindung, den Aggregatzustand und die Menge der Verunreinigungen erfolgen.

Die Einteilung nach der Frischmittelart führt deshalb zu Schwierigkeiten, weil viele Verfahren mit verschiedenen Frischmitteln arbeiten. Diese Tendenz macht sich besonders in letzter Zeit bemerkbar, indem während der gleichen Charge z. B. sowohl die Erz-Zugabe als auch das Frischen mit reinem Sauerstoff (wie das z. B. beim Siemens-Martin-Ofen der Fall sein kann) erfolgt oder daß die Frischarbeit hauptsächlich mit reinem Sauerstoff und teilweise mit Erz (z. B. beim Sauerstoffaufblas-Verfahren) vor sich geht. Beim Thomas-Verfahren kommt dagegen nur gasförmiger Sauerstoff (früher nur Luft, heute meist 30%iger Sauerstoff) zur Anwendung. Auch das Frischen des beträchtlichen Teils der Siemens-Martin-Ofen-Charge (s. unten) erfolgt mit dem gasförmigen Sauerstoff der Verbrennungsgase.

5.1.5 Hauptvorgänge der Stahlherstellung

Grundsätzlich besteht jede Stahlherstellung aus der

1. *Entfernung* von bis 7% Verunreinigungen bzw. *Legierungselementen* (Si, Mn, C, P), die im Schrott und/oder im Roheisen vorhanden sind.

2. *Erhöhung der Temperatur*, d. h. Erhitzung des festen oder des flüssigen Einsatzes bis zu derjenigen Temperatur der Stahlschmelze, die es gestattet, saubere Blöcke zu gießen.

3. *Bildung einer* auf der Stahlschmelze schwimmenden oxydischen *Schlacke*, die in der Lage ist, die aus der Schmelze entfernte Oxyde der Legierungselemente aufzunehmen (Raffinieren der Charge) und die Oberfläche der Stahlschmelze vor der Atmosphäre zu schützen.

4. *Desoxydation* der fertigen Stahlschmelze, d. h. die Beseitigung des überschüssigen Sauerstoffs mit den sauerstoffbindenden Stoffen (Desoxydationsmitteln), um eine sauerstoffarme und möglichst von Produkten der Desoxydation freie Stahlschmelze zu erhalten.

5.2 Metallurgische Vorgänge

Die Entfernung der Legierungselemente erfolgt bei allen Stahlherstellungsverfahren mit Hilfe des Sauerstoffs (Frischen), das, wie schon erwähnt, entweder in gasförmiger (Luft, angereicherter oder reiner Sauerstoff) oder in fester (Eisenoxyd) Form in Betracht kommt.

Die Lieferung der für die Stahlherstellung in Betracht kommenden Wärme geht entweder durch die beim Frischen freiwerdende Wärme oder durch die zusätzliche Beheizung der Charge (entweder durch Verbrennung der Brennstoffe oder durch den elektrischen Strom) vor sich.

Während die Aufgabe der *Stahlherstellung aus Schrott* im Schmelzen und Raffinieren (inkl. Frischen) mit anschließender Desoxydation der Stahlschmelze besteht, wobei die Betonung beim Schmelzen liegt, muß die Hauptaufgabe der *Stahlherstellung aus flüssigem Roheisen* in der Entfernung der Legierungselemente des Roheisens durch Frischen und in teilweiser Erhitzung, sowie anschließender Desoxydation der Stahlschmelze, wobei hier die Betonung beim Frischen liegt, bestehen. Die beiden Verfahren, die Stahlherstellung aus Schrott und aus flüssigem Roheisen, sind deshalb auch verschieden. Ihre Erörterung soll aus diesem Grunde auch gesondert erfolgen.

Für die metallurgischen Vorgänge der Stahlherstellung ist es kennzeichnend, daß im Gegensatz zur Roheisenherstellung die Stahlgewinnung von Anfang an unter oxydierenden Verhältnissen verläuft. Nur am Ende erfolgt die Reduktion der Stahlschmelze mit den Desoxydationsmitteln. Aus diesem Grunde sind bei der Stahlherstellung vor allem die Oxydationsreaktionen der Legierungselemente und des Eisens von Bedeutung.

Der Affinität zum Sauerstoff entsprechend geht bei der Stahlherstellung zuerst die Oxydation des Siliziums und des Mangans vor sich. Es folgen Kohlenstoff und Phosphor; ihre Reihenfolge ist von ihrer Konzentration, von der Schlackenart und von der Temperatur der zu oxydierenden Schmelze abhängig. Am Ende des Frischvorganges kommt teilweise auch das Eisen zur Verschlackung.

Silizium. Während des Anfangs der Frischperiode oxydiert praktisch die gesamte sich in der Schmelze befindliche Silizium-Menge (Si ist dabei als FeSi gebunden) zu Kieselsäure, die in die Schlacke übergeht; dieser Vorgang liefert besonders bei höheren Siliziummengen im Einsatz beträchtliche Wärmemengen. Weil die dabei gebildete Kieselsäure bei basischem Verfahren durch die zugegebene Kalkmenge (zu $2\,CaO \cdot SiO_2$, d.h. $CaO : SiO_2 = 1{,}87$ oder etwa 2, entsprechend $4{,}00\,kg\,CaO$ auf $1\,kg\,Si$) verschlackt, muß dieser Vorgang beim Frischen des Siliziums, besonders bei der Ermittlung der entwickelten Wärmemenge, Berücksichtigung finden.

Mangan. Auch das in der Schmelze vorhandene Mangan geht nach Silizium als Manganoxydul weitgehend in die Schlacke. Ein Teil des Mangans, bei hohen Temperaturen der Stahlschmelze sogar ein beträchtlicher Teil, verdampft, und bildet den charakteristischen schokoladebraunen Rauch, das z. B. beim Thomas-Verfahren oder beim Frischen mit reinem Sauerstoff feststellbar ist.

Kohlenstoff. Der Kohlenstoff bildet bei der Oxydation im Gegensatz zu andern Legierungselementen keine Schlacke, die die Stahlschmelze verunreinigen kann. Die Oxydation geht hauptsächlich bis CO, teilweise auch bis CO_2, vor sich, beides Gase, die in die Atmosphäre entweichen. Bei der Annahme, daß C als Fe_3C vorliegt, muß vorerst die Trennung des C von Fe (exothermer Vorgang!) erfolgen.

Phosphor. Beim Phosphor, der im Roheisen als Fe_3P vorliegt, geht zuerst die Trennung vom Eisen, dann die Oxydation zu P_2O_5 und zuletzt die Bindung mit Kalk zu $3\,CaO \cdot P_2O_5$ (entsprechend 2,71 kg CaO je 1 kg P), das in die Schlacke geht, vor sich. Die Entphosphorung ist bei höheren Phosphorgehalten besser, wenn ein Überschuß an freiem Kalk (am besten ein Kalküberschuß-Faktor $CaO : P_2O_5$ von etwa 1,7 — s. auch unter Thomas-Verfahren) vorhanden ist.

Schwefel. Infolge der oxydierenden Verhältnisse ist die Überführung des Schwefels in die Schlacke bei der Stahlherstellung, im Gegensatz zum Verhüttungsofen, wo reduzierende Verhältnisse herrschen, nicht sehr weitgehend. Man kann, je nach dem Kalküberschuß, mit einem (% S) : [% S]-Verhältnis von 2—7 (bei CaO-Überschuß von 1,7 mit 4—5), im Elektro-Lichtbogenofen bei günstigen Verhältnissen sogar bis 12, rechnen. Weil aber die Schlackenmenge bei den Stahlverfahren im Vergleich mit der Verhüttung verhältnismäßig gering ist (50—250 kg/t Stahl, s. Tab. 5-I), bleibt die Entschwefelung, verglichen mit dem Hochofen (Entschwefelung über 95%), klein (z. B. beim Thomas-Verfahren — Schlackenmenge 220—260 kg — verbleiben etwa 50—60% der eingebrachten Schwefelmenge im fertigen Stahl).

Tabelle 5-I. *Schlackenmenge verschiedener Stahlherstellungsverfahren*

	Schlackenmenge in kg/t Stahl
Thomas-Konverter	220—260
Sauerstoffaufblas-Verfahren	120—150
Siemens-Martin-Ofen (Schrott)	115
„ (55% Schrott : 45% fl. Roheisen)	100
„ (40% Schrott : 60% fl. Roheisen)	105
„ (80% fl. Roheisen)	175
„ (18% fl. Roheisen, 82% vorgebl. Roheisen)	60
Elektro-Lichtbogenofen (Schrott)	etwa 50

Eisen. Beim Frischen der Stahlcharge erfolgt auch eine teilweise Oxydation des Eisens, das als FeO (und teilweise auch als Fe_2O_3) in die Schlacke übergeht oder teilweise als brauner Ofenrauch entweicht. Diese Eisenverluste, die das Ausbringen stark vermindern können, sind unerwünscht. Sehr hohe Eisenverluste (über 15—20%, bezogen auf 1 t Stahl) können für die Wirtschaftlichkeit eines Verfahrens sogar entscheidend sein.

Schlackenmenge. Weil die Einsatzmaterialien weitgehend aus Metall bestehen, bildet sich die Schlacke vor allem bei der Oxydation der Schmelze. Dazu kommen noch die Oxyde, deren Zugabe zum Zwecke der Reinigung der Stahlschmelze (z. B. Kalk bei der Entphosphorung), je nach der Arbeitsweise, notwendig ist. Einen Teil der Schlacke liefert auch die während der Charge abgeschmolzene feuerfeste Ausmauerung des Ofens, und zwar, weil am Ende die Charge im Ofen eine sehr hohe Temperatur (etwa 1600—1700 °C) herrscht und weil die Schlacke eisenoxydhaltig, d. h. gegenüber dem Ofenfutter aggressiv ist. Trotzdem ist die Gesamtmenge der Schlacke bei der Stahlherstellung — im Vergleich zur Roheisengewinnung — meist sehr klein, wie das aus der Tab. 5-I ersichtlich ist.

Gasmenge. Beim Frischen der Legierungselemente der Charge bilden sich ihre Oxyde; von diesen sind nur die Oxyde des Kohlenstoffs (CO und CO_2) gasförmig. Das $CO : CO_2$-Verhältnis ist vor allem von der Arbeitstemperatur abhängig und liegt bei höheren Temperaturen auf der CO-Seite. Somit besteht die direkt bei der Herstellung des Stahls anfallende Gasmenge hauptsächlich aus CO. Die Gasmenge ist von der während des Frischens oxydierten Kohlenstoffmenge abhängig.

Weitere Bestandteile der bei der Stahlherstellung anfallenden Gesamtgasmenge stammen vom Frischmittel (z. B. N_2 der Luft) selbst oder von den Abgasen der Heizflamme (z. B. im Siemens-Martin-Ofen). Somit kann die Abgasmenge beträchtliche Ausmaße aufweisen und auch von der Feuchtigkeit der Rohstoffe usw. abhängig sein.

Die Temperatur der Abgase ist von der Temperatur der Stahlcharge abhängig. So weisen z. B. am Ende der Stahlcharge entweichende Gasmengen eine Temperatur von etwa 1600 °C auf.

5.3 Frischen der Legierungselemente

Wie schon oben erwähnt, kann das Frischen der Legierungselemente (Eisenbegleiter) des flüssigen Roheisens oder der Stahlschmelze mit verschiedenen Sauerstoffträgern, was wiederum zu unterschiedlichen Reaktionen und vor allem zu manchmal gegenläufiger Wärmeentwicklung führt, vor sich gehen.

5.3.1 Frischen mit gasförmigem Sauerstoff

Das *Frischen mit reinem Sauerstoff* bringt deshalb die höchste Wärmeentwicklung mit sich, weil mit dem Frischmittel keine Kühlung der Metallschmelze (z. B. mit dem Stickstoff bei der Luft) erfolgt, wenn man von den kleinen Stickstoffmengen des technischen Sauerstoffs (man arbeitet meist mit 99,5% oder 95—97% O_2, Rest Stickstoff) absieht. Diese exothermen Frischreaktionen sind aus der Tab. A-XI ersichtlich. Die Wärmeentwicklung beim Frischen mit reinem Sauerstoff ist weiterhin auch in der Tab. 5-II unter A aufgeführt, wo auch der Einfluß des Erhitzens der sich gebildeten Oxyde (als Schlacke oder beim Kohlenstoff als gasförmiges CO bzw. CO_2) auf die Temperatur der Stahlschmelze

Tabelle 5-II. *Wärme- und Stoffumsatz beim Frischen der Legierungselemente mit reinem Sauerstoff, 30% Sauerstoff und Wind (Luft)*
(Roheisen-Temperatur 1200 °C)

1 kg Legierungselement	C		Mn	Si	P	Fe	
	zu CO	zu CO_2	Mn_3C zu MnO	FeSi zu $2CaO\ SiO_2$	Fe_3P zu $3CaO\ P_2O_5$	zu FeO	zu Fe_2O_3
O_2-Bedarf cbm/kg Legierungselement	0,933	1,865	0,204	0,797	0,904	0,201	0,301
CO bzw. CO_2-Menge cbm/kg	1,865	1,865	—	—	—	—	—
CaO-Bedarf kg/kg	—	—	—	3,993	2,716	—	—
Schlackenmenge kg/kg	—	—	1,291	6,132	5,007	1,287	1,430
Fühlb. Wärme d. Legierungselemente (1200 °C) kcal/kg	460	460	266	400	216	257	257
Wärmeentwicklung bei der Oxydation in kcal/kg	2648	8281	1653	7875	7321	1150	1763
Wärmemenge tot. kcal/kg	3108	8741	1919	8275	7537	1407	2020
Abgastemperatur °C	1500	1500	1400	1300	1625	1400	1400
Fühlbare Wärme der Schlacke (1625 °C) 470 kcal/kg	—	—	607	2882	2353	605	672
A. Reinsauerstoff:							
Fühlbare Wärme der Abgase kcal/kg	979	1567	—	—	—	—	—
Wärmeverbrauch kcal/kg	979	1567	607	2882	2353	605	672
Wärmeüberschuß bei Reinsauerstoff kcal/kg	2129	7174	1312	5393	5184	802	1348
B. 30% Sauerstoff:							
N_2-Menge in cbm/kg Legierungselement	2,177	4,352	0,476	1,860	2,109	0,469	0,702
Fühlb. Wärme in N_2 bei der Abgastemperatur kcal/kg	1133	2265	230	828	1198	227	339
Wärmeverbrauch kcal/kg	2112	3832	837	3710	3551	832	1011
Wärmeüberschuß bei 30%-Sauerstoff kcal/kg	996	4909	1082	4565	3986	575	1009
C. Wind (Luft):							
N_2-Bedarf cbm/kg	3,510	7,016	0,767	2,998	3,401	0,756	1,132
Fühlb. Wärme in N_2 bei der Abgastemperatur kcal/kg	1827	3652	370	1335	1932	365	547
Wärmeverbrauch kcal/kg	2806	5219	977	4217	4285	970	1219
Wärmeüberschuß bei Wind (Luft) kcal/kg	302	3522	942	4058	3252	437	800

berücksichtigt ist. Kleiner als beim reinen Sauerstoff ist die Wärmeentwicklung beim *Frischen mit 30%igem Sauerstoff*, weil je 1 cbm O_2 2,333 cbm N_2 durch die Schmelze mittransportiert und dabei auf die Temperatur der flüssigen Schmelze (etwa 1600 °C) erhitzt werden. Die Wärmeentwicklung ist um die für das Erhitzen dieser Stickstoffmengen notwendige Wärme kleiner (s. Tab. 5-II, unter B).

Noch kleiner ist die Wärmeentwicklung beim *Frischen mit Wind* (atmosphärischer Luft), weil hier 3,762 cbm N_2 je 1 cbm O_2 mitgeblasen werden. Diese Wärmeentwicklung ist aus der Tab. 5-II, unter C, ersichtlich.

Beim Frischen mit gasförmigem Sauerstoff, besonders in der Form von Luft (Wind), muß die *Feuchtigkeit* des Frischgases Berücksichtigung finden, weil diese bei den hohen Temperaturen der Stahlschmelze zersetzt und die sich dabei bildenden Gase (O_2 und H_2) auf die Temperatur der Schmelze erhitzt werden. Der dabei in Betracht kommende Wärmebedarf, der von der Menge der Feuchtigkeit abhängig ist, ist aus der Gleichung

$$1 \text{ kg } H_2O \text{ (gasförmig)} = 1,243 \text{ cbm } H_2 + 0,622 \text{ cbm } O_2$$

$$\text{(Wärmebedarf } 3\,208 \text{ kcal)}$$

ersichtlich. Die Erhitzung von 1,243 cbm H_2 auf 1625 °C braucht weitere 666 kcal, wodurch der Gesamtwärmebedarf bei 3874 kcal je kg H_2O liegt.

Weil der bei der Feuchtigkeitszersetzung sich bildende Sauerstoff als Oxydationsmittel in Betracht kommt, ist die Berücksichtigung seines Wärmeinhaltes nicht notwendig. Diese Sauerstoffmenge muß bei der für das Frischen notwendigen Sauerstoffmenge Berücksichtigung finden.

Beim Frischen mit CO_2- und H_2O-Gasgemischen muß auch die Dissoziationswärme, sowie die Erhitzung der sich bildenden Gase Berücksichtigung finden.

5.3.2 Frischen mit gebundenem (Erz-)Sauerstoff

Erfolgt das *Frischen mit Erz* an Stelle des gasförmigen Sauerstoffes, dann muß man neben der exothermen Frischreaktion, d. h. der Oxydation der Legierungselemente der Schmelze, auch noch die endotherme Zersetzung der Eisenoxyde, sowie das Erhitzen der beim Frischen sich bildenden Oxyde, der sich dabei ergebenden Eisenmenge und der Gangart der Eisenerze auf die Temperatur der Stahlschmelze, berücksichtigen.

Die Frischreaktionen der Legierungselemente mit verschiedenen Eisenoxyden sind aus der Tab. 5-III und 5-IV ersichtlich. Die Reaktionen selbst (s. Tab. A-XI) verlaufen, mit Ausnahme des Kohlenstoffs, schwach exotherm, d. h. schwach wärmeabgebend. Der Unterschied zwischen den

Tabelle 5-III. *Wärme- und Stoffumsatz beim Frischen der Legierungselemente mit Eisenoxyden (Roheisen-Temperatur 1200 °C) (s. Tab. A-XI)*

je 1 kg Legierungselement	C zu CO	C zu CO_2	Mn Mn_3C zu MnO	Si FeSi zu $2CaO$ SiO_2	P Fe_3P zu $3CaO$ P_2O_5	Fe mit Fe_3O_4 bis FeO	Fe mit Fe_2O_3 bis FeO	Fe mit Fe_2O_3 bis Fe_3O_4
O_2-Bedarf in kg/kg	1,332	2,664	0,291	1,139	1,290	0,287	0,287	0,382
Fe_2O_3-Bedarf in kg/kg	4,432	8,864	0,969	3,790	4,297	—	2,859	11,438
Fe_3O_4-Bedarf in kg/kg	4,820	9,639	1,054	4,122	4,672	4,146	—	—
FeO-Bedarf in kg/kg	5,982	11,964	1,308	5,116	5,799	—	—	—
CaO-Bedarf in kg/kg	—	—	—	3,993	2,716	—	—	—
Schlacken(Oxyd)-Menge in kg/kg	—	—	1,291	6,132	5,007	5,146	3,859	12,438
CO- bzw. CO_2-Menge in cbm/kg	1,865	1,865	—	—	—	—	—	—
Fe-Menge in kg/kg a) bei Fe_2O_3	3,100	6,200	0,678	2,651	3,005	—	—	—
b) bei Fe_3O_4	3,487	6,975	0,762	2,982	3,381	—	—	—
c) bei FeO	4,650	9,300	1,017	3,977	4,508	—	—	—
Fühlbare *Wärme* der *Legierungselemente* (1200 °C) kcal/kg	460	460	266	400	216	260	260	260
Fühlbare Wärme der Schlacke (bei 1625 °C) kcal/kg	—	—	607	2882	2353	2419	1814	5846
Wärmeentwicklung bei der Oxydation (-endotherm) kcal/kg a) mit Fe_2O_3	− 2820	− 2655	457	3199	2021	—	− 76	286
b) mit Fe_3O_4	− 2931	− 2876	433	3104	1914	− 197	—	—
c) mit FeO	− 2701	− 2418	483	3300	2142	—	—	—
Wärmeinhalt des reduzierten Fe bei 1625 °C: **337** kcal/kg a) aus Fe_2O_3	1045	2090	228	893	1013	—	—	—
b) aus Fe_3O_4	1175	2351	257	1005	1139	—	—	—
c) aus FeO	1567	3134	343	1340	1519	—	—	—
Fühlbare Wärme des CO bzw. CO_2 (durchschnittliche Temp. 1500 °C) kcal/kg	979	1567	—	—	—	—	—	—
Wärmebedarf bei Frischen mit kcal/kg Legierungselement — Fe_2O_3	4384	5852	112	176	1129	—	1630	5300
Fe_3O_4	4625	6334	165	383	1362	2356	—	—
FeO	4787	6659	201	522	1514	—	—	—

einzelnen Eisenoxyden ist nicht groß. Aus diesen Gleichungen ist auch die beim Erzfrischen anfallende Eisenmenge ersichtlich. Je 1 kg Legierungselement sind beim C (bis CO) und P die größten Eisenmengen (s. auch Tab. A-XI) frei. Etwas weniger Eisen fällt an beim Si, sehr wenig bei Mn. Bei allen Frischreaktionen wächst die Eisenmenge mit steigendem Fe : O-Verhältnis im Eisenoxyd. Sie ist beim FeO 1,5 mal und beim Fe_3O_4 1,25 mal größer als beim Fe_2O_3.

Um beim Frischen mit Eisenoxyden den richtigen Wärmeumsatz zu ermitteln, muß neben der Frischreaktion auch noch der Wärmeinhalt des Legierungselementes bei der Temperatur des flüssigen Roheisens (z. B. bei 1200 °C) — s. Abb. A-5, der Wärmeinhalt der bei der Oxydation sich bildenden Oxyde (CO bei 1500 °C oder Oxyde bei 1625 °C — 470 kcal/kg als Durchschnittswert angenommen), sowie der Wärmeinhalt des aus den Eisenoxyden freiwerdenden Eisens (bei 1625 °C) Berücksichtigung finden (s. Tab. 5-III). Die so erhaltenen Zahlen, sowie die gesamte Wärmemenge je kg Legierungselement, sind aus der Tab. 5-IV ersichtlich.

Tabelle 5-IV. *Wärmeentwicklung bzw. Wärmebedarf sowie reduzierte Eisenmenge beim Frischen der Legierungselemente des Roheisens mit verschiedenen Frischmitteln* (Roheisen-Temperatur 1200 °C)

	C		Mn	Si	P	Fe				
	zu CO	zu CO_2	Mn_3C zu MnO	FeSi zu $2CaO.SiO_2$	Fe_3P zu $3CaO.P_2O_5$	zu FeO	zu Fe_2O_3	mit Fe_2O_3 zu FeO	mit Fe_3O_4 zu FeO	mit Fe_2O_3 zu Fe_3O_4
Wärmeentwicklung je 1 kg Legierungselement in kcal gasförmige Frischmittel:										
a) Reinsauerstoff	2129	7174	1312	5393	5184	802	1348	—	—	—
b) 30% Sauerstoff	996	4909	1082	4565	3986	575	1009	—	—	—
c) Wind (Luft)	302	3522	942	4058	3252	437	800	—	—	—
Wärmebedarf je kg Legierungselement in kcal bei Eisenoxyden als Frischmittel:										
a) Fe_2O_3	4384	5852	112	176	1129	—	—	1630	—	5300
b) Fe_3O_4	4625	6334	165	383	1362	—	—	—	2356	—
c) FeO	4787	6659	201	522	1514	—	—	—	—	—
Reduzierte Eisenmenge beim Erzfrischen (in kg Fe/kg Legierungselement):										
a) bei Fe_2O_3	3,10	6,20	0,68	2,65	3,01	—	—	—	—	—
b) bei Fe_3O_4	3,49	6,98	0,76	2,98	3,38	—	—	—	—	—
c) bei FeO	4,65	9,30	1,02	3,98	4,51	—	—	—	—	—

Dadurch, daß für die Oxydationsprodukte (CO oder Schlacke) und Eisen beträchtliche Wärmemengen notwendig sind, verlaufen alle Frischreaktionen mit Erz wärmeverbrauchend. Dabei ist das Frischen des C sehr stark, der übrigen Legierungselemente (Mn, Si, P) nur schwach endotherm. Besonders augenfällig ist, daß das Frischen des C bis CO_2

bedeutend größere Wärmemengen als bis CO benötigt, und zwar deshalb, weil die Oxydation des C bis CO_2 eine zweimal größere Fe-Menge
als bei C zu CO liefert.

Die Werte der Tab. 5-III und 5-IV beziehen sich nur auf das Frischen
mit reinen Eisenoxyden. In der Praxis kommen jedoch Frischerze zur
Anwendung, die mehr oder weniger verunreinigte Eisenoxyde darstellen.
In so einem Falle ist es notwendig, diese Verunreinigungen zu berücksichtigen.

Weil die Gangart der Eisenerze gewöhnlich nicht der Zusammensetzung der Stahlofenschlacke entspricht, müssen diese durch die Kalkzugabe verschlackt werden, wobei weitere Wärmemengen für das Erhitzen
des Kalkes usw. in Betracht kommen, woraus die Bedeutung der Reinheit
der Frischerze ersichtlich ist.

Die dabei anfallende Eisenmenge, der sogenannte „Zubrand" — dieser
Vorgang kann als direkte Stahlerzeugung angesehen werden — ist von
dem Fe : O-Verhältnis des Eisenerzes abhängig und bei Fe_2O_3-haltigen
Erzen am niedrigsten, bei FeO-haltigen Erzen (z. B. beim $FeO \cdot CO_2$-
Siderit —) am höchsten. Der *Zubrand* ist noch größer, wenn an Stelle
der Eisenerze vorreduzierte Eisenerze zur Anwendung kommen, weil
diese aus metallischem Eisen und — neben der Gangart — aus FeO bestehen und ein noch größeres Fe-O-Verhältnis aufweisen, als das bei den
Eisenerzen der Fall ist (s. Abb. 4.2).

5.4 Stoff- und Wärmeumsatz bei der Stahlherstellung

5.4.1 Stoffumsatz

Auch bei der Stahlherstellung ist der Stoffumsatz die Unterlage für
die Anfertigung des Wärmeumsatzes. Für die Ermittlung des Stoffumsatzes ist die Zusammensetzung der im Stahlofen verwendeten Erze
(Tab. A-XVI), Zuschläge, wie Kalkstein, gebr. Kalk, Dolomit (Tab.
A-XVI), dann verschiedener Roheisensorten (Tab. A-XV), Stahlschrott
(Tab. A-XV), Ferrolegierungen (Tab. A-XV) usw. einerseits, sowie des
erzeugten Stahles (Tab. A-XV) anderseits, von Bedeutung.

Mit Hilfe dieser Daten geht dann die Aufstellung des Stoffumsatzes so
vor sich, daß zuerst die *Einsatzmenge* festgestelltt werden muß. Aus dieser
sind alle Einsatzstoffe, bezogen auf 1 t flüssigen Stahl in der Pfanne, ersichtlich. Oft bezieht man den Stoffumsatz auf 1 t Stahlblöcke, wobei der
Abfall in der Gießgrube (Gießknochen, Spritzer usw.) mitberücksichtigt
sind.

Sind die Einsatzmengen bekannt, dann ist die Ermittlung des *Oxyda-
tions-Umfanges* auf Grund der Menge der zu oxydierenden Elemente
möglich. Diesem ist auch der Sauerstoffbedarf für die Oxydation und
den Gesamtabbrand entnehmbar. Aus dem *Metallumsatz* erfolgt die

Berechnung des für die Wirtschaftlichkeit des Verfahrens bedeutenden *Stahlausbringens*.

Mit der Berechnung des *Kalkbedarfes* erfolgt die Ermittlung der *Schlackenmenge* und *-zusammensetzung*. Zum Stoffumsatz gehört auch die Berechnung der *Abgasmenge und -zusammensetzung* und bei Blasverfahren der *Wind- bzw. Sauerstoffmenge*. Die so erhaltenen Ergebnisse sind am zweckmäßigsten in der Form einer Tabelle (s. z. B. Tab. 5-VIII) zusammenzustellen.

5.4.2 Ausbringen

Entsprechend dem Stahlherstellungsverfahren und der Zusammensetzung des Einsatzes ist auch das Ausbringen des flüssigen Stahls, bezogen auf den metallischen Einsatz, recht unterschiedlich. Während man beim Nur-Schrotteinsatz mit einem Ausbringen von etwa 93—95% rechnen muß, sinkt dieser beim Arbeiten mit nur flüssigem Roheisen und ohne Erz (z. B. beim Thomas-Verfahren) auf 86—88%. Beim Arbeiten mit Schrott ist das Ausbringen vor allem von der Schrottqualität (Rost, Verunreinigungen) und von der Arbeitsweise im Ofen (z. B. vom Eisengehalt der Schlacke, von der Schlackenmenge, von den Verdampfungsverlusten usw.) abhängig. Beim Frischen des flüssigen Roheisens ist der Abbrand durch die oxydierten Legierungselemente (und ist deshalb weitgehend von der Zusammensetzung des Roheisens abhängig), sowie durch die Verdampfung (etwa 3%) und Eisenverluste in der Schlacke (etwa 3%) verursacht, die wieder von der Arbeitsweise und Schlackenmenge abhängig sind. Eine Erhöhung des Ausbringens ist möglich, wenn Eisenerz als Frischmittel in Frage kommt, weil dann aus dem Eisenerz Stahl entsteht (direkte Stahlgewinnung). Beim Arbeiten mit größeren Erzmengen kann das Ausbringen sogar auf 100% oder über 100% anwachsen, jedoch nur, wenn die Eisenmenge des Erzes beim Einsatz nicht mitberücksichtigt ist. Bei der Berücksichtigung der Erzeisenmenge liegt das Ausbringen um etwa 90—92%.

Das Ausbringen an flüssigem Stahl der verschiedenen Stahlherstellungsverfahren ist aus der Tab. 5-V ersichtlich.

Es sei hier erwähnt, daß in der einschlägigen metallurgischen Literatur fast durchwegs die Angabe des Ausbringens auf die guten Blöcke und nicht auf den flüssigen Stahl bezogen wird, d. h. das Ausbringen ist um die Gießabfälle in der Gießgrube vermindert. In der Tab. 5-V sind die Gießabfälle nicht berücksichtigt, da sie von der Arbeitsweise in der Gießgrube abhängig sind, und mit der metallurgischen Arbeitsweise im Ofen wenig zu tun haben. Berücksichtigt man jedoch, daß die Gießabfälle bei der Massenstahl-Herstellung um etwa 1% liegen (gewöhnlich zwischen 0,9 und 1,5%; bei kleinen Betrieben, z. B. in Elektro-Stahlwerken beim Gießen von unten um etwa 3%), dann ist die Ermittlung des

10*

Tabelle 5-V. *Ausbringen an flüssigem Stahl bei verschiedenen Stahlherstellungsverfahren*

	Ausbringen in % bezogen auf		kg Metalleinsatz je t flüssigen Stahl
	Metalleinsatz	Gesamteisenmenge	
Thomas-Verfahren	87—89	87—89	1150—1125
Sauerstoff-Aufblas-Verfahren	88—90	88—90	1135—1110
Siemens-Martin-Ofen ($^2/_3$ Schrott, $^1/_3$ Roheisen)	97	93	1030
Elektro-Lichtbogenofen (Schrott)	92—94	92—94	1090—1065
(50 : 50)	101—103	92—94	990—975

Ausbringens an flüssigem Stahl aus dem Ausbringen an guten Blöcken durch die Berücksichtigung der Gießabfälle (gesamt 1%, Spritzverluste 0,5%, Knochen und Trichter bei Blöcken bis 1 t 0,5%) möglich.

5.4.3 Wärmeverbrauchende und wärmeliefernde Vorgänge

Für die Stahlherstellungsverfahren sind folgende *wärmeverbrauchende Vorgänge* von Bedeutung:

1. Erhitzen des Stahls des kalten Einsatzes (Schrott), des flüssigen Einsatzes (vorgefrischtes Material oder Roheisen) oder des beim Frischen mit Erz sich bildenden Eisens (Wärmeinhalt des Stahls s. Abb. A-1 und A-4 oder Tab. A-XIII).

2. Erhitzen der Schlacke, die aus Kalk, Oxydationsprodukten der Legierungselemente des Roheisens, Ofenfutter, Zuschlägen usw. besteht (Wärmeinhalt der Schlacke s. Abb. A-4).

3. Erhitzen der Gase, die entweder in die Schmelze eingeblasen werden (z. B. Stickstoff der Luft oder des angereicherten Sauerstoffs) oder die bei der Stahlherstellung entstehen (CO oder CO_2 beim Frischen des Kohlenstoffs, H_2 und CO der zersetzten Luftfeuchtigkeit, CO_2 der zersetzten Karbonate usw.). Wärmeinhalt der Gase s. Abb. A-3 oder Tab. A-XII.

4. Erhitzen der Legierungselemente der Stahlschmelze, z. B. des C, Mn, Si, P, S (Wärmeinhalte s. Abb. A-5).

5. Austreiben der Feuchtigkeit, des Hydratwassers der Hydrate *und der Kohlensäure* der Karbonate des Einsatzes (Tab. A-IX und 4-III).

6. Zersetzung der Luftfeuchtigkeit des Windes (Tab. A-XI).

7. Zersetzung der Eisenoxyde der Frischerze (Tab. A-III).

8. Trennung der Legierungselemente vom Eisen (Fe_3P, FeSi, Fe_3M — Tab. A-IX), und

9. Wärmeverluste des Ofens.

Die *wärmeliefernden Vorgänge*, die bei der Stahlherstellung vorkommen sind:

1. Oxydation der Legierungselemente, die z. B. durch das Roheisen, vorgefrischtes Material, Koks, usw. in die Stahlschmelze gelangen (Tab. A-XI).

2. Fühlbare Wärme (Wärmeinhalt) *des flüssigen Einsatzes*, z. B. des flüssigen Roheisens oder des vorgefrischten Materials (Wärmeinhalte s. Abb. A-4).

3. Fühlbare Wärme (Wärmeinhalt) *der evtl. heißen Frischgase* (Luft, Sauerstoff usw.), (Wärmeinhalte s. Abb. A-3 oder Tab. A-XII).

4. Fühlbare Wärme der evtl. vorgewärmten *Legierungen* (Wärmeinhalte s. Abb. A-5).

5. Trennung C von Fe (Trennung des Fe_3C, Tab. A-IX).

6. Beheizen der Stahlschmelze durch die Verbrennung der *Brennstoffe* (z. B. mit Öl, Gas, festen Brennstoffen im Siemens-Martin-Ofen).

7. Beheizen der Stahlschmelze mit dem elektrischen Strom (z. B. im Elektro-Lichtbogenofen, im Induktionsofen).

5.4.4 Wärmeumsatz der Stahlherstellung

Während die Aufstellung eines Stoffumsatzes, wenn die Mengen und die Temperaturen der verwendeten, sich bildenden und zuletzt erhaltenen Stoffe bekannt sind, keine besonderen Schwierigkeiten bereitet, ist die Durchführung des Wärmeumsatzes eines Stahlprozesses deshalb schwieriger, weil die Hauptmengen der reagierenden Stoffe bei höheren Temperaturen zur Verfügung stehen (z. B. flüssiges Roheisen, vorgefrischtes Material), und die Reaktionen bei hohen Temperaturen verlaufen. In den meisten Fällen sind aber die Reaktionswärmen nur bei der Raumtemperatur bekannt.

Um keine grundsätzlichen Fehler zu begehen, ist es am besten, beim Wärmeumsatz so vorzugehen, daß man sich entsprechend dem KIRCH-HOFFSCHEN Satz — zuerst die reagierenden Stoffe bei der Raumtemperatur denkt (wobei bei der Abkühlung die Wärme frei ist), dann die Reaktion durchführt (die Daten für die Reaktionswärmen bei der Raumtemperatur sind meist bekannt, s. Tab. A-III sowie A-XI) und zuletzt die Reaktionsprodukte auf die Endtemperatur (Schlacke und Stahl auf die Abstichtemperatur, Abgase auf die Abgastemperatur usw.) bringt, wobei ein Wärmebedarf entsteht. Die Summe dieser Teilvorgänge ergibt die richtige, während des Prozesses umgesetzte Wärmemenge. Gleichzeitig müssen auch die Nebenreaktionen, Wärmeverluste des Ofens usw. berücksichtigt werden. Dabei muß, entsprechend dem Wärmeumsatz, die Summe aller wärmeliefernden Vorgänge (s. Abschnitt 5.5) gleich der Summe aller wärmeverbrauchenden Vorgänge (s. Abschnitt 5.5) sein.

Einige Beispiele der Stoff- und Wärmeumsätze sollen in den folgenden Abschnitten zur Erörterung kommen.

5.5 Blasstahlherstellung (Bessemer-, Thomas-, Sauerstoff-Aufblas-Verfahren)

5.5.1 Einleitung

Die Weltstahlerzeugung geht heute zu etwa 40 Millionen t Stahl im Konverter — der größte Teil davon im Thomas-Konverter — vor sich.

Bekanntlich kommt im Konverter als Ausgangsmaterial das flüssige Roheisen in Betracht. Die Stahlgewinnung geht so vor sich, daß während des Blasvorganges mit Luft oder mit etwa 30%, sowie neuerdings mit reinem Sauerstoff eine teilweise oder vollständige Oxydation der Legierungselemente (Si, Mn, C, P, S) erfolgt.

5.5.2 Metallurgische Vorgänge

Nach der Füllung des Konverters mit flüssigem Roheisen beginnt das Frischen der Charge mit der Luft, 30% Sauerstoff oder Reinsauerstoff, wobei die Oxydation und somit die Entfernung der Legierungselemente erfolgt. Die bei dieser Oxydation freiwerdende Wärme (s. Tab. 5-II und 5-III) genügt nicht nur für das Erhitzen und Schmelzen der Schlacke, sowie für das Erhitzen des Windes auf die Temperatur der Schmelze, sondern auch für das Erhitzen der Stahlcharge auf die Abstichtemperatur von etwa 1625 °C und für die Deckung der KonverterVerluste. Somit verläuft das Stahlfrischen im Konverter ohne Wärmezufuhr von außen. Die dabei sich entwickelnde Wärmemenge ist manchmal so hoch, daß auch die Schrott- (als Kühlschrott) oder Erz- (als Kühlerz)Zugabe, je nach der Arbeitsweise, erfolgen kann.

Die durch die Kalkzugabe gebildete Schlacke dient der Aufnahme der beim Frischen anfallenden Oxydationsprodukte (SiO_2, MnO, P_2O_5, FeO bzw. Fe_2O_3).

5.5.3 Stoff- und Wärmeumsatz

Der Stoffumsatz gilt meist für 1 t flüssigen Stahl, und liefert die Übersicht über die bei diesem Verfahren umgesetzten Mengen; er bezieht sich auf die

a) Menge der oxydierten Elemente,

b) Schlackenmenge,

c) Wind- und Abgasmenge.

Die Einzelheiten der Berechnung sind den einzelnen Verfahren zu entnehmen.

Auch der Wärmeumsatz bezieht sich auf 1 t flüssigen Stahl.

Die Wärme stammt aus der fühlbaren Wärme des flüssigen Roheisens, aus der Oxydation der Legierungselemente und aus der Schlackenbildungswärme. Die Wärme kommt für das Erhitzen des Stahls und der

Schlacke auf die Abstichtemperatur, für das Erhitzen der Gase auf die Abgastemperatur und für die Deckung der Strahlungs- und Leitungs-Verluste in Betracht.

5.5.4 Bessemer-Verfahren

Beim Bessemer-Verfahren erfolgt das Verblasen des flüssigen Roheisens mit Luft in einem sauren Konverter durch die Bodendüsen (bodenblasender Konverter, s. Abb. 5.3). Die Entfernung der Legierungselemente geht in etwa 15 Min. vor sich; die Gesamtcharge (Abstich-Abstich) dauert etwa 35—40 Min. Die notwendige Wärme liefert die Oxydation der Legierungselemente, vor allem des Si; aus wärmetechnischen Gründen muß der Si-Gehalt des Roheisens bei 1,5% oder höher liegen. Die flüssige Schlacke bilden während der Oxydation entstandene SiO_2, MnO und FeO. Weil infolge der sauren Schlacke keine Entphosphorung und Entschwefelung möglich ist, kommen nur reine, weitgehend P- und S-freie Roheisensorten (flüssig) in Betracht.

Abb. 5.3 Bodenblasender Konverter

a) Stoffumsatz. Die Stoffbilanz des Bessemer-Verfahrens ist aus der Tab. 5-VI ersichtlich. Das Ausbringen liegt, bezogen auf die flüssige Stahlmenge im Ofen bei 89,4%, wenn man die chargierte Roheisen- und Stahlschrottmenge betrachtet.

b) Wärmeumsatz. Für den Prozeß sind insgesamt etwa 890 000 kcal/t flüssigen Stahls notwendig (s. Tab. 5-VII), wobei die Oxydation des CO zu CO_2 nicht berücksichtigt ist. Über ein Drittel dieser Wärme (38,7%) liefert die Oxydation der Legierungselemente, das weitere Drittel die fühlbare Wärme des flüssigen Roheisens (32%).

Der Wärmewirkungsgrad ist verhältnismäßig niedrig. Nur 33,4% der bei der Oxydation der Legierungselemente freiwerdenden Wärme (34 700 kcal) kommt für die Erhitzung des Stahls, der Schlacke und des Rauches (insgesamt 115'200 kcal) in Betracht. Der Rest der Wärme geht verloren, entweder mit den Abgasen oder als Verluste, vor allem, weil die Oxydation des C nur bis CO erfolgt. Die Oxydation bis CO_2 könnte weitere 250 000 kcal liefern.

c) Folgerungen. Beim Bessemer-Verfahren ist das Wärmeangebot klein und deshalb ist kein Wärmeüberschuß vorhanden. Somit ist das Einschmelzen weiterer Schrottmengen oder anderer Materialien nicht möglich. Diese Tatsache zeigt sich auch im Betriebe, wo bei jeder Störung kalte Stahlchargen resultieren können.

Der Hauptnachteil des Bessemer-Verfahrens ist, daß infolge saurer Schlackenführung weder eine Phosphor- noch eine wesentliche Schwefel-

Tabelle 5-VI. *Stoffumsatz des Bessemer-Verfahrens*
(bezogen auf 1 t flüssigen Stahl)

A. Einsatz: 1108 kg flüssiges Roheisen
         20 kg Stahlschrott
          8 kg FeMn
      1136 kg Gesamteinsatz

B. Oxydation: Mengen der oxydierten Stoffe

Menge kg	Einsatz	C %	C kg	Mn %	Mn kg	Si %	Si kg	P %	P kg	S %	S kg	Fe %	Fe kg
1108	Roheisen	4,0	44,3	0,4	4,4	2,1	23,3	0,04	0,4	0,04	0,4	93,42	1035,1
20	Stahlschrott	0,1	—	0,4	0,1	0,02	—	0,04	—	0,04	—	99,40	19,9
8	FeMn	5,0	0,4	75	6,0		—		—		—	20,00	1,6
1136			44,7		10,5		23,3		0,4		0,4		1056,6
1010	Stahl und Auswurf	0,08	0,8	0,35	3,5	0,02	0,2	0,04	0,4	0,04	0,4	99,47	1004,6
121,0 5,0	Abbrand und Verdampfg.[1]		43,9		7,0		23,1		—		—		47,0 5,0
100,3 1,4	O in kg		58,5		2,0		26,3		—		—		13,5 1,4
	Oxyd kg		102,4		9,0		49,4		—		—		60,5 6,4

[1] 5 kg Fe verdampft als FeO.

C. Metallumsatz: kg   kg

Chargiert: flüssiges Roheisen   1108
             Stahlschrott   20
             FeMn   8   1136

Verlust: Abbrand und Verdampfung   126
            Auswurf   10   136
            flüssiger Stahl in der Pfanne   1000

D. Stahlausbringen:

Bezogen auf die Roheisen- und Schrottmenge (1000 : 1128) = 88,7%
Bezogen auf die chargierte Metallmenge (1000 : 1136) = 88,0%

E. Schlackenmenge:

Element kg	Oxydiert zu	FeO	MnO	SiO$_2$	CaO
7,0 Mn	MnO		9,0		
23,1 Si	SiO$_2$			49,4	
47,0 Fe	FeO	60,5			
10 Futter				9,8	0,2
128,9 kg Schlacke		60,5	9,0	59,2	0,2
Schlacke in %		46,9	7,0	45,9	0,2

Tabelle 5-VI (Fortsetzung)

F. Wind- und Abgasmenge:
(Luftfeuchtigkeit nicht berücksichtigt)

O_2-Bedarf 101,7 kg	71,2 cbm
Wind(Luft)-Menge	339,0 cbm[1]
Stickstoff im Wind	267,8 cbm = 76,5%
CO-Menge gebildet	81,9 cbm = 23,5%
Abgasmenge	349,7 cbm

[1] Die praktische Windmenge liegt infolge der Verluste usw. um etwa 20% höher.

Abgase bei verschiedenen Legierungselementen:

Si- und Mn-Oxydation	(1300 °C) liefert	74,5 cbm N_2
C-Oxydation	(1400 °C) liefert	81,9 cbm CO + 154,1 cbm N_2
Fe-Oxydation	(1620 °C) liefert	39,2 cbm N_2
		349,7 cbm Abgase

Tabelle 5-VII. *Wärmeumsatz des Bessemer-Verfahrens*
(bezogen auf 1 t flüssigen Stahl)

	kcal/kg	kcal	kcal	%
A. Wärmeeinnahmen				
a) *Wärme im flüssigen Roheisen*				
(1250 °C) : 1108 kg	260		288 100	32,0
b) *Oxydation der Legierungselemente*				
C kg 43,9	2648	116 200		
Si 23,1	6800	157 100		
Mn 7,0	1653	11 500		
Fe 52,0	1150	59 600	344 400	38,7
c) *Bildung der Silikate*				
60,5 kg FeO zu 2 FeO·SiO_2	51		3 100	0,5
d) *Windwärme*				
339 cbm bei 85 °C	26,4		9 000	1,0
nicht ausgenutzter				
C-Heizwert 43,9	5644		247 800	27,8
			892 400	
B. Wärmeverbrauch				
a) *Wärme im Stahl*				
1000 kg, 1625 °C	337	337 000		(37,9)
Wärme in der Schlacke				
129 kg, 1625 °C	470	60 600		(6,8)
Wärme im Rauch				
5 kg, 1625 °C	470	2 400	400 000	44,9
b) *Abgaswärme*				
74,5 cbm N_2 (1300 °C)	445,3	33 200		
81,9 cbm CO (1400 °C)	487,2	39 900		
154,1 cbm N_2 (1400 °C)	483,0	74 400		
39,5 cbm N_2 (1625 °C)	568,0	22 300	169 800	19,1
c) *CO-Heizwert im Abgas*			247 800	27,8
d) *Strahlungs- u. Leitungsverluste*			35 000	3,9
e) *Rechnungsdifferenz*			39 800	4,3
			892 400	

C. Wärmewirkungsgrad
a) Für die Erhitzung des Stahls, der Schlacke und des Rauches notwendige, zu der bei der Oxydation erzeugten Wärme: 111 900 : 344 400 = 32,5%
b) zur von außen gelieferten Wärmemenge:
111 900 : 892 400 = 12,5%

Entfernung möglich ist, weshalb hier nur reine, d. h. P- und S-arme Roheisensorten in Betracht kommen. Dazu kommt noch, daß die Bessemer-Stähle verhältnismäßig hohe Stickstoffwerte aufweisen.

Aus diesen Gründen (hohe Kosten der phosphor- und schwefelarmen Erze, schlechtes Ausbringen, hohe Stickstoffwerte des Bessemer-Stahls) kommt dieses Verfahren nur in besonderen Fällen in Betracht.

Würde man mit 30% Sauerstoff statt Luft blasen, dann verminderte sich die Gesamtstickstoffmenge der Abgase um etwa 100 cbm, was einem Wärmegewinn von etwa 50000 kcal entspricht. Mit dieser Wärmemenge ist das Erschmelzen und das Erhitzen auf die Stahltemperatur von gegen 150 kg Schrott möglich; gleichzeitig geht auch der N-Gehalt des Stahles zurück.

5.5.5 Thomas-Verfahren

Beim Thomas-Verfahren erfolgt das Verblasen des flüssigen Roheisens mit Luft in einem basischen, mit Dolomit ausgekleideten Konverter mit Bodendüsen (s. Abb. 5.3). Die basische Schlacke entfernt den Phosphor und rund die Hälfte des Schwefels. Das Frischen der Legierungselemente geht in etwa 15 Min. vor sich; die Gesamtcharge (Abstich-Abstich) dauert im kontinuierlichen Betrieb etwa 35—40 Min. Die Hauptmenge der Oxydationswärme liefert Phosphor; aus metallurgischen Gründen muß der P-Gehalt des Roheisens bei 1,7% oder höher liegen. Der Si-Gehalt des Roheisens soll möglichst tief sein, um mit möglichst wenig Kalk auszukommen. Die Verschlackung von SiO_2 und P_2O_5 erfolgt mit dem gebrannten Kalk. Diese Kalkzugabe, und somit höhere Schlackenmenge, führt zu höherem Gesamtwärmebedarf des Thomas-Prozesses. Weil auch hier die Luft als Frischmittel zur Anwendung kommt, weist Thomas-Stahl beträchtliche Stickstoffmengen auf. Die wichtigsten Daten des Thomas-Verfahrens sind aus der Tab. 5-VIII ersichtlich.

a) Stoffumsatz (s. Tab. 5-IX). Die beim Thomas-Verfahren als Schlackenbildner notwendige Kalkmenge, um das oxydierte Si und P zu binden, ist aus der Tab. 5-X-D (4mal Si- und 2,71mal P-Menge) ersichtlich. Um eine bessere Entphosphorung zu erreichen, ist es erfahrungsgemäß notwendig, mit einem 1,7fachen CaO-Überschuß zu arbeiten, wodurch die notwendige CaO-Menge

$$CaO_{prakt} = 1{,}7 \, (4 \cdot kg \; Si + 2{,}72 \cdot kg \; P)$$

beträgt, wobei die verfügbare CaO-Menge im Kalk in Betracht kommt (Ermittlung s. Tab. 5-IX-E-b).

Die beim Thomas-Verfahren notwendige Kalkzugabe führt zu einer erhöhten Schlackenmenge je t Stahl (etwa 250 kg gegenüber nur etwa der Hälfte beim Bessemer-Verfahren).

Das Ausbringen des flüssigen Stahls, bezogen auf die eingesetzte Roheisen-Stahlschrott-Menge liegt bei fast 90%, d. h. etwas höher wie beim Bessemer-Verfahren.

Tabelle 5-VIII. *Daten des Thomas-Verfahrens*

Thomas-Konverter:	Jahreserzeugung: 5000–8000 t Stahl/t Konverterfassung
	Badhöhe: 500–700 mm
	Blasquerschnitt: 10–15 cm^2/t
	Windpressung: 1,6–2,5 kg/cm^2
	Konverterhaltbarkeit: 300–450 Schmelzen
	Bodenhaltbarkeit: 50–80 Schmelzen
	Inhalt: 15–60 t Stahl
	Blaszeit: etwa 22–26 Min.
	Wärmeverluste (Leitung, Strahlung): rd. 30–40 000 kcal/t Stahl
Stoffumsatz: je t flüss. Stahl	Windmenge: 330–360 Ncbm
	Luftfeuchtigkeit: etwa 10–15 g H_2O/cbm Luft
	Windtemperatur: etwa 80–100 °C
	Flüss. Roheisenmenge: 970–1120 kg
	Schrottzusatz: etwa 40 kg (bei O_2-anger. Wind bis 150 kg)
	Erzzusatz: etwa 7 kg (bei O_2-anger. Wind bis 30 kg)
	Kalkverbrauch: 120–150 kg
	Schlackenmenge: 220–260 kg
	Dolomitverbrauch: 9–15 kg
	Teerverbrauch: etwa 2 kg
	Ausbringen an flüss. Stahl: 85–88%
	Abbrand: 6–8%
	Auswurf, Dachstaub, Bären, Kuschen 3–6%
Metallurgie:	Die notwendige Sauerstoffmenge liefert die durchgeblasene Windmenge
	C: verbrennt etwa 17% zu CO_2 und 83% zu CO
	Si: verbrennt praktisch vollständig zu SiO_2 und muß mit CaO verschlackt werden zu $2\,CaO \cdot SiO_2$, d. h. mit 1,87 mal SiO_2- oder 4,00 mal Si-Menge
	Mn: verbrennt weitgehend zu MnO
	P: Unter der Bildung von $3\,CaO \cdot P_2O_5$ wird P_2O_5 verschlackt, womit die P-Menge weitgehend in die Schlacke übergeht. Die für $3\,CaO \cdot P_2O_5$ notwendige CaO-Menge ist etwa 1,2 mal P_2O_5 oder 2,7 mal P-Menge. Beim Kalküberschußfaktor von 1,7 bleiben etwa 0,025% P im Stahl zurück
	S: etwa 50% des Anfangs S wird im Stahl zurück bleiben, normale Schlackenarbeitsweise vorausgesetzt
	Fe: Eisenabbrand bei etwa 25–30 kg/t Roheisen (etwa 50% zu FeO und etwa 50% zu Fe_2O_3). Metallische und gasförmige Fe-Verluste etwa 20–35 kg/t. Somit Eisenabbrand (Beispiel):

250 kg Thomasschlacke	mit 13% Fe als FeO	32,5 kg Fe
10 kg Grobauswurf	mit 10% Fe als Oxyd	1 kg Fe
	mit 70% Fe als Metall	7 kg Fe
30 kg Feinauswurf	mit 4% Fe als Oxyd	1,2 kg Fe
	mit 40% Fe als Metall	12 kg Fe
2 kg Dachstaub	mit 20% Fe als Oxyd	0,4 kg Fe
		54,1 kg Fe

b) Wärmeumsatz. Der Wärmeumsatz des Thomas-Verfahrens ist aus der Tab. 5-X ersichtlich. Die Gesamtwärme liegt bei etwa 870 000 kcal/t Stahl, d. h. etwas höher als beim Bessemer-Verfahren. Fast die Hälfte dieser Wärme (45,5%) liefert die Oxydation der Legierungselemente und ein Drittel die fühlbare Wärme des flüssigen Roheisens (32,4%).

Tabelle 5-IX. *Stoffumsatz des Thomas-Verfahrens*
(bezogen auf 1 t flüssigen Stahl)

A. Einsatz: 1095 kg flüssiges Thomas-Roheisen
                20 kg Stahlschrott
                  8 kg FeMn
              1123 kg

B. Oxydation: Mengen der oxydierten Stoffe

Menge kg	Einsatz	C		Mn		Si		P		S		Fe	
		%	kg	%	kg	%	kg	%	kg	%	kg	%	kg
1095	Thomas-Roheisen	3,6	39,4	1,2	13,1	0,5	5,5	1,9	20,8	0,08	0,9	92,72	1015,3
20	Schrott	0,1	0,02	0,4	0,1	0,02	0,01	0,06	0,01	0,04	0,01	99,38	19,9
8	FeMn	5,0	0,4	75	6,0	—	—	—	—	—	—	20,0	1,6
1123			39,8		19,2		5,5		20,8		0,9		1036,8
1010	Stahl und Auswurf	0,08	0,8	0,35	3,5	0,02	0,2	0,06	0,6	0,04	0,4	99,45	1004,4
108,15	Abbrand und Verdampfg.[1]		39,0		15,7		5,3		20,2		0,5		27,4[2] 5,0[1]
107,1	O in kg		60,8[3]		4,6		6,0		26,1		—		9,6 1,4
	Oxyd		99,8		20,3		11,3		46,3		—		37,0[2] 6,4[1]

[1] 5 kg Fe verdampft als FeO.
[2] 55% zu FeO und 45% zu Fe_2O_3, d. h. 19,4 kg FeO und 17,6 kg Fe_2O_3.
[3] 17% zu CO_2 u. 83% zu CO.

     C. Metallumsatz: kg   kg

Chargiert: flüssiges Roheisen   1095

              Stahlschrott   20

              FeMn   8   1123

Verlust: Abbrand und Verdampfung   113

             Auswurf   10   123

             Flüssiger Stahl in der Pfanne   1000

D. Stahlausbringen:

Bezogen auf die Roheisen- und Schrottmenge (1000 : 1115) : 89,7%
Bezogen auf die chargierte Metallmenge (1000 : 1123) : 89,0%

E. Berechnung des Kalkbedarfes:

     a) Analyse des Kalkes: 89,6% CaO, 0,5% SiO_2, 4,8% MgO,
                     0,3% Al_2O_3, 4,6% Glühverlust,
                     0,2% S, 95,2% Schlackenbildner
     b) Verfügbare CaO-Menge im Kalk:

$$CaO_{verf.} = \% \, CaO - 1{,}87\% \, SiO_2 + 1{,}3\% \, MgO = 89{,}6 - 1{,}87 \cdot 0{,}5 + 1{,}3 \cdot 4{,}8 = 94{,}9 \; kg/100 \; kg$$

     c) $CaO_{prakt.} = 1{,}7 \, (4 \cdot kg \, Si + 2{,}72 \cdot kg \, P)$
$$= 1{,}7 \, (4 \cdot 5{,}3 + 2{,}72 \cdot 20{,}2) = 129{,}4 \; kg \; CaO_{verf.}$$

Somit beträgt die notwendige Kalkmenge 136,4 kg. In dieser Menge sind 122,2 kg CaO, 0,7 kg SiO_2, 6,5 kg MgO, 0,4 kg Al_2O_3 und 0,3 kg S enthalten.

Tabelle 5-IX (Fortsetzung)

F. Schlackenmenge:

Element kg	Oxydiert zu	FeO	Fe_2O_3	MnO	P_2O_5	CaO	MgO	SiO_2	Al_2O_3	S
15,7 Mn	MnO			20,3						
5,3 Si	SiO_2							11,3		
20,2 P	P_2O_5				46,3					0,5
27,4 Fe	55% FeO + 45% Fe_2O_3	19,4	17,6							
136,1 Kalk						122,2	6,5	0,7	0,4	0,3
10 Futter[1]			0,2			5,5	3,9	0,2	0,2	
255,5 kg Schlacke		19,4	17,8	20,3	46,3	127,7	10,4	12,2	0,6	0,8
Schlacke in %		7,6	7,0	7,9	18,1	50,0	4,1	4,8	0,2	0,3

[1] Dolomitzusammensetzung: 55% CaO, 39% MgO, 2% SiO_2
2% Fe_2O_3, 2% Al_2O_3

G. Wind- und Abgasmenge:

Notwendige O_2-Menge: 107,1 kg $\qquad$ 75,0 cbm O_2
Luftmenge 357,1 cbm
$\qquad$ Stickstoff in der Luft $\qquad$ 282,1 cbm N_2 $\qquad$ 79,5
$\qquad$ CO: 32,4 kg C · 1,865 $\qquad$ 60,4 cbm CO $\qquad$ 17,0
$\qquad$ CO_2: 6,6 kg C · 1,865 $\qquad$ 12,3 cbm CO_2 $\qquad$ 3,5
$\qquad\qquad$ Abgasmenge $\underline{354,8 \text{ cbm}}$ $\qquad$ $\underline{100,0}$

Abgase bei verschiedenen Temperaturen:

1300 °C (Si) $\qquad$ 15,8 cbm N_2
1400 °C (Mn, C, Fe) 12,3 cbm CO_2 u. 60,4 cbm CO $\quad$ 197,5 cbm N_2
1625 °C (P) $\qquad$ 68,8 cbm N_2

Wie beim Bessemer-Verfahren soll auch hier die Si-Oxydation bei 1300 °C, das Mn-, C- und Fe-Frischen bei 1400 °C und die P-Oxydation bei der Stahlabstichtemperatur (1625 °C) erfolgen, und die dabei entstehenden Abgase bei den entsprechenden Temperaturen entweichen.

Der Wärmewirkungsgrad ist etwas besser als beim Bessemer-Verfahren. Fast 50% der bei der Oxydation erzeugten Wärme (395 100 kcal) sind für die Erhitzung des Metalls, der Schlacke und des Rauches (gesamt 177 900 kcal) notwendig. Der Rest der Wärme entweicht mit den Abgasen (180 900 u. 182 500 kcal), sowie als Strahlungs- und Leitungs-Verluste. Auch hier ist es ungünstig, daß der Kohlenstoff nicht vollständig bis CO_2 verbrennt.

Wie das Bessemer-Verfahren weist auch das Thomas-Verfahren keinen Wärmeüberschuß auf, wodurch z. B. das Schmelzen des Schrotts im größeren Umfange nicht möglich ist. Im Betriebe ist deshalb notwendig aufzupassen, daß die knappe, zur Verfügung stehende Wärmemenge ausreicht.

c) Folgerungen. Wie beim Bessemer-Verfahren geht auch beim Thomas-Verfahren eine Stickstoff-Aufnahme im Stahl vor sich, was für die nach diesem Verfahren erschmolzenen Stähle charakteristisch ist.

Tabelle 5-X. *Wärmeumsatz des Thomas-Verfahrens*
(bezogen auf 1 t flüssigen Stahl)

A. Wärmeangebot		kcal	kcal	kcal	%
1. Wärme im flüssigen Roheisen		260		284 700	32,4
1095 kg (1250 °C)					
2. Oxydation	kg				
Fe_3C zu CO_2	6,6 (C)	8281	54 700		
Fe_3C zu CO	32,4 (C)	2648	85 800		
FeSi zu $2CaO \cdot SiO_2$	5,3 (Si)	7875	41 700		
Mn zu MnO	15,7 (Mn)	1653	26 000		
Fe_3P zu $3CaO \cdot P_2O_5$	20,2 (P)	7321	147 900		
Fe zu FeO	15,1 (Fe)	1150	17 400		
Fe zu Fe_2O_3	12,3 (Fe)	1763	21 700	395 200	45,5
3. nicht ausgenützter					
CO-Heizwert	32,4	5644		182 700	21,0
4. Windwärme					
357 cbm bei 85 °C		27		9 600	1,1
				872 200	100,0
B. Wärmeverbrauch	kcal	kcal	kcal		%
a) Wärme im flüss. Stahl					
1000 kg 1625 °C	337	337 000			(38,8)
Wärme in der Schlacke					
255 kg 1625 °C	470	119 900			(13,8)
Wärme im Rauch					
5 kg 1625 °C	470	2 400	459 300		52,6
b) Wärme in den Abgasen					
15,8 cbm N_2 (1300 °C)	445,3	7 000			
197,5 cbm N_2 (1400 °C)	483,0	95 400			
60,4 cbm CO (1400 °C)	487,2	29 400			
12,3 cbm CO_2 (1400 °C)	777,0	9 600			
68,8 cbm N_2 (1625 °C)	568,0	39 000	180 400		20,8
c) nicht ausgenützter C-Heizwert			182 700		21,0
d) Strahlungs- und Leitungsverluste			35 000		4,0
e) Rechnungsdifferenz			14 800		1,6
			872 200		100,0

C. Wärmewirkungsgrad

a) Wärme für die Erhitzung des Metalls, der Schlacke und des Rauches zu der bei der Oxydation erzeugten Wärme $174\,600 : 395\,200 = 44{,}2\%$

b) zu der gesamten Wärmemenge:
$174\,600 : 872\,200 = 20{,}0\%$

Die Stähle sind deshalb nicht so hochwertig, wie z. B. die stickstoffarmen SM-Stähle. Ihr Vorteil ist allerdings, daß sie billiger sind.

Die Anlage des Thomas-Betriebes ist einfach. Infolge der niedrigen Anlagekosten liegen die Kapitalkosten entsprechend tief.

Die Betriebskosten des Thomas-Verfahrens liegen höher als die des Bessemer-Verfahrens, vor allem, weil gebrannter Kalk (etwa 120—150 kg/t Stahl) notwendig ist. Die Schlackengutschrift (die anfallende Schlacke

enthält etwa 18% wasserlösliche Phosphorsäure und kommt als.Dünge-
mittel — Thomasmehl — in Anwendung) ist größer als die Kalkkosten
und somit für die Gesamtwirtschaft des Thomas-Verfahrens von Bedeutung. Wegen der kontinuierlichen Arbeitsweise sind die Lohn- und Betriebskosten bei hohen Tagesproduktionen sehr gering.

Infolge der hohen Leistung (Dauer der Stahlcharge nur etwa 15 Min.)
sind die Kontrollmöglichkeiten des Chargenablaufes, z. B. durch Labo-
ratorium, begrenzt. Die nach diesem Verfahren hergestellten Stähle sind
bezüglich der Qualität größeren Schwankungen unterworfen.

5.5.6 Stahlherstellung im bodenblasenden Konverter mit sauerstoffangereichertem Wind

Im Thomaskonverter, der mit dem Wind (Luft) arbeitet, begleiten beträchtliche Stickstoffmengen (3,76 cbm N_2 je 1 cbm O_2) den für das Frischen notwendigen Sauerstoff beim Durchblasen durch die Schmelze. Dabei erhitzt sich auch der Stickstoff auf die Temperatur der Stahlschmelze,
wodurch beträchtliche Wärmeverluste entstehen. Aus rein wärmewirtschaftlichen Gründen wäre es von Vorteil, mit an Sauerstoff angereichertem Wind oder am besten mit reinem Sauerstoff zu arbeiten. Die
mitgebrachten Stickstoffmengen, bezogen auf 1 cbm O_2 sind in Abhängigkeit der O_2-Gehalte der O_2-N_2-Gemische aus der Abb. A.9 ersichtlich.

Neben dem wärmewirtschaftlichen Vorteil ist bei N_2-ärmeren Gas-
gemischen die Stickstoff-Aufnahme im Stahl geringer, wodurch eine bessere Stahlqualität resultiert.

Das Arbeiten mit an Sauerstoff angereichertem Wind zeigt, daß es aus
Gründen der Bodenhaltbarkeit beim bodenblasenden Konverter am
günstigsten ist, auf etwa 30% Sauerstoff zu gehen, wodurch bei zweck-
mäßiger Arbeitsweise 0,010—0,015% N bei der Schrottkühlung und
0,005—0,008% N bei der Erzkühlung (statt etwa 0,010%—0,020% N
bei Luft) resultieren.

Beim Arbeiten mit z. B. 32% O_2 im Wind sinkt die Stickstoffmenge
von 3,76 cbm (Luft) auf 2,12 cbm (d.h. auf etwa 55% der N_2-Menge der
Luft) je 1 cbm O_2. Durch die eingesparte Wärme ist es möglich, mehr
Schrott, gewöhnlich etwa 150 kg, mit einzuschmelzen, wodurch auch der
Verbrauch an Roheisen von etwa 1100 kg (Windfrischen) auf etwa 950 kg
beim 32% O_2-Wind, d.h. um etwa 150 kg, zurückgeht; weiterhin sind infolge kleinerer Roheisenmengen geringere Mengen der Legierungselemente
zu frischen. Auch der Sauerstoff-Verbrauch geht von etwa 75 cbm (Windfrischen) auf etwa 65 cbm/t Stahl zurück. Der Kalkverbrauch und die
Schlackenmenge sinken gleichzeitig um etwa 10%. Die Abgasmenge verringert sich von etwa 350 auf etwa 200 cbm, d. h. fast auf die Hälfte. Die
Herstellung der notwendigen Menge des Frischmittels von etwa 200 cbm
32%-O_2/t Stahl erfolgt durch das Mischen von rd. 170 cbm Luft und

30 cbm reinem O_2. Gleichzeitig geht die Gesamt-Blaszeit, im Vergleich zum Thomas-Verfahren, um etwa 30% zurück.

Der *Wärmeumsatz* dieses Verfahrens ist aus der Tab. 5-XI (Näherungsrechnung; genauer Stoff- und Wärmeumsatz kann entsprechend den Tab. 5-IX u. 5-X aufgestellt werden) ersichtlich. Der Gesamtwärmeverbrauch ist um etwa 15% niedriger als beim Windfrischen. Der Hauptunterschied liegt in der kleineren fühlbaren Abgaswärmemenge (etwa 100 000 kcal gegenüber 180 000 kcal) und teilweise in kleinerer Frischarbeit, weil fast 15% weniger Roheisen und dafür etwa 150 kg Stahlschrott zur Anwendung kommen. Der Wärmewirkungsgrad dieses Verfahrens ist deshalb besser als beim Windfrischen. Rd. 59% (d. h. etwa 15% mehr als beim Windfrischen) der bei der Oxydation erzeugten Wärme (343 000 kcal) sind für die Erhitzung des Metalls, der Schlacke und des Rauches (20 100 kcal) notwendig.

Tabelle 5-XI. *Wärmeumsatz der Stahlherstellung mit 32% Sauerstoff im bodenblasenden Konverter, Schrottkühlung, bezogen auf 1 t flüssigen Stahl* (*Näherungsrechnung*)

	kcal	kcal	%
A. Wärmeangebot			
1. Wärme des flüssigen Roheisens			
950 kg (1200 °C)	257	247 000	32,5
2. Oxydation (950 : 1095 des Thomas-			
Verfahrens)		343 000	45,8
3. nicht ausgenützter C-Heizwert		158 500	21,1
4. Windwärme: 160 cbm Luft			
bei 85 °C	27	4 300	0,6
		752 800	
B. Wärmeverbrauch			
1. Wärme im Stahl (1620 °C) 1000 kg 337		337 000	44,9
2. Wärme in der Schlacke 226 kg 470		106 200	14,2
3. Wärme im Rauch 5 kg 470		2 300	0,3
4. Abgase 201 cbm		102 500	13,7
5. CO-Heizwert im Abgas		158 500	21,1
6. Strahlung, Leitung, Differenz		46 300	5,8
		752 800	

5.5.7 Sauerstoff-Aufblas-Verfahren

Bei Blasverfahren mit an Sauerstoff angereicherter Luft geht eine kleinere Stickstoffmenge (s. Abb. A. 9) durch die Schmelze, was zu günstiger Wärmewirtschaft führt.

Die konsequente Weiterverfolgung dieser Idee führt zum Sauerstoff-Aufblas-Verfahren; das Frischen des flüssigen Roheisens geht in einem basischen Konverter mit ganzem Boden mit technisch reinem Sauerstoff durch eine von oben auf die Roheisenoberfläche gerichtete Düse (Aufblaskonverter, s. Abb. 5.4) vor sich. Die Charge dauert etwa so lange wie beim bodenblasenden Konverter mit sauerstoffangereicherter Luft (z. B. 70% der Blaszeit des Thomas-Verfahrens). Die Stickstoffaufnahme ist entsprechend dem sehr niedrigen N_2-Gehalt des technischen Sauerstoffs (gewöhnlich 99,8% O_2, Rest N_2) gering, und es resultieren Stähle mit 0,005—0,008% N.

Wegen der fehlenden Kühlwirkung des Stickstoffs des Windes bleibt Wärme übrig und die Schmelze muß gekühlt werden. Die Kühlung geht entweder durch die Schrott- (bis 20% der Stahlcharge) oder durch die Erz-Zugabe vor sich (Austauschverhältnis von Schrott zu Erz als Kühlmittel etwa 3,5:1). Beim Arbeiten mit Erz geht die Trennung des Sauerstoffs des Erzes vom Eisen vor sich, wodurch die für das Frischen notwendige Sauerstoffmenge sinkt; gleichzeitig ergibt sich ein *Eisenzubrand*, was zur Erhöhung des Eisenausbringens führt. Die Erzzugabe geht meist in einer Menge bis etwa 7% der Stahlcharge (bei einem Eisengehalt des Erzes von über 55 bis 60%) vor sich.

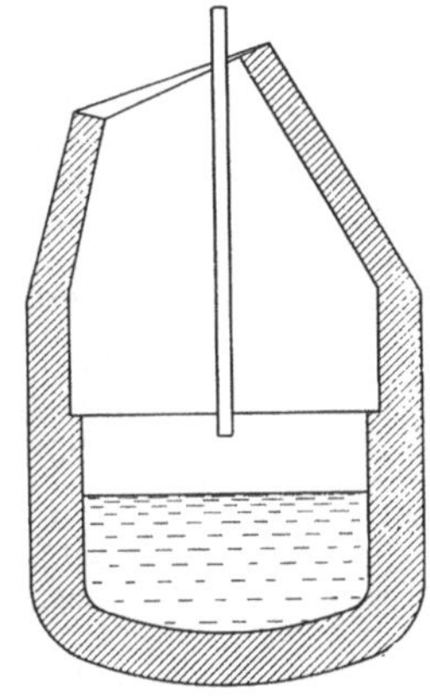

Abb. 5.4 Aufblas-Konverter

Infolge des Wärmeüberschusses kann beim Sauerstoff-Aufblas-Verfahren die Menge der zu oxydierenden Legierungselemente des Roheisens kleiner sein; auch kältere, d. h. an Legierungselementen ärmere Roheisensorten sind bei genügender Wärmeentwicklung — meist kommt ein Roheisen mit 0,1—0,3% P in Betracht — verblasbar. Neuerdings wird im Sauerstoff-Aufblaskonverter der Schrott durch die Heizöl-Verbrennung erhitzt, wodurch weitere Schrottmengen (bis 50%) mitverarbeitet werden können. Die wichtigsten Daten des Sauerstoff-Aufblas-Verfahrens sind aus der Tab. 5-XII ersichtlich.

Nach dem Sauerstoff-Aufblas-Verfahren wird am meisten flüssiges Roheisen mit Kühlschrott oder mit Kühlerz verarbeitet. Im folgenden sind Beispiele für beide Arbeitsweisen gegeben.

a) Stoffumsatz (s. Tab. 5-XIII für Schrott- und Tab. 5-XIV für Erz-Kühlung). Auch beim Sauerstoff-Aufblas-Verfahren ist es notwendig, zur Bindung der Phosphorsäure und der Kieselsäure Kalk zuzugeben. Die für die Bindung notwendige Kalkmenge ist, wie beim Thomas-Verfahren gleich 1,7 (4 kg S + 2,72 kg P); die Berechnung der Kalkmenge ist aus der Tab. 5-XIII-E und 5-XIV-E ersichtlich. Wegen des kleineren Phosphorgehaltes ist die notwendige Kalkmenge kleiner (im Beispiele — Tab. 5-XIII 74,8 kg, Tab. 5-XIV 91,1 kg — meist 60 — 70 kg) als beim Thomas-Verfahren. — Aus dem gleichen Grunde ist auch die Schlacken-

Tabelle 5-XII. *Daten des Sauerstoff-Aufblas-Verfahrens*

Konverter (Tiegel):	Inhalt in t Stahl: bis 250 t Stahl
	Tageserzeugung (1 Tiegel): bis 30—35 Chargen (3-schichtig)
	Badhöhe: 500—700 mm
	Sauerstoffpressung: etwa 12 Atm.
	Haltbarkeit des Verschleißfutters: 350—400 Chargen
	Blaszeit: etwa 16—20 Min.

Stoffumsatz je 1 t Stahl:

Sauerstoffmenge: 55—60 cbm
Sauerstoffreinheit: 99,5 bis 99,8% O_2
Flüss. Roheisenmenge: 1110—1140 kg
Erzzusatz:
Kalkverbrauch: etwa 60 bis 100 kg/t Roheisen, je nach Arbeitsweise
Schlackenmenge: 12 bis 20% des Chargengewichts
Schlackenanalyse: etwa 15% Fe, 12% Mn, 15% SiO_2, 39% CaO, 6% MgO, 1,7% P_2O_5
Roheisenzusammensetzung: 2,75—4,00% C, bis 3% Si, beliebig Mn, bis 2% P, bis 0,1% S
Verbrauch an Dolomit-Press-Steinen: 3—3,5 kg
Kühlschrottzugabe: bis zu 30%; Kühlerzmenge: 3,5ter Teil der Kühlschrottmenge
Ausbringen an flüssigem Stahl: 88—90%
Staubverlust: rd. 0,8 %

Metallurgie:

Die notwendige Frisch-Sauerstoffmenge wird durch den eingeblasenen Sauerstoff, in beschränktem Umfange auch durch das Frischerz, geliefert
C: Verbrennt bis CO
Si: wird oxydiert zuerst bis auf Spuren und verschlackt mit Kalk zu 2 CaO $\cdot$ SiO_2
P: Oxydiert und verschlackt mit Kalk zu 3 CaO $\cdot$ P_2O_5; Endgehalt im Stahl etwa 0,025% P
Mn: Oxydiert teilweise zu MnO und geht in die Schlacke
S: sinkt etwa auf die Hälfte des S-Roheisengehaltes
N: N-Gehalt im Stahl: 0,002—0,006% bei 98,5% O_2
O: O-Gehalt im Stahl nach dem Blasen: 0,015—0,055, Mittel 0,038% (bei C-Gehalt von 0,05%)
Abstichtemperatur: etwa 1620 °C—1670 °C

Kennzeichnung:

1. Niedrige Anschaffungskosten der Anlage im Vergleich zum Siemens-Martin- oder Elektro-Lichtbogenofen
2. kurze Montagezeit
3. Große Anpassungsmöglichkeit gegenüber Erzeugungsschwankungen
4. Geringe Wartungskosten beim Stillstand
5. Weitgehende Entphosphorung, teilweise Entschwefelung
6. Niedrige Gehalte an N, O und H im Stahl
7. Gute physikalische Eigenschaften, bes. Kerbzähigkeit des Stahls

menge geringer (etwa 155 kg bzw. 178 kg, in der Praxis meist 130—220 kg je t Stahl).

Die berechnete Sauerstoffmenge liegt um 55 cbm/t Stahl. In der Praxis ist ein Sauerstoffausbringen von rd. 95% üblich, wodurch sich im Durchschnitt ein Verbrauch von etwa 55 cbm O_2/t Stahl ergibt.

Die Abgasmenge des Sauerstoff-Aufblas-Verfahrens besteht, wenn man N_2 im Sauerstoff vernachlässigt, praktisch nur aus Oxyden des Kohlenstoffs. Sowie die notwendige Kalkmenge, als auch die Schlacken-

Tabelle 5-XIII. *Stoffumsatz des Sauerstoff-Aufblas-Verfahrens, Schrottkühlung* (bezogen auf 1 t flüssigen Stahls)

A.*Einsatz:* flüssiges Roheisen   917 kg
Schrott   175 kg
FeMn   8 kg
     1100 kg

B. Oxydation:

Menge kg	Einsatz	C		Mn		Si		P		S		Fe	
		%	kg	%	kg	%	kg	%	kg	%	kg	%	kg
917	fl. Roheisen	4,20	38,5	1,5	13,7	1,1	10,1	0,20	1,8	0,04	0,4	92,96	852,4
175	Schrott	0,10	0,2	0,4	0,7	0,02	—	0,06	0,1	0,04	0,1	99,38	173,9
8	FeMn	5,00	0,4	75,0	6,0							20,00	1,6
1100			39,1		20,4		10,1		1,9		0,5		1027,9
1010	Stahl Verluste	0,08	0,8	0,35	3,5	0,02	0,2	0,03	0,3	0,03	0,3	99,49	1004,8
82	Abbrand		38,3		16,9		9,9		1,6		0,2		15,1
8	Verd.												8,0
73,6	O in kg		51,0		4,9		11,3		2,1				4,3
2,3													2,3
	Oxyde in kg		89,3		21,8		21,2		3,7				19,4
													10,3

C. Metallbilanz:

Chargiert: flüssiges Roheisen   917 kg
            Stahlschrott   175 kg
            FeMn   8 kg   1100 kg
Verluste: Abbrand und Verdampfung   90 kg
            Auswurf   10 kg   100 kg
     1000 kg

Stahlausbringen:

Bezogen auf die Roheisen- und Schrottmenge:
     1000 : 1092 = 91,6%
Bezogen auf die chargierte Metallmenge:
     1000 : 1100 = 90,9%

D. Berechnung des Kalkbedarfes:

    a) Analyse des Kalkes: s. Tab. A-XVI
    b) Verfügbare CaO-Menge im Kalk: 94,9 kg/100 kg (s. Tab. 5-IX-E-b)
    c) $CaO_{prakt.} = 1,7 (4 \cdot kg\ Si + 2,72 \cdot kg\ P) = (4 \cdot 9,9 + 2,72 \cdot 1,6)\ 1,7 =$
        $= 1,7 \cdot 44,0 = 74,8\ kg\ CaO$
Somit beträgt die notwendige Kalkmenge:
78,8 kg (74,9 : 94,9). In dieser Menge sind 1,1 kg Fe_2O_3 (0,8 kg Fe), 70,6 kg CaO, 0,4 kg SiO_2, 3,8 kg MgO, 0,2 kg Al_2O_3 und 0,2 kg S enthalten.

11*

Tabelle 5-XIII (Fortsetzung)

E. Schlackenmenge:

Element kg	Oxydiert zu	Fe	FeO	Fe$_2$O$_3$	MnO	P$_2$O$_5$	CaO	MgO	SiO$_2$	Al$_2$O$_3$	S
16,9 Mn	MnO				21,8						0,2
9,9 Si	SiO$_2$								21,2		
1,6 P	P$_2$O$_5$										
15,1 Fe	FeO	15,1	19,4			3,7					
74,8 Kalk		0,8		1,1			70,6	3,8	0,4	0,2	0,2
12,0 Futter				0,2			6,6	4,7	0,2	0,2	
154,5	Schlacke	(15,9)	19,4	1,3	21,8	3,7	77,2	8,5	21,8	0,4	0,4
	%	(10,3)	12,6	0,8	14,1	2,4	49,9	5,5	14.1	0,2	0,3

F. Sauerstoff- und Abgasmenge:

  a) *Sauerstoffmenge:*
    Bedarf für die Oxydation: 75,9 kg = 53,1 cbm
  b) *Abgasmenge:*
    38,3 kg C liefert 71,4 cbm CO (Gesamtabgasmenge)

Tabelle 5-XIV.
Stoffumsatz des Sauerstoff-Aufblas-Verfahrens, Erzkühlung
(bezogen auf 1 t flüssigen Stahl)

A. Einsatz: flüssiges Roheisen   1065 kg
           FeMn   8 kg
           59 kg Eisenerz[1] (68%)   40 kg Fe
                                        1113 kg

[1] Zusammensetzung des Eisenerzes: 68,1% Fe, 0,3% SiO$_2$, 0,2% MgO, 0,4% Al$_2$O$_3$.

B. Oxydation

Menge in kg	Einsatz kg	C		Mn		Si		P		S		Fe	
		%	kg	%	kg	%	kg	%	kg	%	kg	%	kg
1065	fl. Roheisen	4,20	44,7	1,50	16,0	1,10	11,7	0,20	2,1	0,06	0,6	92,94	989,8
8	FeMn	5,00	0,4	75,0	6,0							20,00	1,6
59	Erz											68,1	40,2
			45,1		22,0		11,7		2,1		0,6		1031,6
1010	Stahl u. Verluste	0,08	0,8	0,35	3,5	0,02	0,2	0,03	0,3	0,03	0,3	99,49	1004,8
95,2 8	Abbrand u. Verdampfg.		44,3		18,5		11,5		1,8		0,3		18,8 (8)
85,2 2,3	O in kg		59,0		5,4		13,1		2,3		—		5,4 (2,3)
	Oxyde in kg		103,3		23,9		24,6		4,1		—		24,2 10,3

Tabelle 5-XIV (Fortsetzung)

C. Metallbilanz:

Chargiert:

flüssiges Roheisen		1065 kg
FeMn	8 kg	1073 kg
Fe im Eisenerz	40 kg	1113 kg
Abbrand und Verdampfung	103 kg	
Metallverluste	10 kg	113 kg
		1000 kg

D. Stahlausbringen:

Bezogen auf die Roheisenmenge
$(1000 : 1065) = 93{,}9\%$
Bezogen auf die chargierte Metallmenge
$(1000 : 1073) = 93{,}2\%$
Bezogen auf die chargierte Metallmenge (inkl. Fe im Erz)
$(1000 : 1113) = 89{,}8\%$

E. Berechnung des Kalkbedarfes:

  a) Analyse des Kalkes: s. Tab. A-XVI
  b) Verfügbare CaO-Menge im Kalk: 94,9 kg (100 kg) (s. Tab. 5-IX-E-b)
  c) Notwendige CaO-Menge: $1{,}7 (4 \cdot \text{kg Si} + 2{,}72 \cdot \text{kg P}) =$
    $= 1{,}7 (4 \cdot 11{,}5 + 2{,}72 \cdot 1{,}8) = 86{,}5$ kg CaO
  d) Notwendige Kalkmenge $(84{,}3 : 94{,}9)$ 91,1 kg. Diese Kalkmenge enthält 1,3 kg Fe_2O_3 (0,9 kg Fe), 0,5 kg SiO_2, 0,3 kg Al_2O_3, 81,6 kg CaO, 4,4 kg MgO und 0,2 kg S

F. Schlackenmenge:

Element kg	Oxydiert zu	Fe	FeO	Fe_2O_3	CaO	MgO	MnO	SiO_2	P_2O_5	Al_2O_3	S
18,5 Mn	MnO						23,9				0,3
11,5 Si	SiO_2							24,6			
1,8 P	P_2O_5								4,1		
18,8 Fe	FeO	18,8	24,2								
91,1 Kalk		0,9		1,3	81,6	4,4	—	0,5	—	0,3	0,2
12 Futter		0,2		0,2	6,6	4,7		0,2		0,2	
59 Eisenerz (Gangart)					0,1			0,2		0,2	
177,8 Schlacke		(19,9)	24,2	1,5	88,2	9,2	23,9	25,5	4,1	0,7	0,5
Schlacke in %		(11,2)	13,6	0,8	49,6	5,2	13,4	14,4	2,3	0,4	0,3

G. Sauerstoff- und Abgasmenge:

  a) *Sauerstoffmenge:*

Bedarf für die Oxydation	87,5 kg
In 59 kg Erz: 40,2 kg Fe	17,3 kg
Notwendige O_2-Menge	70,2 kg $= 49{,}1$ cbm O_2

  b) *Abgasmenge:*
    44,3 kg C liefert 82,6 cbm CO (Gesamtabgasmenge)

und Abgasmenge sind nur von der Menge und Zusammensetzung des Roheisens abhängig.

Das Ausbringen des flüssigen Stahls ist, je nach der Arbeitsweise, verschieden, weil hier das Roheisen teilweise mit Schrott oder Erz, daß sogar Eisen liefert, ersetzt wird.

Nur der Vollständigkeit halber sei erwähnt, daß beim Sauerstoff-Aufblas-Verfahren die Entwicklung des dichten Rauches, der aus feinstem Eisen- und Manganoxyd besteht, störend wirkt; diese Erscheinung beeinflußt jedoch den Stoff- und Wärmeumsatz nur unwesentlich.

b) Wärmeumsatz. Auch der Wärmeumsatz ist durch das Fehlen des Stickstoffs, durch die kleinere Entphosphorungsarbeit, wodurch eine kleinere Schlackenmenge resultiert, und beim Kühlerz durch die Reduktion des Frischerzes gekennzeichnet (s. Tab. 5-XV für Schrott- und

Tabelle 5-XV. *Wärmeumsatz des Sauerstoff-Aufblas-Verfahrens, Schrottkühlung*
(bezogen auf 1 t flüssigen Stahl)

A. *Wärmeangebot*		kcal	kcal	kcal	%
1. Wärme im flüssigen Roheisen					
917 kg (1250 °C)		260		238 400	49,3
2. Oxydation	kg				
Fe_3C zu CO	38,3 (C)	2648	101 400		
FeSi zu 2 CaO·SiO_2	9,9 (Si)	7875	78 000		
Mn zu MnO	16,9 (Mn)	1653	27 900		
Fe_3P zu 3 CaO·P_2O_5	1,6 (P)	7321	11 700		
Fe zu FeO	23,1 (Fe)	1150	26 600	245 600	50,8
3. Rechnungsdifferenz				− 800	− 0,1
				483 200	100,0
B. *Wärmeverbrauch*					
1. Wärme im flüssigen Stahl					
1000 kg bei 1625 °C		337	337 000		69,8
2. Wärme in der Schlacke					
154,5 kg bei 1625 °C		470	72 600		15,0
3. Wärme im Rauch					
8 kg bei 1625 °C		470	3800		0,8
4. Wärme in den Abgasen					
71,4 cbm CO (1400 °C)		487	34 800		7,1
5. Strahlung und Leitungsverluste			35 000		7,3
			483 200		

C. *Wärmewirkungsgrad*

  a) Wärme für die Erhitzung des Metalls, der Schlacke und des Rauches zu der bei der Oxydation erzeugten Wärme: (175 000 : 245 600) = 71,3%
  b) zu der gesamten Wärmemenge: (175 000 : 483 200) = 36,2%

5-XVI für Erzkühlung). Deshalb ist auch die je t Stahl notwendige Gesamtwärmemenge kleiner als beim Thomas-Verfahren (etwa 700 000 bzw. 820 000 gegenüber etwa 870 000 kcal), obgleich ein kleiner Teil des Stahles aus dem Schrott bzw. Erz — ein bekanntlich sehr wärmeverbrauchender Vorgang — stammt.

Etwa ein Drittel der Gesamtwärme liefert die Oxydation der Legierungselemente. Der Wärmewirkungsgrad ist entsprechend der kleinen Abgasverluste sehr hoch. 70—80% der bei der Oxydation erzeugten Wärme kommen für die Erhitzung des Metalls der Schlacke, des Rauches und bei der Erzkühlung für die Reduktion der Eisenoxyde in Betracht.

c) Folgerungen. Infolge des weitgehenden Fehlens des Stickstoffs im Frischsauerstoff (gewöhnlich 99,8% O_2, d. h. nur 0,2% N_2) sind die nach diesem Verfahren erschmolzenen Stähle stickstoffarm; sie sind in dieser Hinsicht etwa den SM-Stählen ebenbürtig. Als Nachteil ist beim Sauerstoff-Aufblas-Verfahren zu erwähnen, daß bis heute die Kontrollmöglichkeiten des Chargenablaufes infolge der hohen Produktionsgeschwindigkeit (Dauer der Charge etwa 20 Min.) im Vergleich zum SM-Ofen eher begrenzt sind. Die nach diesem Verfahren hergestellten Stähle können deshalb im Gegensatz zum Siemens-Martin-Ofen bezüglich der Treffsicherheit größere Schwankungen aufweisen.

Die Betriebskosten des Sauerstoff-Aufblas-Verfahrens sind höher als z. B. beim Thomas-Verfahren. Die Schlackengutschrift fällt weg, und die Anlagekosten sind etwa um die Kosten der Sauerstoffanlage höher. Trotzdem sind die Anlagekosten wesentlich niedriger als die Kosten eines SM-Werkes, wozu besonders die hohe Leistung des Sauerstoff-Aufblas-Verfahrens beiträgt.

Wie schon oben erwähnt, ist beim Sauerstoff-Aufblas-Verfahren der Wärmeumsatz und somit auch die Menge des Kühlschrottes bzw. des Kühlerzes, wenn eine Wärmezufuhr von außen nicht erfolgt, nur vom flüssigen Roheisen abhängig. Nur eine höhere Temperatur und mehr Legierungselemente im Roheisen können hier zu mehr Schrott- bzw. Erzanwendung führen. Die meisten Roheisensorten gestatten eine Kühlschrottmenge bis etwa 25% (bzw. eine Kühlerzmenge bis etwa 7%, entsprechend dem Verhältnis 3,5 : 1), bezogen auf t Roheisen.

Eine grundsätzliche Verbesserung des Wärmeumsatzes des Sauerstoff-Aufblas-Verfahrens besteht in der Ausnützung des bei der Oxydation des C sich bildenden CO zu CO_2. Würde dieser Vorgang so durchgeführt, daß die dabei freiwerdende Wärmemenge (5633 kcal/kg C) vollständig der Charge zukommt, dann könnten damit beträchtliche Schrottmengen geschmolzen werden. Bei den Verhältnissen der Tab. 5-XV werden z. B. etwa 40 kg C/t Stahl gefrischt; die Oxydation der dabei gebildeten CO-Menge zu CO_2 liefert rd. 225 000 $(40 \cdot 5633)$ kcal, womit etwa 670 kg Schrott geschmolzen werden könnten. So eine Charge würde dann aus rd. je Hälfte Schrott und flüssiges Roheisen, bei ohne Wärmezufuhr von außen, bestehen. Von diesem Vorgang wird in einem bestimmten Umfange bereits heute beim Rotor- und Kaldo-Verfahren Gebrauch gemacht.

Verarbeitung höheren Schrott- bzw. Kühlerz-Mengen ist auch bei einer Wärmezufuhr von außen, z. B. durch Heizölverbrennung und Erhitzung des Kühlschrotts im Sauerstoff-Aufblas-Tiegel, möglich. Dieser Vorgang geht bei einem Wärmewirkungsgrad von etwa 50% (im SM-Ofen nur 20—30%) und bei einem Einsatz, der aus bis je Hälfte Schrott und Rest flüssiges Roheisen besteht, vor sich. Diese Arbeitsweise befindet sich zur Zeit in Erprobung.

Tabelle 5-XVI. *Wärmeumsatz des Sauerstoff-Aufblas-Verfahrens, Erzkühlung*
(bezogen auf 1 t flüssigen Stahl)

A. *Wärmeangebot*		kcal	kcal	kcal	%
1. Wärme im flüssigen Roheisen					
1065 kg (1250 °C)		260		276900	48,5
2. Oxydation	kg				
Fe_3C zu CO	44,3	2648	117300		
FeSi zu $2\,CaO \cdot SiO_2$	11,5	7875	90600		
Mn zu MnO	18,5	1653	30600		
Fe_3P zu $3\,CaO \cdot P_2O_5$	1,8	7328	13200		
Fe zu FeO	26,8	1150	30800	282500	49,5
3. Rechnungsdifferenz				11100	2,0
				570500	
B. *Wärmeverbrauch*					
1. Wärme im flüssigen Stahl					
1000 kg bei 1625 °C		337	337000		59,1
2. Wärme der flüssigen Schlacke					
177,8 kg bei 1625 °C		470	83600		14,7
3. Wärme im Rauch					
8 kg bei 1625 °C		470	3800		0,7
4. Reduktion von Fe_2O_3					
40,2 kg Fe		1763	70900		12,4
5. Wärme in den Abgasen					
82,6 cbm CO (1400 C)		487	40200		7,0
6. Leitungs- und Strahlungsverluste			35000		6,1
			570500		

C. *Wärmewirkungsgrad*

   a) Wärme für die Erhitzung des Metalles, der Schlacke, des Rauches und die
Reduktion des Eisenerzes zu der bei der Oxydation erzeugten Wärme
(217800 : 282500) = 77,1%

   b) zu der gesamten Wärmemenge (217800 : 570500) = 38,2%

Im Gegensatz zum bodenblasenden Konverter weist das Sauerstoff-
Aufblas-Verfahren einen wesentlichen Wärmeüberschuß auf, dessen
Ausnützung zum Einschmelzen des Schrotts oder zur Reduktion des
Frischerzes in Betracht kommt.

Bei dem Sauerstoff-Aufblas-Verfahren liegt sowie bei der Schrott- als
auch bei der Erzkühlung das Gesamt-Wärmeangebot gleich hoch, wenn
dieses auf die Roheisenmenge des Einsatzes bezogen wird, und zwar bei
etwa 770000 kcal/t Roheisen, was besagt, daß sowie das Wärmeangebot
als auch der Wärmeumsatz des Sauerstoff-Aufblas-Verfahrens nur von
der Menge, Zusammensetzung und Temperatur des verwendeten flüssigen
Roheisens abhängig ist. Aus diesem Grunde wäre eine Aufstellung des
Stoff- und Wärmeumsatzes, der sich auf 1 t Roheisen und nicht auf 1 t
Stahl bezieht, vorteilhafter. Die Beziehung auf 1 t Stahl wurde aber
auch hier deshalb beibehalten, um beim späteren Vergleich mit anderen
Stahlverfahren vergleichbare Daten zu erhalten.

Somit besteht beim Sauerstoff-Aufblas-Verfahren grundsätzlich die Möglichkeit nicht nur das flüssige Roheisen mit höchstens einem Viertel Schrott, sondern auch Einsätze, die etwa aus gleichen Teilen Schrott und flüssigem Roheisen bestehen, zu verarbeiten, eine Arbeitsweise, die bis heute im SM-Ofen am wirtschaftlichsten war.

5.5.8 Vergleich zwischen den verschiedenen Blasstahl-Verfahren

Der Vergleich zwischen den verschiedenen Blasstahl-Verfahren ist aus der Tab. 5-XVII ersichtlich.

Tabelle 5-XVII. *Vergleich verschiedener Blasstahl-Verfahren* (je t flüssigen Stahl)

	Bessemer	Thomas	Sauerstoff-Aufblas-Verfahren	
			Kühl-schrott	Kühlerz
A. Einsatz in kg:				
Roheisen	1108	1095	917	1065
Schrott	20	20	175	—
Fe in Erz	—	—	—	40
B. Stoffumsatz:				
Menge der oxydierten Legierungselemente und des Eisens (ohne Verdampf.)	121	108	82	95
Sauerstoffbedarf in kg	100	107	74	85
Kalkzugabe in kg	—	136	74	91
Schlackenmenge in kg	129	255	155	178
Luftmenge in cbm	340	357	—	—
Zugeführte Sauerstoffmenge in cbm	(71)	(75)	53	49
Abgasmenge in cbm	350	354	71	83
Stahlausbringen in %	88,7	89,7	91,6	93,9
C. Wärmeumsatz in 10^3 kcal:				
Gesamtwärmemenge	892	872	699	820
Wärme im flüssigen Roheisen	288	285	238	277
Durch Oxydation erzeugte Wärmemenge	344	395	246	283
Wärme im Stahl, Schlacke und Rauch	400	459	413	424
Zersetzung von Fe_2O_3	—	—	—	71
Abgaswärme, fühlbare	170	180	35	40
CO-Heizwert im Abgas	248	183	216	249
Strahlungs- und Leitungsverluste	35	35	35	35
Wärmewirkungsgrad in %	12,5	20,0	25,0	26,6

Der *Stoffumsatz* ist vor allem von der Menge und der Zusammensetzung des verwendeten flüssigen Roheisens abhängig. Die Menge des *Frischsauerstoffs* (etwa zwischen 80 u. 90 kg = 55—65 cbm O_2/t Roheisen) und der notwendigen Kalk- sowie der damit zusammenhängenden *Schlackenmenge* wird durch die Art und der Menge der zu frischenden

Legierungselemente weitgehend bestimmt. Die *Abgasmenge* hängt dagegen mit den Begleitgasen des Blassauerstoffs (N_2 der Luft bzw. der O_2-Gasgemische) und den CO- sowie CO_2-Gasen der C-Oxydation zusammen.

Das *Ausbringen* an flüssigem Stahl ist um so größer, je kleiner die Frischarbeit, und liegt um 88—90% bei den Durchblas- und bei 92—94% bei den Aufblas-Verfahren. Beim Arbeiten mit Kühlerz ist das Ausbringen infolge des aus Eisenerz gewonnenen Eisens (direkte Stahlgewinnung) besonders hoch.

Die *Kühlschrottmenge*, die für die Sauerstoff-Verfahren charakteristisch ist, liegt, je nach der Menge der Legierungselemente bzw. je nach der metallurgischen Wärme des flüssigen Roheisens bei den üblichen Roheisensorten etwa zwischen 20 und 25% (entsprechend rd. 7% Kühlerz), bezogen auf 1 t Roheisen. Eine wesentliche Erhöhung ist nur durch die äußere Wärmezufuhr (z. B. durch die Beheizung mit Heizöl, s. oben) möglich.

Auch der *Wärmeumsatz* der Blasstahl-Verfahren ist vor allem durch die Menge und die Zusammensetzung des Roheisens beeinflußt. So liegt die Gesamtwärmemenge bei den beiden Durchblas(Luft)-Verfahren um 800000, bei beiden Aufblas(Sauerstoff)-Verfahren um etwa 750000 kcal/t Roheisen. Dieser zwar geringe Unterschied hat seinen Hauptgrund in den verschiedenen Wärmeverlusten der heißen Abgase, die bei den Durchblas-Verfahren um 110000—120000 kcal/t Roheisen höher (infolge der großen Balast-N_2-Menge) als beim Aufblas-Verfahren liegen. Der so gewonnene Wärmeüberschuß dient dem Schmelzen des Kühlschrotts bzw. des Kühlerzes (inkl. Spaltung des O von Fe). Der *Wärmewirkungsgrad* der Blasverfahren liegt um einen Fünftel (Durchblas-) bzw. einem Viertel (Aufblas-Verfahren).

Die gesamten Wärmeverluste (fühlbare und metallurgische Wärme in Abgasen sowie die Strahlungs- und Leitungsverluste) liegen bei den Durchblase(Luft)-Verfahren um 400000 und bei Aufblas(Sauerstoff)-Verfahren um 300000 kcal/t Stahl, woraus der Vorteil des Arbeitens mit reinem gasförmigen Sauerstoff klar ersichtlich ist.

Eine bedeutende Verbesserung des Wärmewirkungsgrades wäre möglich, wenn es gelingt, die in den Abgasen enthaltende metallurgische Wärme (Heizwert des CO) auszunützen, wodurch eine Verbesserung des Wärmewirkungsgrades um einige zehn Prozente möglich wäre.

Eine weitere Verbesserung des Sauerstoff-Aufblas-Verfahrens ist auch durch die Erhitzung des zu schmelzenden Schrottes im Tiegel (z. B. mit Heizöl, s. oben) möglich.

5.6 Herdstahl-Verfahren

5.6.1 Einleitung

Rund 80% der jährlichen Weltstahlerzeugung kommt heute aus dem Siemens-Martin-Ofen und etwa 7% aus dem Elektro-Lichtbogenofen.

Die Erörterung der beiden Herdstahl-Verfahren, d. h. der Stahlherstellung im Siemens-Martin-Ofen und im Elektro-Lichtbogenofen kann deshalb zusammen erfolgen, weil die Metallurgie der beiden Verfahren sehr ähnlich ist und sich von den Blasstahl-Verfahren wesentlich unterscheidet. Beide Verfahren benötigen eine Wärmezufuhr. Auch die Form der Stahlschmelze im Ofen mit der darüber liegenden Schlacke ist in beiden Fällen ähnlich.

5.6.2 Siemens-Martin-Verfahren

a) Einleitung. Noch vor einigen Jahrzehnten erfolgte die Stahlherstellung aus Schrott vorwiegend im Siemens-Martin-Ofen (SM-Ofen); heute wird auch in diesem Ofen immer mehr flüssiges Roheisen verarbeitet, in dem die Charge meist aus Schrott und flüssigem Roheisen (z. B. 60% Roheisen in England und USA und 20—40% in Deutschland und Frankreich) besteht.

Das Wesen des Siemens-Martin-Verfahrens liegt in der wirtschaftlichen Erzeugung der für die Stahlerzeugung in Betracht kommender hoher Verbrennungstemperaturen, was dadurch möglich ist, daß die Erhitzung der Verbrennungsluft und der Gase, wenn sie als Brennstoff in Betracht kommen, nach dem Regenerativ-System mit Hilfe der Wärme der abziehenden Verbrennungsgase auf die hohe Temperatur erfolgt. Dadurch ist es möglich z. B. Stahlschrott wirtschaftlich zu schmelzen und auf die Gießtemperatur zu bringen. Die Arbeitsweise des SM-Ofens ist aus der Abb. 5.5 ersichtlich.

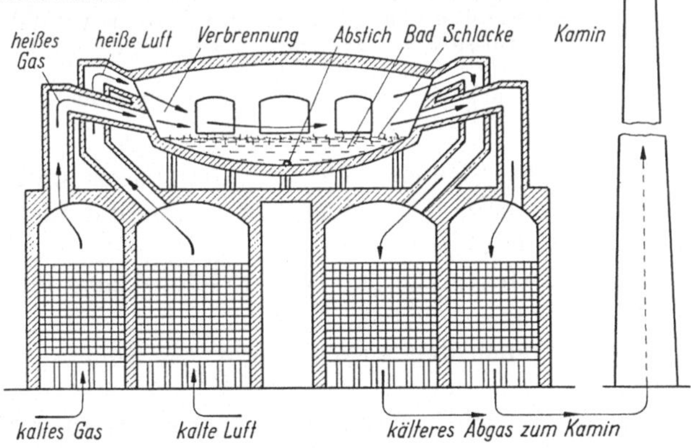

Abb. 5.5 Schematische Darstellung des Siemens-Martin-Ofens

Die Chargendauer ist im Siemens-Martin-Ofen verhältnismäßig lang. Während der 6-Tage-Woche sind bei 50% flüssigem Roheisen im Einsatz 12—36 Chargen, je nach der Ofengröße, üblich.

Die Vorteile des Siemens-Martin-Verfahrens, nach dem heute die Herstellung von etwa vier Fünfteln der Weltstahlmenge erfolgt, sind:

Tabelle 5-XVIII. *Daten des Siemens-Martin-Ofens*

Ofen:	Inhalt in t Stahl: 20 bis 500 t Tageserzeugung: gew. 2–6 Chargen (in 3 Schichten) Herdbelastung 1,5–4 t Stahl/m² Herdfläche Ausmauerung: Magnesitchromsteine, Decke sauer oder basisch Leistung: etwa 250–500 kg/h/m² Herdfläche

Stoffumsatz/t Stahl:	Kalkbedarf: 30–80 kg
	Schlackenmenge: 100–300 kg
	Verbrauch feuerfester Stoffe:
	  etwa 8–15 kg feuerfeste Steine und
	  etwa 20–30 kg Dolomit
	Ausbringen an flüssigem Stahl: 92–98%

Metallurgie:	Oxydation mit Luft 15 bis max. 25 kg Sauerstoff/t Stahl, dann mit Erz Si: Oxydiert zuerst und weitgehend bis SiO_2, das mit CaO zu $2\,CaO \cdot SiO_2$ verschlackt wird Mn: Oxydiert nach Si weitgehend zu MnO und geht in die Schlacke P: Entphosphorung durch die Verschlackung des P_2O_5 mit Kalk zu $3\,CaO \cdot P_2O_5$ auf 0,01 bis 0,04% P; besser mit zunehmendem FeO-Gehalt und CaO : SiO_2-Basizität der Schlacke S: Entschwefelung auf etwa 50%; begünstigt durch reduzierende Verhältnisse und basischere Schlacke N: etwa 0,004–0,005%.
Kennzeichnung:	1. Gute Kontrolle der Schmelze während des Feinens, was zu besserer und gleichmäßigerer Qualität führt. 2. Einfachheit und Gleichmäßigkeit der Erschmelzung der an P- und N-Gehalt niedrigen Stähle. 3. Flexibilität bezüglich der Anwendung verschiedener Verhältnisse Schrott: flüssiges Roheisen (von 100% Schrott bis etwa 80% Roheisen). 4. Möglichkeit der Verarbeitung verschiedener Roheisen- und Schrottsorten.

— gute Kontrolle der Schmelze während der Frisch- und Feinungs-Periode, was zu besserer und gleichmäßigerer Qualität und zum Vertrauen in die SM-Stähle führt.

— Einfachheit und Gleichmäßigkeit der Erschmelzung der an P- und N-Gehalt niedrigen Stähle.

— Flexibilität bezüglich der Anwendung verschiedener Verhältnisse Schrott: Roheisen.

— Möglichkeit der Verarbeitung verschiedener Roheisen- und Schrottsorten.

Wenn das Frischen des Roheisens mit Eisenerz erfolgt, dann ist nach der Sauerstoffabgabe das Eisen frei, das zusätzlichen Stahl liefert; in so einem Falle geht die Stahlgewinnung direkt aus dem Eisenerz, d. h. in einem Verfahren vor sich. Diese Arbeitsweise entspricht den Bestrebungen der Metallurgen, ohne den Umweg über das Roheisen Stahl zu erzeugen. Diejenige Menge des Stahls, die heute schon aus den bei der

Stahlherstellung verbrauchten Erzmengen resultiert — es dürften jährlich etwa 5 Mill. t Stahl sein — kann als direkte Stahlgewinnung angesehen werden. Die wichtigsten Daten des SM-Verfahrens sind aus der Tab. 5-XVIII ersichtlich.

b) Metallurgische Vorgänge. Beim *Siemens-Martin-Verfahren* ist es üblich, vor allem zwei Arbeitsweisen zu unterscheiden (s. auch Abb. 5.1 und 5.2): Arbeiten mit nur kaltem Einsatz (Schrott und kaltes Roheisen — Roheisen-Schrott-Verfahren oder Schrott und Kohle — Schrott-Kohle-Verfahren) und Arbeiten mit flüssigem Roheisen (meist Arbeitsweise 50 : 50, d. h. etwa 50% flüssiges Roheisen und etwa 50% Schrott — Roheisen-Erz-Verfahren), aber auch das Arbeiten mit dem bereits vorgefrischtem Roheisen ist üblich. Der Arbeitsweise entsprechend ist auch der Wärmebedarf für einzelne Teilvorgänge unterschiedlich. Der Wärmebedarf für das Schmelzen ist am höchsten, wenn der Einsatz nur aus dem kaltem Material besteht, weil dann zuerst das Schmelzen der gesamten Charge erfolgen muß. Der Wärmebedarf ist kleiner, wenn die Hälfte des Einsatzes (Arbeitsweise 50:50) als flüssiges Roheisen vorliegt. Die zugeführte Wärme ist am niedrigsten, wenn in den Ofen der z. B. im Konverter vorgefrischte Stahl als Einsatz kommt: in diesem Falle ist es notwendig, die Charge nur zu raffinieren und soviel Wärme zuzuführen, daß die Abstichtemperatur erreicht wird.

Für den SM-Ofen ist, wie das aus der Abb. 5.2 deutlich hervorgeht, charakteristisch, daß das Frischen sowohl mit dem Sauerstoff der Verbrennungsgase, als auch mit dem Erzsauerstoff erfolgt. Bis zu einer Roheisenmenge von 40—50% geht das Frischen nur mit den oxydierenden Ofengasen vor sich. Ist die Roheisenmenge größer, dann muß das Frischen auch durch den Erzsauerstoff (Frischerz) oder durch das Einblasen von reinem Sauerstoff (z. B. mit der Lanze) unterstützt werden. Beim Arbeiten mit dem Frischerz nimmt infolge der dabei freiwerdenden Eisenmenge das Ausbringen zu; dabei ist zusätzliche Wärme (Reduktionswärme) benötigt. Das Frischen mit dem eingeblasenen reinen Sauerstoff führt zur Befreiung bedeutender Wärmemengen, die sich auf die Wärmebilanz des Verfahrens und auf die Chargendauer günstig auswirken. Aus diesen verschiedenen Arbeitsweisen geht hervor, daß das SM-Verfahren im Gegensatz zu den Blasverfahren, die vor allem flüssiges Roheisen verarbeiten, sehr flexibel ist; es ist möglich, sowohl nur Schrott, als auch große Mengen flüssigen Roheisens als Einsatz zu verwenden.

Eine Charge dauert im SM-Ofen, je nach der Arbeitsweise, zwischen 4 und 12 Stunden; das Arbeiten im SM-Ofen ist somit im Vergleich mit dem Konverter sehr langsam. Die Charge ist in dieser Zeit sehr gut kontrollierbar und deshalb ist es leichter einen Stahl mit engen Toleranzen in bezug auf die Zusammensetzung zu erschmelzen. Gleichzeitig ist auch der Stickstoffgehalt des SM-Stahles niedrig (etwa 0,004—0,008%).

Als Brennstoff war früher im Siemens-Martin-Ofen das Generatorgas oder Mischgas üblich. Mit Hilfe des Regenerativ-Systems (s. Abb. 5.5) ist es möglich, sowohl die Generatorgas-, als auch die Verbrennungsluft-Menge auf eine Temperatur von etwa 1200—1300 °C zu erhitzen und im Ofen zu verbrennen, wodurch die notwendigen hohen Verbrennungs-Temperaturen erzielbar sind. Heute arbeitet der SM-Ofen meist mit dem Heizöl; in diesem Falle sind nur die beiden Luft-Regenerativ-Kammern notwendig.

c) Stoff- und Wärmeumsatz. Die Ermittlung des *Stoffumsatzes* soll, um Vergleiche anstellen zu können, ähnlich wie bei den Blasstahl-Verfahren erfolgen und sich vor allem auf die

> Menge der oxydierten Elemente,
> Schlackenmenge,
> Frischmittelmenge und
> Abgasmenge

beziehen.

Die Erörterung der *Oxydation der Legierungselemente* durch den gasförmigen oder durch den gebundenen Sauerstoff erfolgte schon unter 5.3. Dabei ist auch das Verschlacken der bei der Oxydation gebildeten Kieselsäure und Phosphorsäure mit dem Kalk berücksichtigt (s. Tab. 5-II bis IV).

Die *Schlacke* bilden die beim Frischen resultierende Oxyde, die zugegebene Kalk- oder Kalksteinmenge, die Gangart des Frischerzes, der Verschleiß des Ofenfutters und evtl. die oxydischen Verunreinigungen des Einsatzes (z. B. Sand usw.).

Die Einteilung der notwendigen *Wärme* kann in folgende Gruppen erfolgen:

1. Erhitzen und Schmelzen des kalten Einsatzes,
2. Erhitzen und Zersetzen des Erzes,
3. Erhitzen und Zersetzen des Kalksteines,
4. Oxydation der Legierungselemente und teilweise Oxydation des Eisens der Schmelze,
5. Abgaswärme,
6. Strahlungs- und Leitungsverluste.

Die notwendige Wärme liefert, wie schon oben ausgeführt, beim SM-Verfahren der Brennstoff, die regenerierte Heißluft und die exothermen Reaktionen (z. B. Oxydation der Legierungselemente usw.).

1. Siemens-Martin-Verfahren mit hohen Schrottsätzen
(Schrott-Roheisen-Verfahren)

Der feste Einsatz gehört zu den typischen Arbeitsweisen des Siemens-Martin-Ofens, wobei gewöhnlich etwa 30—40% Roheisenmasseln und Rest Stahlschrott zum Einsatz kommen (Roheisen-Schrott-Verfahren). In einem solchen Falle besteht die Stahlherstellung vor allem im Schmelzen des kalten Einsatzes und im Raffinieren (Oxydation usw.) der Schmelze.

a) Stoffumsatz. Die Menge des Roheisens (höchstens 40%, s. Abb. 5.2) ist so bemessen, daß das Frischen nur mit den oxydierenden Ofengasen vor sich geht. Ein zusätzliches Frischmittel (z. B. Erz, gasförmiger Sauerstoff) ist nicht notwendig. Der Stoffumsatz ist aus der Tab. 5-XIX ersichtlich.

Tabelle 5-XIX. *Stoffumsatz des Schrott-Roheisen-Verfahrens im Siemens-Martin-Ofen* (bezogen auf 1 t flüssigen Stahl)

A. Einsatz: 320 kg Roheisen-Masseln (etwa 30%)
730 kg Schrott, sauber, dazu 1% = 7,3 kg Sand
8 kg FeMn
——————
1058 kg

B. Oxydation: (Mengen der oxydierten Stoffe)

Menge kg	Einsatz	C		Mn		Si		P		S		Fe	
		%	kg	%	kg	%	kg	%	kg	%	kg	%	kg
320	Roheisen	3,8	12,2	1,0	3,2	1,00	3,2	1,40	4,5	0,08	0,3	92,72	296,7
730	Schrott	0,1	0,7	0,4	2,9	0,02	0,1	0,06	0,4	0,04	0,3	99,38	725,5
8	FeMn	5,0	0,4	75	6,0							20,00	1,6
	Total		13,3		12,1		3,3		4,9		0,6		1023,8
1005	Stahl mit Spritzer	0,1	1,0	0,3	3,0	0,01	0,1	0,04	0,4	0,04	0,4	99,51	1000,1
48,0 5,0[2]	Abbrand und Verdampfg.		12,3[1]		9,1		3,2		4,5		0,2		18,7 5,0[2]
50,3 1,4	O in kg O in kg		32,8[1]		2,7		3,6		5,8		—		5,4 1,4
	Oxyd ohne Verdampfg.		45,1[1]		11,8		6,8		10,3		—		24,1

[1] Oxydiert zu CO_2.   [2] Verdampft.

C. Metallbilanz: kg   kg

Chargiert: Roheisen-Masseln   320
            Schrott, sauber   730
            FeMn   8   1058

Verlust: Abbrand usw.   48
            Spritzer bei Abstich   5
            Verdampft   5   58
            Flüssiger Stahl in der Pfanne   1000

Stahlausbringen:

Bezogen auf die Roheisen- und Schrottmenge:
       (1000 : 1050) = 95,3%
Bezogen auf die chargierte Metall- u. Eisenmenge:
       (1000 : 1058) = 94,5%

Tabelle 5-XIX (Fortsetzung)

D. Sauerstoffbedarf, C-Oxydation
Gesamtsauerstoffbedarf = Sauerstoff aus der Luft = 51,7 kg
$$= 36,2 \text{ cbm } (= 172,4 \text{ cbm Luft})$$
12,3 kg C verbrennt zu 22,9 cbm CO_2

E. Berechnung des Kalkbedarfes:
a) Analyse des Kalkes: s. Tab. 5-IX
b) Verfügbare CaO-Menge im Kalk: 94,9 kg/100 kg Kalk
(Berechnung s. Tab. 5-IX-E b)

c) $CaO_{prakt.}$ = 4·kg Si + 2,71·kg P + 1,87·kg SiO_2
   = 4·3,2 + 2,71·4,5 + 1,87·9,3 (angenommene SiO_2-Menge im Schrott
   als Sand 7,3 kg u. 2,0 kg SiO_2 des Gewölbes; von einem 1,7 fachen
   CaO-Überschuß ist hier, da genügend CaO u. MgO in der Schlacke,
   abgesehen worden)
$CaO_{prakt.}$ = 42,6 kg $CaO_{verf.}$

Die notwendige Kalkmenge beträgt 44,9 kg. In dieser Menge sind 40,2 kg CaO, 0,2 kg SiO_2, 2,2 kg MgO, 0,1 kg Al_2O_3, 0,6 kg Fe_2O_3 und 0,1 kg S enthalten.

F. Schlackenmenge:
Die Schlacke wird gewöhnlich nach dem Einschmelzen des Einsatzes abgezogen. Der Rest wird von dem oder mit dem Stahl, manchmal auch nur teilweise, abgelassen. Hier die Gesamtschlacke:

Element kg	Oxydiert zu	FeO	Fe_2O_3	MnO	P_2O_5	CaO	MgO	SiO_2	Al_2O_3	S
9,1 Mn	MnO			11,8						
3,2 Si	SiO_2							6,8		
4,5 P	P_2O_5				10,3					0,1
18,7 Fe	FeO	24,1								
Sand im Schrott								7,3		
44,9 Kalk			0,6			40,2	2,2	0,2	0,1	0,1
30 Dolomit[1]			0,9			16,3	10,3	1,1	1,4	
2 Silika[2]								2,0		
135,8 Schlacke		24,1	1,5	11,8	10,3	56,5	12,5	17,4	1,5	0,2
Schlacke in %		17,7	1,1	8,7	7,6	41,6	9,2	12,9	1,1	0,1

[1] Gebr. Dolomit: 54,3% CaO, 34,3% MgO, 3,5% SiO_2, 4,7% Al_2O_3, 3,1% Fe_2O_3.
[2] bei saurer Decke.

G. Wärmeerzeugung (Generatorgasbedarf, notwendige Luftmenge, Abgasmenge).
a) Notwendige *Generatorgasmenge* (28% CO, 12% H_2, 2% CH_4, 3% CO_2, 55% N_2) beträgt 840 cbm/t Stahl.

b) *Verbrennungsluftmenge:* berechnet nach der Gleichung

$$2,38 \frac{\% CO + \% H_2}{100} + 9,53 \frac{\% CH_4}{100} = 1,142 \text{ cbm Luft/1 cbm Gas}$$

(theor. Luftmenge).

Im SM-Ofen arbeitet man mit n = 1,2; somit die Luftmenge 1,370 cbm Luft/cbm Generatorgas oder 1150,8 cbm Luft/840 cbm Generatorgas.

Die Oxdation umfaßt insgesamt etwa 50 kg Legierungselemente und Eisen je t flüssigen Stahl. Die Oxydation des Kohlenstoffs geht zuerst zu CO vor sich; durch die oxydierenden Ofengase verbrennt CO anschließend zu CO_2.

Der Umfang der Entphosphorung ist der kleinen Phosphormenge (etwa 5 kg P/t Stahl; beim Thomas-Verfahren 20 kg) entsprechend gering. Die Kalkzugabe, die entweder in Form von gebranntem Kalk (CaO) oder als Kalkstein ($CaCO_3$) erfolgt, kommt vor allem für die Verschlackung der Kieselsäure und der Phosphorsäure in Betracht. Der Kalkbedarf liegt beim besprochenen Beispiel bei etwa 45 kg, die Schlackenmenge bei etwa 135 kg.

Das Ausbringen des flüssigen Stahls, bezogen auf die eingesetzte Roheisen- und Schrottmenge, liegt mit etwa 95% hoch, vor allem infolge der geringen Menge der oxydierten Legierungselemente (Abbrand etwa 50 kg gegenüber etwa 110 kg beim Thomas-Verfahren).

b) Wärmeumsatz (s. Tab. 5-XX). Als Brennstoff kommt hier das Generatorgas in Betracht. Sowohl die Gas-, als auch die Verbrennungsluft-Erhitzung auf 1200 °C geht in Regenerativ-Kammern, die durch die abziehenden Ofengase aufgeheizt werden, vor sich, was entscheidend zur Erzielung der für die Stahlherstellung notwendigen hohen Temperaturen beiträgt (s. auch S. 32ff.). Die Luftzufuhr erfolgt im Überschuß ($n = 1,2$). Die aus den Regenerativ-Kammern in das Kamin abziehenden Abgase entweichen mit einer Temperatur von 500 °C.

Die Gesamtwärme liegt hier bei etwa 2,1 Mill. kcal/t Stahl. Die Wärme im Metall und in der Schlacke entspricht etwa 30% der Wärme, die die Oxydation der Legierungselemente und der Brennstoff (Generatorgas) liefern. Obgleich C zu CO_2 verbrennt, liegen die Wärmeverluste (Abgase, Leitung und Strahlung) über 40% der gesamten Wärmemenge, d. h. sehr hoch.

Der *Wärmewirkungsgrad* des Schrott-Verfahrens im SM-Ofen ist infolge der großen Wärmeverluste sehr niedrig. Er liegt bei etwa 20%, bezogen auf die beim Verfahren angewendete Gesamtwärmemenge.

Tabelle 5-XX *Wärmeumsatz des Schrott-Roheisen-Verfahrens im Siemens-Martin-Ofen* bezogen auf 1 t flüssigen Stahl (Generatorgas-Feuerung)

A. Wärmeangebot		kcal	kcal	kcal	%
1. Wärme im chargierten Material					
2. Oxydation	kg				
Fe₃C zu CO₂	12,3	8281	101 900		
FeSi zu 2 CaO · SiO₂	3,2	7875	25 200		
Mn zu MnO	9,1	1653	15 000		
Fe₃P zu 3 CaO · P₂O₅	4,5	7321	32 900		
Fe zu FeO	23,7	1150	27 300	202 300	9,7

Tabelle 5-XX (Fortsetzung)

3. *Regenerierte Wärme*	kcal		kcal	%
bei 1200 °C (s. unter D)				
Luft 1151 cbm à 412,8	475 100			
Gas 840 cbm à 422,7	355 100		830 200	38,5

4. *Gasverbrennung* (Brennstoff)
840 cbm Generatorgas à 1328,4 kcal/cbm   1 115 900   51,8

                                                 2 148 400

B. Wärmeverbrauch

1. Wärme im flüss. Stahl
1000 kg bei 1625 °C 337   337 000   15,7
2. Wärme in der Schlacke, Rauch
(135,8 + 6,4) · 470   66 800   3,1
3. Wärme durch die Regeneration zurückgewonnen
(s. unter A.3 u. D)   830 200   38,7
4. Wärme der Kamingase (s. unter E)   307 700   14,3
5. Strahlung, Leitung, Rechnungsdifferenz   606 700   28,2

                                                   2 148 400

C. Wärmewirkungsgrad
Wärme verwendet für die Erhitzung des Metalls, der Schlacke, des Rauches zu
der durch Oxydation und Brennstoff gelieferten Wärme:
$$403 800 : 1 318 200 = 30,6\%$$
zu der gesamten Wärmemenge:
$$403 800 : 2 148 400 = 18,8\%$$
zu der Brennstoffwärme:
$$403 800 : 1 115 900 = 36,2\%$$

D. Regenerativ-System
Generatorgas und Luft werden in den Kammern auf 1200 °C gebracht und
bringen somit folgende Wärmemenge mit:

     1151 cbm Luft mit 412,8 kcal/cbm   475 100 kcal
     840 cbm Generatorgas mit 422,7 kcal/cbm   355 100 kcal
                                                830 200 kcal

Wärmeinhalt des Generatorgases bei 1200 °C		
cbm	kcal/cbm/1200 °C	kcal
0,28 CO	411,6	115,3
0,12 H_2	385,2	46,2
0,02 CH_4	873,6	17,5
0,03 CO_2	651,6	19,3
0,55 N_2	408,0	224,4
		422,7
840,0 cbm Generatorgas · 422,7		355 068

E. Wärmeverlust der Abgase mit 500 °C

Abgasmenge cbm	Herkunft	kcal/cbm/500 °C	kcal
12,1 O_2	Überschußluft, Frisch-O	167,5	2 027
283,3 CO_2	Verbr.-Gas, C-Frischen	238,0	67 425
1371,1 N_2	Gas und Luft	159,8	219 102
100,8 H_2O	Verbr.-Gas	189,8	19 132
1767,3 Abgase			307 686

2. Siemens-Martin-Verfahren mit flüssigem Roheisen
(Roheisen-Erz-Verfahren)

Beim Arbeiten mit größeren Mengen flüssigen Roheisens reicht die Frischwirkung der oxydierenden Verbrennungsgase im SM-Ofen nicht mehr aus; aus diesem Grunde muß Erz als Frischmittel zur Anwendung kommen. Typisch ist das Arbeiten mit 50—65% flüssigem Roheisen, Rest Schrott. In diesem Falle besteht die Stahlherstellung aus dem Schmelzen des Schrotts und dem Frischen des Roheisen-Anteiles.

a) Stoffumsatz. Die Menge des flüssigen Roheisens kann je nach den örtlichen Verhältnissen von 40—80% des gesamten metallischen Einsatzes variieren. Als Beispiel kommt hier ein Einsatz aus zwei Drittel flüssigem Roheisen (65%) und einem Drittel Schrott (35%) zur Erörterung. Dieses Verhältnis ist deshalb von besonderem Interesse, weil ein kombiniertes Hüttenwerk bei genügend kleinen Profilen im Walzwerk einen Schrottanfall bis 35% aufweist und somit diese Schrottmenge dem eigenen Schrott entspricht.

Das Frischen (s. Abb. 5.2) erfolgt in diesem Falle durch die oxydierenden Ofengase und durch Erzsauerstoff, was auch zur Verbesserung des Stahlausbringens, das bei fast 98%, bezogen auf die chargierte Roheisen- und Schrottmenge (gegenüber 94% beim kalten Einsatz) liegt, führt (s. auch Tab. 5-XXI).

Auch die Menge der oxydierten Legierungselemente und des oxydierten Eisens ist höher; sie liegt bei etwa 70 kg/t Stahl. Auch hier geht die Oxydation des Kohlenstoffs bis CO_2.

Der Umfang der Entphosphorung ist bei P-armen Roheisensorten infolge der kleinen Phosphormenge (etwa 5 kg/t Stahl) des Einsatzes nicht groß. Auch hier dient die Kalkzugabe der Verschlackung der Kieselsäure (zu $2\,CaO \cdot SiO_2$) und der Phosphorsäure (zu $3\,CaO \cdot P_2O_5$). Die Deckung des Kalkbedarfes erfolgt durch 70 kg Kalkstein und 35 kg gebrannten Kalk und führt zu etwa 180 kg Schlacke, alles je t Stahl.

Die Frischerzmenge liegt — der Menge des Roheisens entsprechend — bei etwa 85 kg Erz (gleich etwa 50 kg Fe).

b) Wärmeumsatz (s. Tab. 5-XXII). Als Brennstoff kommt hier Heizöl — entsprechend der heute üblichen Praxis — in Betracht. Die Regeneration beschränkt sich, weil die Vorerwärmung des Gases fehlt, nur auf die Luft, und ist deshalb bezüglich der regenerierten Wärmemenge kleiner als beim Generatorgas. Auch hier wird die Luft im Überschuß ($n = 1,2$) dem Ofen zugeführt; die heißen Abgase der Regenerativ-Kammer entweichen mit 750 °C.

Die Gesamtwärme liegt um etwa 2,1 Mill. kcal/t Stahl, d. h. praktisch gleich hoch wie beim Schrott-Verfahren, obgleich der Umfang der Teilvorgänge recht verschieden ist. So erfolgt hier die Deckung eines Teils

12*

Tabelle 5-XXI. *Stoffumsatz des Roheisen-Erz-Verfahrens*

(65% flüssiges Roheisen, 35% Schrott) im *Siemens-Martin-Ofen*
bezogen auf 1 t flüssigen Stahl

A. Einsatz   653 kg flüssiges Roheisen   *Zuschläge:* 70 kg Kalkstein
              366 kg Schrott, rein   35 kg Kalk
               52 kg Eisen im Frischerz (= 86,5 kg Erz)[1] 3,7 kg Sand in Schrott (1%)
                8 kg FeMn
             ―――――――
             1079 kg

[1] Zusammensetzung des Eisenerzes: 60,1% Fe (Fe_2O_3), 6% SiO_2, 3% Al_2O_3, 1% CaO, 1% MgO.

B. Oxydation:

Menge kg		C %	C kg	Mn %	Mn kg	Si %	Si kg	P %	P kg	S %	S kg	Fe %	Fe kg
653	Roheisen	4,0	26,1	1,0	6,5	0,5	3,3	0,7	4,6	0,05	0,3	93,75	612,2
366	Schrott	0,1	0,4	0,4	1,5	0,02	0,1	0,06	0,2	0,04	0,1	99,38	363,7
86,5	Erz											60,1	52,0
8	FeMn	5,0	0,4	75,0	6,0							20,0	1,6
	Total		26,9		14,0		3,4		4,8		0,4		1029,5
1005	Stahl mit Spritzer	0,1	1,0	0,3	3,0	0,01	0,1	0,04	0,4	0,04	0,4	99,51	1000,1
69,0	Abbrand und		25,9[1]		11,0		3,3		4,4		—		24,4
5,0	Verdampfg.												5,0[2]
88,7	O in kg		69,0[1]		3,2		3,8		5,7		—		7,0
1,4	O in kg												1,4
	Oxyd (ohne Verdampfg.		94,9[1]		14,2		7,1		10,1		—		31,4

[1] Oxydiert zu CO_2.   [2] Verdampft.

C. Sauerstoffbedarf:

Gesamtsauerstoffbedarf	88,7 kg
Sauerstoff in Erz (Fe_2O_3)	22,4 kg
Sauerstoff aus der Luft	66,3 kg = 46,4 cbm O_2
Entsprechende N_2-Menge	174,6 cbm N_2
Gebildete CO_2-Menge:	48,3

D. Metallbilanz:

Chargiert:	Roheisen, flüssig	653 kg	
	Schrott, rein	366 kg	
	Fe-Mn	8 kg	1027
	Fe im Erz	52 kg	1079
Verlust:	Abbrand usw.	69 kg	
	Spritzer bei Abstich	5 kg	
	Verdampfung	5 kg	79
	Flüss. Stahl in der Pfanne		1000

Tabelle 5-XXI (Fortsetzung)

Stahlausbringen:

Bezogen auf die Roheisen- und Schrottmenge: $(1000 : 1019) = 98,1\%$
Bezogen auf die chargierte Metallmenge: $(1000 : 1027) = 97,4\%$
Bezogen auf die chargierte Eisenmenge: $(1000 : 1079) = 92,7\%$

E. Schlackenmenge:

Auch hier wird die Schlacke gewöhnlich nach dem Einschmelzen und Frischen abgezogen. Der Rest wird vor oder mit dem Stahl abgelassen. Unten die Gesamtschlacke:

Menge kg		Oxydiert zu	FeO	Fe_2O_3	MnO	P_2O_5	CaO	MgO	SiO_2	Al_2O_3
11,0	Mn	MnO			14,2					
3,3	Si	SiO_2							7,1	
4,4	P	P_2O_5				10,1				
24,4	Fe	FeO	31,4							
86,5	Erz						0,9	0,9	5,2	2,6
	Kalkstein u. Kalk[1]			1,1			70,1	1,7	0,3	0,2
30,0	Dolomit[2]			0,9			16,3	10,3	1,1	1,4
2,0	Silika								2,0	
3,7	Sand im Schrott								3,7	
181,5	Schlacke		31,4	2,0	14,2	10,1	87,3	12,9	19,4	4,2
Schlacke in %			17,3	1,1	7,8	5,6	48,1	7,1	10,7	2,3

[1] Einsatz 70 kg Kalkstein und 35 kg Kalk, d. h. gesamt 70,1 kg CaO, 1,7 kg MgO, 0,3 kg SiO_2, 0,2 kg Al_2O_3, 1,1 kg Fe_2O_3, 31,8 kg CO_2, 0,2% S. (Analyse: Kalkstein und Kalk A-XVI).

[2] Gebr. Dolomit: s. Tab. A-XVI.

F. Wärmeerzeugung:

Bedarf 109,2 kg Heizöl mit $H_u = 9800$ kcal/kg (Heizöl mit 86,37% C, 11,30% H_2, 1,14% O und 0,60% S). Theoretische Luftmenge (s. S. 28) 10,65 cbm/kg Heizöl, d. h. 1163 cbm oder 1395,6 cbm Luft bei $n = 1,2$.

G. Abgasmenge:

Verbrennungs-Abgasmenge (nach Gl. 3.13, S. 28, Rechnung, S. 29): 176,1 cbm CO_2, 1102,6 cbm N_2, 137,0 cbm H_2O und 58,6 cbm O_2. 46.3 cbm dieses Sauerstoffs werden für die Frischarbeit verbraucht, wobei 48,3 cbm CO_2 gebildet werden. Die Abgase (inkl. 32,0 kg CO_2 des Kalksteins) bestehen aus 240,5 cbm CO_2, 1102,6 cbm N_2, 137,0 cbm H_2O und 12,3 cbm O_2, total 1492,4 cbm.

der notwendigen Wärme durch die Eigenwärme des flüssigen Roheisens (etwa 160 000 kcal), dann durch die verstärkte Oxydation (über 300 000 kcal), weiter durch die regenerierte Wärme (etwa 580 000 kcal) und der Rest durch die Heizöl-Kalorien (etwa 1,1 Mill. kcal). Die notwendige Wärme für Stahl und Schlacke, sowie für die Reduktion des Eisenerzes liegt bei 28% der durch Oxydation und Brennstoff gelieferten Wärme. Der Anteil der Wärmeverluste (ohne Abgase) liegt um etwa 28% der gesamten oder um 43% der erzeugten Wärmemenge. Etwa 20% der Gesamtwärme gehen durch das Kamin verloren.

Tabelle 5-XXII. *Wärmeumsatz des Roheisen-Erz-Verfahrens*
(65% flüss. Roheisen, 35% Schrott) im *Siemens-Martin-Ofen*,
bezogen auf 1 t flüssigen Stahl

A. Wärmeangebot:

		kg	kcal	kcal	kcal	%
1. Wärme im chargierten Material:						
653 kg flüss. Roheisen bei 1250 °C			260		169 800	7,7
2. Oxydation:						
Fe_3C	zu CO_2	25,9	8281	214 500		
FeSi	zu $2\,CaO \cdot SuO_2$	3,3	7875	26 000		
Mn	zu MnO	11,0	1653	18 200		
Fe_3P	zu $3\,CaO \cdot P_2O_5$	4,4	7321	32 200		
Fe	zu FeO	29,4	1150	33 800	324 700	14,8
3. Regenerierte Wärme:						
bei 1300 °C						
1395,6 cbm Luft bei 1300 °C			450,4		628 600	28,7
4. Brennstoff:						
109,2 kg Heizöl			9800		1 070 200	48,8
					2 193 300	

B. Wärmeverbrauch:

	kcal	kcal	kcal	%
1. Wärme im flüssigen Stahl				
1000 kg bei 1625 °C	337		337 000	15,4
2. Wärme in Schlacke und Rauch				
181,5 + 6,4 = 187,9 kg	470		88 300	4,0
3. Zersetzung				
74,4 kg Fe_2O_3 = 52 kg Fe	1764	91 700		
73,0 kg $CaCO_3$	424	31 000	122 700	5,6
4. Absorbiert im Regenerator			628 600	28,6
5. Abgase (Kamingase) bei 650 °C			346 600	15,8
6. Strahlung, Leitung, Rechnungsdifferenz			671 900	30,6
			2 193 300	

C. Wärmewirkungsgrad:
Wärme verwendet für die Erhitzung des Metalls, der Schlacke, des Rauches,
der Reduktion des Eisenerzes und der Zersetzung des $CaCO_3$ zu der durch
Oxydation und Brennstoff erzeugten Wärme:
378 300 : 1 394 900 = 27,1%
zu der gesamten Wärmemenge:
378 300 : 2 193 300 = 17,2%

D. Regenerativ-System:
Luft wird in den Kammern auf 1300 °C gebracht und bringt folgende Wärmemenge mit: 1395,6 cbm mit 450,4 kcal/cbm = 628 578 kcal.

E. Wärmeverlust durch die Abgase bei 750 °C:

Abgasmenge cbm	kcal/cbm bei 750 °C	kcal
240,5 CO_2	321,5	77 321
1102,6 N_2	210,4	231 987
137,0 H_2O	252,4	34 579
12,3 O_2	221,8	2 728
1492,4		346 615

3. Vergleich zwischen den verschiedenen SM-Verfahren

Der Vergleich zwischen den beiden typischen SM-Stahlherstellungsverfahren, *Schrott-Roheisen-* und *Roheisen-Erz-*Verfahren, ist übersichtlich in der Tab. 5-XXIII dargestellt.

Tabelle 5-XXIII. *Vergleich verschiedener Siemens-Martin-Verfahren*
(je t flüssigen Stahl)

	Schrott-Roheisen-Verfahren	Roheisen-Erz-Verfahren
A. *Einsatz:* Roheisen kg	320	653
Schrott kg	730	366
Fe im Erz kg	—	52
B. *Stoffumsatz:*		
Menge der oxydierten Legierungselemente und des Eisens in kg (ohne Verdampfung)	48	69
Sauerstoffbedarf in kg	50	89
Kalk-Zugabe in kg	45	75
Schlackenmenge in kg	135	182
Luftmenge in cbm	1151	1396
Abgasmenge in cbm	1870	1492
Stahl-Ausbringen in %	95,3	98,1
C. *Wärmeumsatz* in 10^3 kcal		
Gesamtwärmemenge	2148	2193
Wärme im flüssigen Roheisen	—	170
Durch Oxydation erzeugte Wärme	203	325
Brennstoffwärme	1116	1070
Erzeugte Wärme gesamt	1319	1395
Regenerierte Wärme	830	629
Wärme im Stahl und in der Schlacke	405	425
Zersetzungswärme	—	123
Abgaswärme	308	348
Strahlung, Leitung usw.	607	672
Wärmewirkungsgrad in %	18,8	17,2

Diese Gegenüberstellung ist deshalb von Interesse, weil es sich beim Roheisen-Schrott-Verfahren um eine Arbeitsweise handelt, deren Umfang an metallurgischen Vorgängen eher gering, dafür aber der Wärmebedarf — der gesamte Einsatz kommt kalt in den Ofen — um so größer ist, womit die Verhältnisse gerade umgekehrt wie beim Roheisen-Erz-Verfahren liegen (umfangreichere Frischarbeit und Verschlackung, die Hälfte des Einsatzes — das Roheisen — flüssig).

Aus diesen Gründen ist beim Roheisen-Schrott-Verfahren die Menge der oxydierten Legierungselemente, des notwendigen Frisch-Sauerstoffs und des Kalkes, und somit auch die Schlackenmenge um 20—40% geringer als beim Roheisen-Erz-Verfahren.

Der Wärmeumsatz ist entsprechend. Daß beide Verfahren etwa den gleichen Gesamtwärmebedarf aufweisen, kommt daher, daß beim Roheisen-Schrott-Verfahren die Beheizung mit dem Generatorgas erfolgt, wodurch die Regeneration sowohl des Gases als auch der Luft (gesamt etwa 2000 cbm), während bei der Verbrennung des Heizöls (Roheisen-Erz-Verfahren) nur die Regeneration der Luft (etwa 1400 cbm) möglich ist; somit ist es erklärlich, daß die regenerierte Wärmemenge beim Roheisen-Schrott-Verfahren etwa 0,8 Mill. kcal beträgt, während sie beim Roheisen-Erz-Verfahren bedeutend kleiner (0,6 Mill. kcal) ist. Die insgesamt notwendige Brennstoffwärme ist beim Roheisen-Erz-Verfahren deshalb geringer, weil trotz der kleineren regenerierten Wärme der Umfang der durch die Oxydation erzeugten Wärme größer ist und weil ein Teil der Wärme mit der Roheisenschmelze (0,16 Mill. kcal) in den Ofen kommt.

Aus den gleichen Gründen ist der Wärmewirkungsgrad in beiden Fällen etwa gleich, wobei über 1 Mill. kcal im Abgas sowie als Strahlungs- und Leitungswärme verlorengehen, was ein Mehrfaches gegenüber den anderen Stahlherstellungs-Verfahren ausmacht. Diese gewaltigen Wärmeverluste sind vom wirtschaftlichen Standpunkte aus als einer der Hauptnachteile des SM-Ofens anzusehen.

Um den SM-Prozeß wirtschaftlicher zu gestalten, ist es notwendig, seine Vorteile zu erhalten und seine Wärmeverluste zu verringern. Die Bemühungen in dieser Richtung führen zum Bau größerer Ofeneinheiten, um die Leistungen der Öfen zu erhöhen, zur Erhöhung der Durchsatzleistung der Brennstoffe, wobei aber noch das Problem der feuerfesten Materialien, vor allem der basischen, zur Lösung gelangen muß. In gleicher Richtung kommt auch die Anwendung von reinem Sauerstoff beim Frischen und als Verbrennungsgas in Betracht, was zur Abkürzung der Charge, Erhöhung der Verbrennungs-Temperatur, Verringerung der Wärmeverluste und Produktionssteigerung führt.

Diese Verbesserungen können zur Hebung der Wirtschaftlichkeit und somit der Zweckmäßigkeit des SM-Ofens führen. In Zukunft wird diese Entwicklung sicher weitergehen, d. h. die Öfen werden größer, ihre Chargendauer kürzer, der Brennstoffverbrauch kleiner, die Haltbarkeit der Ausmauerung länger, und das bei gleicher oder besserer Stahlqualität.

5.6.3 Stahlherstellung im Elektro-Lichtbogenofen

a) Einleitung. Die Herstellung von etwa 7% (zur Zeit über 20 Mill. t) der Weltstahlmenge geht heute im Elektro-Lichtbogenofen vor sich. Bis vor einiger Zeit hat man in diesem Ofen nur legierte Stähle erschmolzen. Erst durch den Bau größerer Ofeneinheiten (s. Abb. 5.6) war es möglich, auch die gewöhnlichen Stähle im Elektro-Lichtbogenofen wirtschaftlich zu erzeugen. Weil die notwendige Wärme der elektrische Strom liefert, kann man annehmen, daß in Zukunft dieser Ofen immer mehr an Bedeutung gewinnt. Die wichtigsten Daten der Stahlerschmelzung im Elektro-Lichtbogenofen (Schrott-Verfahren) sind aus der Tab. 5-XXIV ersichtlich.

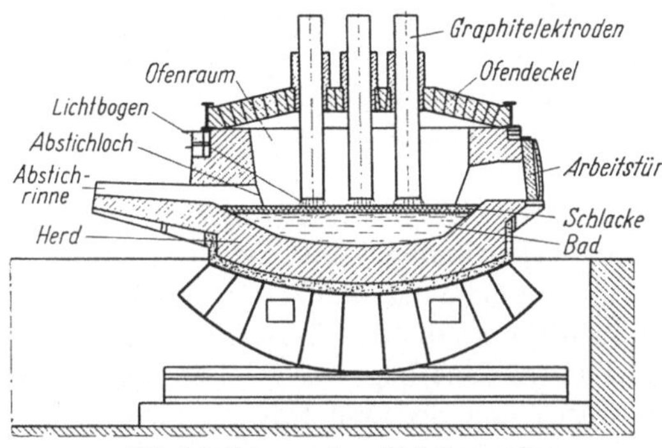

Abb. 5.6 Schema eines Lichtbogenofens

Tabelle 5-XXIV. *Daten des Elektro-Lichtbogenofens* (Schrott-Verfahren)

Ofen:	Inhalt in t Stahl: bis etwa 150/200 t Tageserzeugung: 3—9 Chargen (dreischichtig) Badhöhe: bis etwa 500 mm Deckel: Silikasteine Ofenwanne: Magnesitsteine oder Dolomitblöcke
Stoffumsatz:	Verbrauch feuerfester Materialien (für große Öfen) je t Stahl: etwa 0,4 kg für die Ofenwanne und etwa 3,2 kg für den Deckel Durchmesser der Graphitelektroden: bis 600 mm Elektrodenverbrauch: 5—7 kg/t Stahl Schlackenmenge: etwa 30—100 kg/t Stahl Kalkbedarf: etwa 20—50 kg/t Stahl Ausbringen an flüss. Stahl: etwa 95—97%, bezogen auf den verunreinigten Schrott
Elektrischer Teil:	Transformatorenleistung: bis 35 MVA Spannung: bis 500 V cos phi: bei Vollast 0,90 bis 0,80 Elektrodenregulierung: elektromotorisch oder hydraulisch Stromverbrauch: 700—500 kWh/t Stahl
Metallurgie:	*Oxydation* weitgehend durch den Erzsauerstoff (Rost, Frischerz), weniger durch den Luftsauerstoff *Verhalten der Legierungselemente:* etwa wie im Siemens-Martin-Ofen *N-Gehalt im Stahl:* 0,007—0,010% *H-Gehalt im Stahl:* etwa 3—6 ccm/100 g
Allgemeines:	Investitionskosten etwa 120—150 DM/jato
Kennzeichnung:	1. Wirtschaftliche Arbeitsweise bei der Stahlherstellung aus Schrott dort, wo der elektrische Strom im Vergleich zum Heizöl und anderen Brennstoffen billig ist. 2. Weitgehende Entphosphorung, auch Entschwefelung. 3. Gute Temperaturregulierbarkeit des Stahlbades.

b) Metallurgische Vorgänge. Im Elektro-Lichtbogenofen wird heute der Stahl fast ausschließlich aus dem Schrott (Schrott-Verfahren) [*13*] hergestellt, obgleich es sich in letzter Zeit gezeigt hat, daß es auch möglich ist, wirtschaftlich größere Mengen flüssigen Roheisens (Roheisen-Erz-Verfahren) [*14*] auf Stahl zu verarbeiten. Die *Elektroden* (meist Graphitelektroden) nehmen an metallurgischen Vorgängen praktisch keinen Anteil. Der Elektrodenverbrauch (Oxydation) liegt bei etwa 5—7 kg/t Stahl.

Beim *Schrott-Verfahren* erfolgt zuerst das Schmelzen des chargierten Schrottes. Aus Qualitätsgründen wählt man die Zusammensetzung der Schmelze so, daß sie mit etwa 0,4—0,5% C einläuft, um anschließend eine Kochperiode durchzuführen, die durch die Erzzugabe vor sich geht. Das Frischen geht im Elektro-Lichtbogenofen — im Gegensatz zum SM-Ofen — praktisch nur durch den Erzsauerstoff vor sich; wegen der geringen Frischarbeit ist das Ausbringen sehr hoch. Auch hier kann das Frischen an Stelle von Erz mit reinem Sauerstoff (z. B. durch das Einblasen mit der Lanze oder Düse) erfolgen, was zu kürzeren Chargenzeiten und niedrigerem Stromverbrauch führt. Der Umfang der Frischarbeit ist beim Schrott-Verfahren sehr klein. An das Kochen schließt sich gewöhnlich die Raffinationsperiode an. Dann erfolgt die Desoxydation und das Vergießen der Charge. Somit besteht die Stahlcharge zeitlich aus drei Abschnitten: Einschmelzen, Frischen (Kochen) und Fertigmachen (Feinen). Vielmals erfolgt das Kochen teilweise während der Einschmelzzeit.

Der Stromverbrauch und die Chargendauer sind von der Ofengröße, der Stromzufuhr (Transformatorleistung), sowie von der Arbeitsweise abhängig. Der Stromverbrauch liegt zwischen 600 und 700 kWh/t flüssiges Eisen. Die Dauer der Charge beträgt 3—4, bei großen Öfen auch gegen 6 Stunden.

Beim *Roheisen-Erz-Verfahren* besteht der Einsatz aus flüssigem Roheisen und Rost-Schrott; das Frischen des flüssigen Roheisens findet mit dem Eisenerz statt, was während des Einschmelzens geschieht. Dann erfolgt das Fertigmachen der Charge, Desoxydation und Vergießen. Der Umfang der Frischarbeit liegt beim Roheisen-Erz-Verfahren — vorteilhafterweise arbeitet man mit 50% Schrott und 50% flüssigem Roheisen — etwa in der Mitte zwischen dem Blasstahl- und dem reinen Schrott-Umschmelz-Verfahren. Dabei kommen sowohl phosphorarme (etwa 0,1% P) als auch phosphorhaltige (bis 2% P) Roheisensorten in Betracht. Der Stromverbrauch liegt dabei z. B. im 40-t-Ofen bei etwa 500 kWh/t flüssigen Stahl; die Charge dauert etwa 2—2,5 und die Chargierzeit etwa 0,5 Stunden.

c) Stoff- und Wärmeumsatz. Weil beide Verfahren unterschiedlich sind, sollen sie auch nacheinander behandelt werden.

1. Schrott-Verfahren

Durch die Zugabe von Kohlungsmitteln (Roheisen oder Koks) ist es üblich, die Charge beim Schrott-Verfahren auf etwa 0,4—0,5% C zu bringen. Im folgenden Beispiel soll das Roheisen als Aufkohlungsmittel in Betracht kommen.

a) Stoffumsatz (s. Tab. 5-XXV). Der Einsatz besteht, wenn man vom Erz absieht, aus etwa 1 t Schrott, Roheisen und Zuschlägen. Als Frisch-

Tabelle 5-XXV. *Stoffumsatz des Schrott-Verfahrens im Elektro-Lichtbogenofen (40 t-Ofen)*

A. Einsatz: 80 kg Roheisen
915 kg Schrott, sauber = 965 kg Schrott verunreinigt
5 kg FeMn
——————
1000 kg
32 kg Erz mit 19,1 kg Fe
Stromverbrauch 650 kWh/t Stahl; Chargendauer 3,5 Stunden
6,0 kg Elektrodenverbrauch (98% C)

B. Oxydation:

Menge kg		C		Mn		Si		P		Fe	
		%	kg	%	kg	%	kg	%	kg	%	kg
915	Schrott	0,10	0,9	0,40	3,7	0,02	0,2	0,06	0,6	99,38	909,3
80	Roheisen	3,80	3,0	1,00	0,8	1,00	0,8	0,10	0,1	94,05	75,2
5	FeMn	5,00	0,3	75,0	3,7					20,0	1,0
32,0	Erz									60,1	19,2
9,6	Rost									70,0	6,7
	total		4,2		8,2		1,0		0,7		1011,4
1005	Stahl m. Spritzer	0,10	1,0	0,30	3,0	0,01	0,1	0,04	0,4	99,51	1000,0
16,0	Abbrand		3,2[1]		5,2		0,9		0,3		6,4
5,0	Ver-dampfg.										5,0[2]
9,0	O		4,3		1,5		1,0		0,4		1,8
1,4	O										1,4
	Oxyde		7,5		6,7		1,9		0,7		8,2

[1] oxydiert in CO.   [2] verdampft als FeO.

C. Metallbilanz:

Chargiert:	Roheisen-Masseln	80 kg	
	Schrott, sauber	915 kg	
	FeMn	5 kg	1000 kg
	Fe im Erz und Rost	26 kg	1026 kg
Verlust:	Abbrand	16 kg	
	Spritzer	5 kg	
	Verdampft	5 kg	26 kg
			1000 kg

Tabelle 5-XXV (Fortsetzung)

D. Stahlausbringen:

Bezogen auf Metalleinsatz: $(1000 : 1000) = 100\%$
  (verunreinigtes Schrott 95,2%)
Bezogen auf die chargierte Eisenmenge: $(1000 : 1026) = 97,5\%$
  (verunreinigtes Schrott 92,9%)

E. Gesamtsauerstoff-Bedarf und -Angebot:
  Bedarf:

O-Bedarf der Legierungselemente und Fe	9,0 kg O
O-Bedarf der Elektrode 5,9 kg C $\cdot$ 1,33 $\cdot$ 0,3	2,4 kg O
	11,4 kg O

  Angebot:
Im Erz und Rost: 25,9 kg Fe als Fe_2O_3 11,1 kg O

F. Berechnung des Kalkbedarfes:

a) Analyse des Kalkes: s. Tab. A-XVI
b) Verfügbare CaO-Menge im Kalk: 94,9 kg/100 kg Kalk (s. Tab. 5-X)
c) $CaO_{prakt.} = 4 \cdot$ kg Si $+ 2,71 \cdot$ kg P $+ 1,87 \cdot$ kg SiO_2
          $= 4 \cdot 0,9 + 2,71 \cdot 0,3 + 1,87 \cdot 8,1 = 19,5$ kg

Die notwendige CaO-Menge beträgt 20,5 kg Kalk oder mit der zweiten Schlacke zusammen etwa 30 kg Kalk mit 26,9 kg CaO, 0,2 kg SiO_2, 1,4 kg MgO, 0,1 kg Al_2O_3 und 0,4 kg FeO zugegeben.

G. Schlackenmenge:

Die Schlacke wird gewöhnlich nach der Verflüssigung des Schrottes abgezogen und dann eine neue Schlacke gebildet. Nachstehend die Gesamtschlackenmenge:

Element kg	Oxydiert zu	FeO	MnO	P_2O_5	CaO	MgO	SiO_2	Al_2O_3
5,2 Mn	MnO		6,7					
0,9 Si	SiO_2						1,9	
0,3 P	P_2O_5			0,7				
6,4 Fe	FeO	8,2						
Sand im Schrott							4,8	
32,0 Erz					0,3	0,3	1,9	1,0
30 Kalk		0,4			26,9	1,4	0,2	0,1
10 Dolomit, gebr.		0,3			5,4	3,4	0,4	0,5
1 Silika							1,0	
65,8 kg Schlacke		8,9	6,7	0,7	32,6	5,1	10,2	1,6
Schlacke in %		13,3	10,2	1,1	49,7	7,8	15,5	2,4

H. Wärmeerzeugung:

Die notwendige Wärme wird durch den elektrischen Strom (650 kWh/t Stahl) geliefert.

I. Abgasmenge:

3,2 kg C der Stahlcharge und 5,9 kg C der Graphitelektroden verbrennen zu 17,0 cbm CO, die mit einer Temperatur von etwa 1500 °C entweichen. Dazu kommt noch die Feuchtigkeit des Einsatzes.

mittel kommt Erz in Betracht. Wie aus der Tabelle ersichtlich, ist die Frischarbeit gering (bei der Oxydation von etwa 10 kg Legierungselementen ohne Fe sind nur etwa 6 kg O t Stahl, mit Fe etwa 9 kg, notwendig.

Der Umfang der metallurgischen Arbeit ist beim Schrott-Verfahren, da die Oxydation nur in geringem Umfange erfolgt und nur eine unbedeutende Entphosphorung und Entschwefelung vor sich geht, im Verhältnis zu anderen Stahlverfahren klein. Aus diesem Grunde sind auch die Mengen des notwendigen Kalkes, sowie des Erzes gering. Auch die Menge der Schlacke — sie ist von der Schrottzusammensetzung, der Menge des Kalkes, sowie der Erze abhängig — ist klein; sie liegt zwischen 30 und 100 kg/t Stahl.

Das Ausbringen an flüssigem Stahl, bezogen auf die eingesetzte Roheisen- und Schrottmenge, liegt beim sauberen Schrott gegen 100% und beim verunreinigten Schrott um etwa 95%. Dieses hohe Ausbringen ist vor allem auf den geringen Umfang der Frischarbeit (Oxydation von nur 10 kg Legierungselementen) zurückzuführen.

b) Wärmeumsatz (s. Tab. 5-XXVI). Auch der Wärmeumsatz ist der metallurgischen Arbeitsweise entsprechend. Als Wärmeträger kommt hier vor allem der elektrische Strom in Betracht. Einen geringen Anteil der notwendigen Wärme liefern die Oxydationsvorgänge (etwa 6% der Gesamtwärme). Auch die Gesamtwärmemenge (etwa 660 000 kcal/t Stahl) ist z.B. im Vergleich zum SM-Verfahren gering; sie liegt etwa so hoch wie beim Sauerstoffaufblas-Verfahren mit Kühlschrott, obgleich hier die Ofen-Wärmeverluste (Strahlung, Leitung) usw. um ein Mehrfaches höher sind. Infolge der geringen Abgasmenge einerseits und wegen der verhältnismäßig langen Chargendauer anderseits liegen die Gesamtwärmeverluste bei gegen 190 000 kcal/t Stahl, was etwa 28% der Gesamtwärmemenge entspricht.

Der *Wärmewirkungsgrad* liegt um 72%, bezogen auf die durch die elektrische Energie gelieferte Wärmemenge sowie um 61%, bezogen auf die gesamte Wärmemenge.

c) Folgerungen. Der vorliegende Stoff- und Wärme-Haushalt bezieht sich auf einen typischen Fall der Stahlerzeugung im 40-t-Ofen [*14*]. In anderen Öfen und bei anderen Arbeitsweisen, besonders bei unterschiedlichen Chargenzeiten, ist es notwendig, mit anderen Stromverbrauchszahlen infolge veränderlicher Ofenverluste durch Strahlung und Leitung (die übrigen Wärmemengen bleiben etwa gleich) zu rechnen. Im vorliegenden Fall liegen die Verluste bei etwa 187 000 kcal. Weil die Ofenverluste weitgehend zeitabhängig sind, entsprechen sie hier einem Wärmeverlust von etwa 55 000 kcal oder etwa 60 kWh/Std., alles je t Stahl bezogen. Der Stromverbrauch würde somit bei einer Chargendauer von nur 2,5 Std. (Einschmelzen etwa 1 Std.) nur noch 590 kWh/t Stahl be-

Tabelle 5-XXVI. *Wärmeumsatz des Schrott-Verfahrens im Elektro-Lichtbogenofen*

A. Wärmeangebot:

1. *Wärme im chargierten Material:* —

2. *Oxydation:*

		kg	kcal	kcal	kcal	%
Fe_3C	zu CO	3,2	2648	8474		
Mn	zu MnO	5,2	1653	8596		
FeSi	zu $2\,CaO \cdot SiO_2$	0,9	7875	7086		
Fe_3P	zu $3\,CaO \cdot P_2O_5$	0,3	7321	2198	39500	6,0
Fe zu FeO		11,4	1150	13110		

3. *Elektrodenabbrand:*

   6 kg ·0,98% = 5,9 kg C · 2198 =   13000   2,0

4. *Nicht ausgenutzter C-Heizwert:*

   9,1 kg C · 5644 kcal   51400   7,7

5. *Stromverbrauch:*

   650 kWh × 860 kcal =   559000   84,3

                              662900   100

B. Wärmeverbrauch:

1. *Wärme im flüssigen Stahl:*

   1000 kg bei 1625 (337 kcal)   337000   50,8

2. *Wärme in der Schlacke und im Rauch:*

   66 + 6 kg (470 kcal)   33800   5,1

3. *Wärme der Abgase:*

   17,0 cbm CO bei 1500 °C (525 kcal)   8900   1,3

4. *Erzreduktion:* 25,9 kg Fe × 1764 (Fe_2O_3)   45700   6,9

5. *CO-Heizwert im Abgas*   51400   7,7

6. *Strahlung u. Leitungsverluste, Rechnungsdifferenz:* 186100   28,2

                              662900   100

C. Wärmewirkungsgrad:

Wärme für die Erhitzung des Metalls, der Schlacke sowie des Rauches und der Reduktion der Eisenoxyde zu der durch den Strom gelieferten Wärme.

$$416500 : 559000 = 74,5\%$$

zu der gesamten Wärmemenge (Strom, Oxydation usw.)

$$416500 : 662900 = 62,8\%$$

tragen. Bei kleineren und größeren Öfen kommen entsprechende Stromverbrauchszahlen in Betracht.

Würde man mit einem Einsatz, der eine verstärkte Frischarbeit fordert, arbeiten, dann sinkt einerseits der Stromverbrauch infolge der Wärmeerzeugung beim Frischen und steigt andererseits durch die größere Kalk- bzw. Schlackenmenge, sowie durch die größere Erzzugabe. Insgesamt — vor allem wegen gewöhnlich längerer Chargenzeit — steigt der Stromverbrauch.

Zu einer wesentlichen Verringerung des Stromverbrauches führt das Arbeiten mit flüssigem, z. B. in der Bessemer Birne auf etwa 0,5% C vorgefrischtem Roheisen. Bei einem solchen Verfahren fällt die Einschmelzzeit weg (Verkürzung der Chargendauer beim 40-t-Ofen um etwa 1 Std., somit eine Einsparung von etwa 60 kWh/t); gleichzeitig erhält der Ofen den Wärmeinhalt des flüssigen vorgefrischten Materials (z. B. bei 1550 °C etwa 320000 kcal = etwa 370 kWh/t), womit im 40-t-Ofen insgesamt nur noch ein Stromverbrauch von 230 kWh/t notwendig ist.

Zu einer Verringerung des Stromverbrauches führt auch das Frischen mit gasförmigem Sauerstoff an Stelle mit Erz, weil dann die Reduktion der Eisenoxyde — bei entsprechender Verringerung des Eisenausbringens infolge des Wegfalls des reduzierten Eisens — wegfällt. In so einem Falle (Tab. 5-XXVI) würde der Stromverbrauch um etwa 45500 kcal (etwa 50 kWh/t) verringert, bei einer Verkürzung der Chargendauer entsprechend mehr, wobei ein Sauerstoffbedarf von etwa 8 cbm rein-O_2 (11 kg O) entsteht.

2. Roheisen-Erz-Verfahren

a) Einleitung. Obgleich das Roheisen-Erz-Verfahren zur Zeit kaum Anwendung findet, soll es hier, weil es sich um ein stoff- und wärmetechnisch interessantes Verfahren handelt, zur Erörterung kommen.

Wie schon erwähnt, kommen als Einsatz etwa 50% Schrott und 50% flüssiges Roheisen in Betracht [14]. Das Frischen erfolgt durch die Erzzugabe. Kalk dient zur Verschlackung der Kieselsäure und der Phosphorsäure. Dabei ist es möglich, sowohl P-armes als auch P-reiches Roheisen zu verarbeiten; die Arbeitsweisen mit P-armen Roheisen sollen nachstehend zur Betrachtung kommen.

b) Stoff- und Wärmeumsatz. Der Stoffumsatz ist aus der Tab. 5-XXVII ersichtlich. Bei der Frischarbeit sind etwa 34 kg O für das Frischen von etwa 47 kg Legierungselementen und Fe notwendig, was etwa 30% des Frischumfanges beim Thomas-Verfahren entspricht. Auch die notwendige Kalk-, sowie die anfallende Schlackenmenge ist dieser Frischarbeit entsprechend. Das Eisenerz und teilweise die Luft liefern dabei den für das Frischen notwendigen Sauerstoff.

Das Ausbringen an flüssigem Stahl ist infolge der Reduktion des Frischerzes sehr hoch und liegt über 100% bei Berücksichtigung des gesamten metallischen Einsatzes und bei etwa 95%, bezogen auf die Gesamt-Fe-Menge.

Der Wärmeumsatz (s. Tab. 5-XXVIII) zeigt, daß insgesamt etwa 760000 kcal/t Stahl nötig sind. Die Hälfte dieser Wärmemenge liefert die

Tabelle 5-XXVII. *Stoffumsatz des Roheisen-Erz-Verfahrens im Elektro-Lichtbogenofen*

A. Einsatz: 491,5 kg flüssiges Roheisen
    491,5 kg Schrott
      3,9 kg FeMn
    ––––––––
    986,9 kg
      88,5 kg Erz = 60,3 kg Fe
     32,0 kg Kalk
      5,0 kg Elektroden = 4,9 kg C
   460 kWh/t Stromverbrauch; Chargendauer 2 Std.

Tabelle 5-**XXII** (Fortsetzung)

B. Oxydation:

Menge kg		C		Mn		Si		P		Fe	
		%	kg	%	kg	%	kg	%	kg	%	kg
491,5	Schrott	0,10	0,5	0,3	1,5	0,02	0,1	0,04	0,2	99,51	489,1
491,5	Roheisen	3,55	17,5	0,76	3,7	0,89	4,4	0,125	0,6	94,66	465,3
3,9	FeMn	5,00	0,2	75,0	2,9					20,00	0,8
88,5	Eisenerz									68,10	60,3
Total	Einsatz		18,2		8,1		4,5		0,8		1015,5
1000	Stahl	0,17	1,7	0,37	3,7	0,11	1,1	0,025	0,3	99,31	993,1
44,2	Abbrand		16,5		4,4		3,4		0,5		19,4
3	Verdampfg.									verd.	3,0
33,3	O		22,0		1,2		3,9		0,6		5,6
0,9											0,9
77,5	Oxyde		38,5		5,6		7,3		1,1		25,0

C. Sauerstoff-Bedarf und -Angebot:

    O-Bedarf: Legierungselemente u. Fe   34,2 kg O
                  4,9 kg Elektroden-C 1,33 · 0,3   2,0 kg
                                                    36,2 kg O

    O-Angebot: 60,3 kg Fe als Fe_2O_3 25,9 kg O
                                                   10,3 kg O

D. Schlackenmenge:

    32 kg Kalk (95% Schlackenbestandteile)   30,4 kg
    Oxyde beim Frischen (ohne FeO)   14,3 kg
    FeO   25,0 kg
    Dolomit und Silika   11,0 kg
    Eisenerz-Schlacke (0,9%)   0,8 kg
                                               81,5 kg

E. Abgasmenge: 16,5 kg C (Einsatz)
                      4,9 kg C (Elektrode)
                    21,4 kg C · 1,865 = 39,9 cbm CO + Feuchtigkeit des Einsatzes

F. Ausbringen:

    1. Bezogen auf die chargierte Schrott-, Roheisen- und FeMn-Menge:
               1000 : 987 = 101,3%
    2. Bezogen auf die chargierte Gesamt-Eisen- und Metall-Menge:
               1000 : 1047 = 95,5%

elektrische Energie. Die im Ofen nützlich verwendete Wärme für das Schmelzen, Überhitzen und Erhitzung des Stahls, der Schlacke, sowie für die Erzreduktion, liegt bei etwa 90% der Strom- und bei etwa 50% der Gesamtwärme.

Die Ofenverluste liegen bei etwa 135000 kcal, d. h. 150 kWh/t Stahl.

Tabelle 5-XXVIII. *Wärmeumsatz des Roheisen-Erz-Verfahrens im Elektro-Lichtbogenofen*

A. Angebot:

1. Wärme im Einsatz:

	kcal	%
491,5 kg flüss. Roheisen (1250 °C) · 260	127 800	16,7

2. Oxydation:

		kg	kcal	kcal		
Fe_3C	zu CO	16,5	2648	43 700		
Mn	zu MnO	4,4	1653	7 300		
FeSi	zu $2\,CaO \cdot SiO_2$	3,4	7875	26 800		
Fe_3P	zu $3\,CaO \cdot P_2O_5$	0,5	7321	3 700	107 300	13,8
Fe		22,4	1150	25 800		

3. Elektroden-Oxydation:

	kcal	%
5 kg Elektroden: 4,9 kg C ·2198	10 800	1,4

4. Nicht ausgenutzter C-Heizwert:

	kcal	%
(16,5 + 4,9) · 5644	120 800	15,9

5. Stromverbrauch:

	kcal	%
460 kWh/t ·860	395 600	52,2
	762 300	

B. Verbrauch:

	kcal	%
1. 1000 kg flüss. Stahl (1625 °C) ·337	337 000	44,5
2. Schlacke, Rauch (81 + 4) · 470 (1625 °C)	40 000	5,3
3. Abgase: 40 cbm CO (1500 °C) · 525	21 000	2,8
4. CO-Heizwert in Abgasen	121 000	15,9
5. Erzreduktion:		
60,3 kg Fe (Fe_2O_3) ·1764	106 400	14,0
6. Ofenverluste (Leitung, Strahlung, Kühlwasser usw.),		
Rechnungsdifferenz	136 900	17,5
	762 300	

C. Wärmewirkungsgrad:

1. Nutzwärme für die Erhitzung des Stahles, der Schlacke, des Rauches, für die Reduktion des Erzes zu der Stromwärme:

$$355\,600 : 395\,600 = 89,9\%$$

2. Nutzwärme zu der gesamten Wärmemenge:

$$355\,600 : 762\,300 = 46,6\%$$

3. Vergleich verschiedener Elektro-Lichtbogenofen-Stahlherstellungsverfahren

Die beiden hier besprochenen Arbeitsweisen des Elektro-Lichtbogenofens ist es möglich mit Hilfe der Aufstellung der Tab. 5-XXIX zu vergleichen. Diese Gegenüberstellung ist deshalb interessant, weil beim Schrott-Verfahren die metallurgische Arbeit, verglichen mit anderen Stahlherstellungsverfahren, weitgehend zurücktritt, während beim Roheisen-Erz-Verfahren der Umfang der metallurgischen Arbeit beachtlich ist, wie das aus der Tab. 5-XXVII hervorgeht.

Das Frischen mit Erz ist im Elektro-Lichtbogenofen insgesamt wärmeverbrauchend, wenn man bedenkt, daß die Wärme für die Erhitzung des Roheisens auf die Stahltemperatur, der bei diesem Vorgang sich bildenden Schlacke, der Eisenerze und der abweichenden Gase, sowie für die

Tabelle 5-XXIX. *Vergleich der Stoff- und Wärmeumsätze bei den verschiedenen Elektro-Lichtbogenofen-Stahlherstellungsverfahren*

	Schrott-Verfahren	Roheisen-Erz-Verfahren
Stoffbilanz (in kg/t Stahl):		
Metalleinsatz, gesamt	1000,0	986,9
Schrott	915	491,5
Flüssiges Roheisen	—	491,5
Kalk	30,0	32,0
Erz und Rost	41,6	188,5
Ausbringen, bezogen auf Metall-einsatz in %	100,0	101,3
Ausbringen bezogen auf Eisen- und Metallmenge in %	97,5	95,5
Abbrand (ohne Verdampfung)	16,0	44,2
O-Menge (ohne Verdampfung)	9,0	33,3
Abgasmenge (cbm CO)	17,0	39,9
Schlackenmenge	65,8	81,2
Wärmebilanz (in 10^3 kcal):		
Wärme im flüssigen Roheisen	—	127,8
Oxydation der Legierungselemente	39,5	107,3
Elektroden-Verbrennung	13,0	10,8
Nicht ausgenützter C-Heizwert	51,4	121,0
Stromwärme	559,0	395,6
Gesamtwärme	662,9	762,3
Verbrauch:		
Wärme im flüssigen Stahl	337,0	337,0
Wärme in der Schlacke	33,8	40,0
Wärme in den Abgasen	8,9	21,0
Erzreduktion	45,7	106,4
CO-Heizwert im Abgas	51,4	121,0
Ofenverluste, Differenz	186,1	136,9
Stromverbrauch kWh/t	650	460

Erzreduktion notwendig ist (für alle diese Vorgänge notwendige Wärmemenge ist etwa zweimal höher als die beim Frischen freiwerdende Wärmemenge). Der Grund, daß man beim Roheisen-Erz-Verfahren trotzdem weniger Strom als beim Schrott-Verfahren braucht, liegt darin, daß mit dem chargierten flüssigen Roheisen beträchtliche Wärmemengen (bei 50% flüssigem Roheisen etwa 150 kWh/t Stahl) in den Ofen gelangen.

Das *Schrott-Verfahren* kann günstiger, d. h. bei kleinerem Stromverbrauch, arbeiten, wenn es gelingt, durch die schnellere Arbeitsweise — was wieder stärkere Ofen-Transformatoren voraussetzt — die Ofenverluste, die etwa 210 kWh/t Stahl beanspruchen, zu vermindern. Auch ergeben größere Öfen im allgemeinen kleinere Wärmeverluste, weil die Ofenoberfläche je t Einsatz mit der Ofengröße und somit auch die Ofenverluste zurückgehen. Das Arbeiten mit reinem Sauerstoff bringt beim

Schrott-Verfahren, obgleich der Umfang der Frischarbeit sehr gering ist, eine gewisse Verbesserung. Das Vorerhitzen des Einsatzes kann zur Stromreduktion (Erhitzung auf z. B. etwa 500 °C vermindert den Stromverbrauch um etwa 70 kWh/t Stahl) führen. Die Vorerhitzung des Einsatzes kommt beim Arbeiten mit flüssigem vorgefrischtem Einsatz (z. B. durch Vorfrischen des flüssigen Roheisens im Bessemer-Konverter auf etwa 0,5% C) besonders zur Wirkung; in diesem Falle enthalten 1000 kg dieses schon geschmolzenen Einsatzes (bei z. B. 1550 °C) 325000 kcal, was fast 380 kWh entspricht. Somit vermindert sich dann der Stromverbrauch auf unter 300 kWh (genau auf 270 kWh) je t Stahl. Weil in jedem Hüttenwerk, meist im Walzwerk, Schrott anfällt — man rechnet je nach dem Walzprogramm mit 20—40%, d. h. im Durchschnitt mit 30% — ist das Arbeiten mit kaltem Schrott und vorgefrischtem Einsatz vorteilhaft. Bei 30% Schrott kommt man mit $(0,30 \cdot 650 + 0,7 \cdot 270)\ 285$, d. h. etwas unter 300 kWh/t Stahl aus.

Auch beim *Roheisen-Erz-Verfahren* führt das Vorerhitzen des kalten Einsatzes — der Erfolg ist hier aber wegen der kleineren Menge nicht so deutlich wie beim Schrott-Verfahren — zu einer Stromverminderung (beim Erhitzen auf z. B. etwa 500 °C beträgt die Stromeinsparung etwa 60 kWh/t Stahl). Eine bessere Stromersparnis gelingt beim Frischen mit reinem Sauerstoff statt Erz (Stromsenkung etwa 125 kWh/t Stahl, allerdings beim um etwa 6,5% kleinerem Ausbringen. Beim Arbeiten mit reinem Sauerstoff liegt somit der Stromverbrauch um 350 kWh/t Stahl.

Der Stromverbrauch liegt beim Schrott-Verfahren, wenn man das Schmelzen allein betrachtet, bei rd. 460 kWh/t; somit liegt der Wärmewirkungsgrad während der Einschmelzperiode über 80% (320 : 395 = 83,5%). Beim anschließenden Überhitzen der Stahlcharge sinkt der Wärmewirkungsgrad auf 10—20%. Noch schlechter (gegen Null) ist der Wirkungsgrad des Elektro-Lichtbogenofens, wenn die Charge raffiniert wird, weil während dieser Zeit praktisch nur noch die Wärmeverluste durch den elektrischen Strom ersetzt werden, um die Charge bei konstanter Temperatur zu halten. Der z. B. beim Schrott-Verfahrenerrechnete Gesamt-Wärmewirkungsgrad von rd. 60% entspricht der Summe der Wirkungsgrade der Teilprozesse (Einschmelzen, Überhitzen, Raffinieren usw.) und ist deshalb weitgehend von der Arbeitsweise, und zwar vor allem von der Dauer von der Raffinationsperiode, abhängig. Deshalb können die Wärmewirkungsgrade im Elektro-Lichtbogenofen, obgleich der Wärmewirkungsgrad beim Einschmelzen ausgezeichnet ist (rd. 80%), in weiten Grenzen variieren (zwischen etwa 40 und 60%).

Die Ofenverluste (Leitung, Strahlung, Kühlwasser usw.) liegen bei beiden Verfahren, wenn man sie auf die gleiche Chargendauer bezieht, um etwa 60000 kcal/h, was etwa 70 kW Strombedarf je t entspricht.

13*

Hiermit sind diese Verluste vor allem zeitabhängig, d. h. je t Stahl sind sie um so höher, je länger die Charge.

Die Qualität des im Elektro-Lichtbogenofen hergestellten Stahls zeichnet sich, weil der elektrische Strom keine Verunreinigungsquelle darstellt, durch besondere Reinheit aus. Weil die Chargendauer auch verhältnismäßig langsam vor sich geht, ist es möglich, im Elektro-Lichtbogenofen die *Siemens-Martin*-Stahlqualität mit guter Treffsicherheit zu erschmelzen.

5.7 Vergleich verschiedener Stahlherstellungsverfahren

Der Vergleich zwischen den verschiedenen Stahlherstellungsverfahren ist aus der Tab. 5-XXX ersichtlich. Der Unterschied liegt vor allem im Einsatz sowie in der Wärmeerzeugung. Dementsprechend ist auch der Umfang der metallurgischen Arbeitsweise.

Bei den Blasverfahren ist die *metallurgische Arbeit* am umfangreichsten. 80—110 kg O sind für das Frischen von 90—120 kg Legierungselementen und Eisen notwendig. Mit Ausnahme von Aufblas-Verfahren kommt Luftsauerstoff in Betracht. Bedeutend geringer ist die Menge der oxydierenden Legierungselemente im SM-Ofen (etwa 50—70 kg) und noch geringer im Elektro-Lichtbogenofen (etwa 20—50 kg) beim entsprechenden Bedarf an Frischsauerstoff. Der Umfang der Entphosphorung ist beim Thomas-Verfahren am umfangreichsten.

Die in Betracht kommende Erzmenge kommt beim Aufblas-Verfahren vor allem als Kühlerz (40 kg Fe) und im SM-Ofen und Elektro-Lichtbogenofen als Frischerz (20—60 kg Fe) in Betracht. Dementsprechend ist auch das *Ausbringen*. Bei den Blasverfahren liegt das Ausbringen infolge der Oxydation beträchtlicher Mengen von Legierungselementen und des Eisens am niedrigsten, und zwar um 88—91% ohne Kühlerz (bodenblasende Konverter) und um 93% beim Kühlerz (Aufblas-Verfahren). Zwischen 94 und 97% liegt, je nach der Menge des Frischerzes, das Ausbringen beim SM-Verfahren. Beim Elektro-Lichtbogenofen ist das Ausbringen am höchsten (100% beim Schrott- und etwa 101% beim Roheisen-Erz-Verfahren). Somit liefert, auf 1 t Metalleinsatz bezogen, z. B. das Thomas-Verfahren nur etwa 880 kg, das Roheisen-Erz-Verfahren im Elektro-Lichtbogenofen dagegen 1000 kg Stahl, d. h. etwa 13% mehr, woraus die wirtschaftliche Bedeutung des Ausbringens ersichtlich ist. Beim Arbeiten mit vorreduzierten Eisenerzen (s. Abb. 4.2, S. 59) ist eine weitere Erhöhung des Ausbringens möglich.

Die *Schlackenmenge* bildet sich aus den oxydierten Legierungselementen und oxydiertem Eisen, beim Verschleiß der Ofenausmauerung, sowie aus den Zuschlägen (Kalk).

Am größten ist die Schlackenmenge beim Thomas-Verfahren (etwa 250 kg), bedingt durch die für große P-Mengen (20 kg) notwendige Kalk-

Tabelle 5-XXX. *Vergleich verschiedener Stahlherstellungsverfahren*

	Blasverfahren				Herdverfahren			
			Sauerstoff-aufblas-Verfahren		Siemens-Martin-Ofen		Elektro-Lichtbogenofen	
	Bes-semer-Ver-fahren	Tho-mas-Ver-fahren	Kühlung mit Schrott	Erz	Schrott-Ver-fahren	Roh-eisen-Erz-Ver-fahren	Schrott-Ver-fahren	Roh-eisen-Erz-Ver-fahren
A. Stoffumsatz:								
Metalleinsatz kg	1136	1123	1100	1073	1058	1027	1000	987
kg flüssiges Roheisen	1108	1095	917	1065	—	653	—	492
kg kalter Einsatz	28	28	8	8	1058	374	1000	495
kg Fe in Erz	—	—	—	40	—	52	19	60
kg O bei Frischen	100	107	74	88	52	89	10	34
kg Kalk	—	136	79	91	45	70	30	32
kg Schlacke	129	255	155	178	136	182	66	81
Abgasmenge cbm (inkl. Verbr.-Gase)	350	355	71	83	1767	1492	17 CO	40 CO
kg P oxydiert	—	20	1,6	1,8	4,5	4,4	0,3	0,5
kg oxyd. Legierungs-elemente u. Fe (Abbrand und Verdampfung)	126	113	90	103	53	74	21	47
Stahlausbringen:								
bezogen auf die charg. Metallmenge	88,0	89,0	90,9	93,2	94,5	97,4	100,0	101,3
B. Wärmeumsatz in 10^3 kcal								
Chargenzeit in h	0,35	0,35	0,30	0,30	8—10	8—10	3,5	2,0
Gesamtwärme-menge	892	872	699	820	2148	2193	663	762
Wärme ohne Oxydation und flüss. Roheisen	260	192	215	260	1945	1698	610	516
Oxydation und Ver-schlackung	348	395	246	283	203	325	53	118
Wärme im flüss. Roheisen	288	285	238	277	—	170	—	128
Abgaswärme	170	180	35	40	308	347	9	21
Strahlung, Bilanz	75	50	35	35	607	672	186	137
Gesamtwärme-verluste	492	413	286	325	914	1016	246	279
Wärmewirkungs-grad in %								
bezogen auf die er-zeugte Wärme in % (Oxydation und Brennstoff)	32,5	44,2	71,3	77,1	30,6	27,1	74,5	89,9
bezogen auf die Ge-samtwärmemenge in %	12,5	20,0	20,0	26,6	18,8	17,2	62,8	46,6

menge (etwa 140 kg). Bei anderen Blas-Verfahren, sowie bei dem SM-Verfahren, liegt die Schlackenmenge zwischen 130 und 180 kg. Geringe Schlackenmengen fallen beim Elektro-Lichtbogenofen (60—80 kg) an.

Die *Abgasmenge* der Stahlherstellungsverfahren kann recht verschieden sein. Am größten ist sie beim SM-Ofen (etwa 1400—1800 cbm), wo die Verbrennungsluft die Verdünnung der Frischgase bewirkt. Bei dem bodenblasenden Konverter besteht das Abgas aus C-Oxyden und N_2 der Luft; die Menge liegt um 350 cbm/t Stahl. Beim Sauerstoffaufblas-Verfahren und beim Elektro-Lichtbogenofen besteht das Abgas weitgehend aus den C-Oxyden und ist von der oxydierten C-Menge abhängig (CO-Gasmenge 20—80 cbm).

Genau so wie der Stoffumsatz ist auch der *Wärmeumsatz* der Stahlherstellungsverfahren weitgehend von den Einsatzverhältnissen und der metallurgischen Arbeitsweise abhängig.

Die Menge der zu oxydierenden Elemente bewirkt vor allem die *beim Frischen freiwerdende Wärmemenge*; sie ist bei den Blas-Verfahren (250 bis $400 \cdot 10^3$ kcal), ähnlich auch beim Roheisen-Erz-Verfahren im SM-Ofen, am größten. Die geringste Wärmeentwicklung bei der Oxydation verzeichnet der Elektro-Lichtbogenofen ($50—120 \cdot 10^3$ kcal), der beim Schrottumschmelzen (Schrott-Verfahren) den geringsten Umfang aufweist.

Die *zugeführte Wärme* entspricht beim SM-Verfahren dem Brennstoff (Gas oder Öl; $1750—1950 \cdot 10^3$ kcal) oder beim Elektro-Lichtbogenofen dem elektrischen Strom ($400—560 \cdot 10^3$ kcal).

Die durch die *Abgase* verlorene Wärmemenge ist vor allem von der Abgasmenge abhängig. Diese Verluste sind beim SM-Ofen um die durch die Regeneration zurückgewonnene Wärmemenge kleiner; trotzdem sind die Abgasverluste beim SM-Verfahren die höchsten aller Stahlherstellungsverfahren (etwa $500 \cdot 10^3$ kcal). Geringere Abgaswärme ist beim bodenblasenden Konverter (etwa $150 \cdot 10^3$ kcal) feststellbar. Der Aufblaskonverter, sowie der Elektro-Lichtbogenofen zeigen die günstigsten Verhältnisse (bis $40 \cdot 10^3$ kcal).

Auch die *Strahlungs- und Leitungs-Verluste* sind verschieden. Am größten sind sie beim SM-Ofen ($400—500 \cdot 10^3$ kcal), am niedrigsten beim Konverter ($30—40 \cdot 10^3$ kcal). Beim Elektro-Lichtbogenofen sind 130 bis $190 \cdot 10^3$ kcal für die Deckung der Strahlungs- und Leitungs-Verluste notwendig.

Diesen Verhältnissen entsprechen die Wärmewirkungsgrade verschiedener Stahlherstellungsverfahren.

Wenn man den *Wärmewirkungsgrad* als das Verhältnis zwischen der für das Verfahren unbedingt notwendigen Wärmemenge (Schmelzen und Erhitzen des Stahls, der Schlacke und des Rauches) zu der im Prozeß erzeugten Wärmemenge (durch Frischen, Brennstoff oder elektrischen

Strom) definiert, oder zu der Gesamtwärmemenge bezieht, so weist in allen Fällen der Elektro-Lichtbogenofen den höchsten Wärmewirkungsgrad auf (auf die Gesamtwärmemenge bezogen 50—60%). Die Blasstahlverfahren weisen verhältnismäßig schlechte Wärmewirkungsgrade (12—20% beim bodenblasenden und 25% beim Aufblaskonverter) auf, die jedoch höher als diejenigen des SM-Ofens liegen (etwa 18%). Der Wärmewirkungsgrad, bezogen auf die erzeugte Wärmemenge, liegt beim bodenblasenden Konverter bei 30—45%, beim Aufblaskonverter gegen 80% (!), während der SM-Ofen 27—30% aufweist. Die an und für sich schlechten Wärmewirkungsgrade des Konverters sind auf beträchtliche Abgas-, beim SM-Ofen auf sehr hohe Abgas-, Strahlungs- und Leitungs-Wärmeverluste zurückzuführen.

Die *Gesamtverluste* (durch Leitung und Strahlung, sowie Abgase) der Stahlherstellungsverfahren schwanken in breiten Grenzen. Am niedrigsten sind sie beim Elektro-Lichtbogenofen (wegen geringer Abgasmenge) und im Konverter (wegen geringer Ofenverluste); sie liegen zwischen 250 und $500 \cdot 10^3$ kcal. Größenordnungsmäßig anders liegen die Gesamtverluste des SM-Ofens um $900—1000 \cdot 10^3$ kcal.

Auch die notwendige *Gesamtwärmemenge* je t Stahl ist dem Einsatz und der metallurgischen Arbeitsweise entsprechend. Auch hier liegt der Gesamtwärmeumsatz der Blas-Verfahren und des Elektro-Lichtbogenofens etwa gleich hoch ($650—900 \cdot 10^3$ kcal), obgleich die diese Wärmemenge bildenden Einzelbeträge recht verschieden sind (s. Tab. 5-XXX). Ein Mehrfaches macht die Gesamtwärmemenge des SM-Ofens aus; sie liegt, vor allem infolge der großen Verlustwärmemenge, um etwa $2100 \cdot 10^3$ kcal.

6 Schlußfolgerungen

In den vorliegenden Ausführungen ist der Versuch unternommen, die Prozesse der Eisengewinnung vom Standpunkte des Stoff- und Energie- bzw. Wärmeumsatzes zu erörtern. Dabei ging es vor allem um die Aufzeigung der wichtigsten Faktoren, ohne jedoch gleichzeitig einer zu großen Vereinfachung Vorschub zu leisten. Die Aufstellung und Erörterung der Stoff- und Wärmeumsätze der einzelnen metallurgischen Verfahren ist deshalb von besonderer Bedeutung, weil sie zum vertieften Verständnis der Teil- und der Gesamtvorgänge dieser Prozesse führt.

Bei der Aufstellung der Stoff- und der Wärmeumsätze ist die Gefahr vorhanden, infolge der Fülle der Einzelvorgänge sich in diesen zu verlieren und zu keiner Übersicht zu gelangen. Um diesem Nachteile vorzubeugen, sind die Betrachtungen der ähnlichen Verfahren (Roheisenherstellung, Stahlherstellung) absichtlich möglichst vom gleichen Standpunkte und, soweit durchführbar, nach dem gleichen Vorgehen (Einheits-

Vorgänge) durchgeführt, um dadurch dann den Vergleich zwischen den einzelnen Verfahren zu erleichtern, denn, wie überall, ist es auch hier von Vorteil, zu vermeiden, daß man *vor lauter Bäumen den Wald nicht mehr sieht*.

Dabei soll man aber auch die kleineren Einzelheiten der Verfahren nicht außer Acht lassen, weil sie in vielen, meist ungewöhnlichen Verhältnissen, stärker zur Auswirkung kommen können.

Es ist notwendig, bei dieser Gelegenheit auf die Genauigkeit der hier erörterten Stoff- und Wärmeumsatzrechnungen einzugehen. Dabei ist es notwendig, sich vor Augen zu halten, daß viele Reaktionen, vor allem ihre Wärmeumsätze, nicht genügend genau bekannt sind, was zu beträchtlichen Ungenauigkeiten führen kann. So ist z. B. die Oxydation des Koks-Kohlenstoffs zu CO bzw. CO_2 (s. Tab. A-III) mit einer verhältnismäßig großen Streuung verbunden ($\pm 2{,}2\%$ bei CO und $\pm 0{,}5\%$ bei CO_2); dazu kommt noch, daß bedeutend größere Ungenauigkeiten möglich sind, wenn der angewendete Koks in bezug auf seinen Verkokungsgrad schwankt. Aus diesem Grunde ist es möglich, daß bei der Verbrennung verschiedener Kokssorten größere Ungenauigkeiten vorkommen.

Eine weitere Quelle der Ungenauigkeit sind die Ofenverluste, die meist als Differenz zwischen den Wärmeangebot- und Wärmeverbrauch-Beträgen ermittelbar ist; es besteht somit die Möglichkeit, daß verschiedene während der Umsatzrechnung gemachte Fehler sich in diesem Betrag befinden.

Viele Quellen der Ungenauigkeit liegen aber auch bei der Ermittlung des Stoffumsatzes, der die Grundlage für den Wärmeumsatz bilden muß. Schon die Erfassung der richtigen Verbrauchszahlen im Betrieb stellt oft ein nichtdurchführbares Unterfangen dar. In solchen Fällen darf man über die Richtigkeit der Zusammensetzungs-Angaben der einzelnen Rohstoffe gar nicht sprechen. Vielmals ist es auch praktisch unmöglich, die richtige Zusammensetzung des eingesetzten Stoffes zu erfassen. So ein Fall stellt sich z. B. bei dem für die Stahlherstellung in größten Mengen eingesetzten Schrott ein; aber gerade seine Zusammensetzung (Rost, Verschmutzung durch Sand, Erde, Legierungselemente, vielmals auch durch Gummi, Email, Holz usw.) kann in beträchtlichen Grenzen schwanken. Ein Problem für sich stellt die Feststellung der Nässe der Rohstoffe dar, besonders, weil diese von den Wetterbedingungen, von der Jahreszeit, von Klimaverhältnissen usw. abhängig ist. Oft sind die Nässe-Schwankungen so groß, daß sich eine periodische Kontrolle der Feuchtigkeit aufdrängt. So kann z. B. die Feuchtigkeit einiger Holzkohle-Sorten zwischen etwa 20 und 50%, je nach den Wetterverhältnissen, schwanken. Auch die *Asche* der Holzkohle kann, wenn die Holzkohlenmeiler z. B. im Wald stehen, bis 20% oder mehr betragen, wobei den Hauptteil der Asche die Erde ausmacht.

Aus allen diesen Gründen ist es notwendig, vor allem den Angaben über die Mengen und über die Zusammensetzung die größte Aufmerksamkeit zu widmen.

Im allgemeinen ist es deshalb berechtigt, bei den Stoff- und Wärmeumsatz-Aufstellungen eine Genauigkeit von nicht mehr als 5% zu erwarten.

Trotz diesen beträchtlichen Schwankungen behalten die Stoff- und Wärmeumsätze ihre Berechtigung, vor allem, wenn es notwendig ist, die Verfahren mit anderen zu vergleichen und wenn es vorkommt, Anhaltspunkte zu gewinnen, inwieweit bei einem metallurgischen Prozeß Verbesserungen möglich sind. Besondere Vorteile bieten solche Überlegungen bei der Beurteilung neuer Wege. In jedem Falle bringt aber die Aufstellung und Erörterung eines Stoff- und Wärmeumsatzes bessere Einsicht in die Arbeitsweise, was zu vertieftem Verständnis der Vorgänge der metallurgischen Prozesse führt.

Literaturverzeichnis

[1] KUBASCHEWSKI, O., und E. L. EVANS: Metallurgische Thermochemie, Übersetzung aus dem Englischen, Berlin: Verlag Technik 1959.

[2] SCHWARZ, C. V.: Wärmetönungen metallurgischer Reaktionen, Arch. Eisenhüttenw. 24 (1953) 285/306.

[3] Anhaltszahlen für die Wärmewirtschaft in den Eisenhüttenwerken, Düsseldorf: Verlag Stahleisen 1957.

[4] HEILIGENSTAEDT, W.: Wärmetechnische Rechnungen, Düsseldorf: Verlag Stahleisen 1951.

[5] SCHACK, A.: Industrieller Wärmeübergang, Düsseldorf: Verlag Stahleisen 1940.

[6] PAWLOW, M. A.: Metallurgie des Roheisens, Berlin, 2 (1953) 384/86.

[7] GÖRGEN, R.: Arch. Eisenhüttenw. 30 (1959) 385.

[8] Gemeinfaßliche Darstellung des Eisenhüttenwesens, Düsseldorf: Verlag Stahleisen 1957.

[9] WEYEL, A., und H. KOSMIDER: Über die Entwicklung des basischen Windfrischverfahrens in Europa, Bericht der Klöckner-Hüttenwerke Haspe AG., Oktober 1954, 17 S.

[10] SENFTER, E., G. SCHÜRCH und H. GUTHMANN: Die Beurteilung der Stoffwirtschaft des Thomas-Verfahrens mit Hilfe energietechnischer Rechnungen, Stahl Eisen 71 (1951) 334—43.

[11] Basic Open Hearth Steelmaking, Amer. Inst. Min. Met. Eng., 1951, New York.

[12] SCHWEISSGUT, G.: Rohstoff- und Energiebilanzen einer Rohstahlerzeugungsanlage, bestehend aus Elektro-Niederschachtofen und Lichtbogen-Stahlöfen, Stahl Eisen 78 (1958) 407—412.

[13] PAKULLA, E.: Bau und Betrieb von neuzeitlichen 70-t-Lichtbogen-Elektrostahlöfen, Stahl Eisen 77 (1957) 197—204.

[14] DURRER, R. und G. HEINTZE: Beitrag zur Verarbeitung von flüssigem Roheisen im Lichtbogen-Ofen unter besonderer Berücksichtigung phosphorhaltigen Roheisens, von Roll Mitt. 17—19 (1958—60) 1—44.

[15] ZIELER, H.: Die Gewinnung von Vanadin aus deutschen Rohstoffen, Stahl Eisen 58 (1938) 749—56.

[16] COLCLOUGH, T. P.: Review of steelmaking processes, J. Iron Steel Inst. 192 (1959) 201—14.

[17] Gemeinfaßliche Darstellung des Eisenhüttenwesens, Düsseldorf: Verlag Stahleisen 1953.

Anhang

Tabelle A-I. *Atomgewichte wichtigster Elemente metallurgischer Vorgänge*

Chem. Zeichen	Element	Atomgewicht	Chem. Zeichen	Element	Atomgewicht
Ag	Silber	107,880	Mg	Magnesium	24,32
Al	Aluminium	26,98	Mn	Mangan	54,94
Ar	Argon	39,944	Mo	Molybdän	95,95
As	Arsen	74,91	N	Stickstoff	14,008
Au	Gold	197,0	Na	Natrium	22,991
B	Bor	10,82	Ni	Nickel	58,71
Ba	Barium	137,36	O	Sauerstoff	16,0000
Be	Beryllium	9,013	P	Phosphor	30,975
Bi	Wismut	209,00	Pb	Blei	207,21
Br	Brom	79,916	Pd	Palladium	106,4
C	Kohlenstoff	12,011	Pt	Platin	195,09
Ca	Kalzium	40,08	Ra	Radium	226,05
Cd	Kadmium	112,41	Rh	Rhodium	102,91
Ce	Cer	140,13	S	Schwefel	32,006
Cl	Chlor	35,457	Sb	Antimon	121,76
Co	Kobalt	58,94	Se	Selen	78,96
Cr	Chrom	52,01	Si	Silizium	28,09
Cu	Kupfer	63,54	Sn	Zinn	118,70
F	Fluor	19,00	Sr	Strontium	87,63
Fe	Eisen	55,85	Ta	Tantal	180,95
Ge	Germanium	72,60	Te	Tellur	127,61
H	Wasserstoff	1,0080	Th	Thorium	232,05
He	Helium	4,003	Ti	Titan	47,90
Hg	Quecksilber	200,61	U	Uran	238,07
Ir	Iridium	192,2	V	Vanadium	50,95
J	Jod	126,91	W	Wolfram	183,86
K	Kalium	39,100	Zn	Zink	65,38
Li	Lithium	6,940	Zr	Zirkonium	91,22

Tabelle A-II. *Zusammensetzung, Heizwert und Dichte verschiedener Gase* [3]

Gas	Chemisches Symbol	Heizwert (unterer) kcal/kg	Mol. Gewicht g/Mol	cbm/kg (0 °C, 760 Torr)	Dichte kg/cbm (0° C, 760 Torr)
Luft	$0{,}21\,O_2 + 0{,}79\,N_2$	—	28,960	0,773	1,293
Sauerstoff	O_2	—	32,000	0,700	1,429
Kohlenoxyd	CO	3027	28,011	0,800	1,250
Kohlensäure	CO_2	—	44,011	0,506	1,977
Wasserstoff	H_2	2580	2,016	11,120	0,090
Wasserdampf	H_2O	—	18,016	1,244	0,8039
Methan	CH_4	8562	16,042	1,395	0,717
Aethan	C_2H_6	15400	30,068	—	—
Propan	C_3H_8	22210	44,1	0,500	2,000
Acetylen	C_2H_2	—	26,038	0,854	1,171
Schwefelwasserstoff	H_2S	5660	34,022	0,650	1,539
Stickstoff	N_2	—	28,016	0,799	1,251
Argon	Ar	—	39,944	0,561	1,784

Tabelle A-III. *Bildungswärme einiger metallurgischer Verbindungen*
(Daten aus 1 und 2 — exotherme Bildungswärme)

Verbindung	Molgewicht	$-\Delta H_{298}$ (kcal/Mol)		Bemerkung
Al_2O_3	101,96	400,0	$\pm$ 1,5	
$Al_2O_3 \cdot SiO_2$	162,05	45,9	$\pm$ 7,0	Silimanit
$Al_2O_3 \cdot SiO_2$	162,05	39,3	$\pm$ 7,0	Andaluzit
$Al_2O_3 \cdot 2\,SiO_2$	222,14	0,54		
BaO	153,36	133,0	$\pm$ 2,5	
BeO	25,013	143,1	$\pm$ 3,0	
CH_4	16,043	17,89	$\pm$ 0,1	
CO (Graphit)	28,011	26,4	$\pm$ 0,03	
(Koks)		27,61	$\pm$ 0,6	
(amorpher C)		29,27		
CO_2 (Graphit)	44,011	94,05	$\pm$ 0,01	
(Koks)		95,41	$\pm$ 0,5	
(amorpher C)		97,65		
CaC_2	64,10	14,1	$\pm$ 2,0	
$CaCO_3$	100,09	288,4	$\pm$ 0,7	
$CaCO_3 \cdot MgCO_3$	184,42	2,84	$\pm$ 0,35	aus $CaCO_3$ u. $MgCO_3$
CaO	56,08	151,9	$\pm$ 0,5	
$CaO \cdot SiO_2$	116,17	21,5	$\pm$ 0,3	(aus Oxyden)
$2\,CaO \cdot SiO_2$	172,25	30,2	$\pm$ 1,5	(aus Oxyden)
$3\,CaO \cdot SiO_2$	228,33	27,0	$\pm$ 1,5	(aus Oxyden)
$3\,CaO \cdot P_2O_5$	310,19	161,95	$\pm$ 3,0	(aus Oxyden)
$4\,CaO \cdot P_2O_5$	366,27	172,36	$\pm$ 3,0	(aus Oxyden)
CaS	72,09	110,0	$\pm$ 2,5	
CeO_2	172,13	260,2	$\pm$ 2,5	
CoO	74,94	57,1	$\pm$ 0,5	
Cr_2O_3	152,02	270,0	$\pm$ 2,5	
CuO	79,54	37,1	$\pm$ 0,8	
Cu_2O	143,08	40,0	$\pm$ 0,7	
Fe_3C	179,56	$-$ 5,4	$\pm$ 1,5	
Fe_2O_3	159,70	197,0	$\pm$ 0,7	
Fe_3O_4	231,55	268,0	$\pm$ 1,0	
FeO ($Fe_{0,95}O$)	69,06	63,5	$\pm$ 0,3	($FeO_{1,055-1,19}$)
FeO	71,85	64,25	$\pm$ 0,15	
$FeO \cdot SiO_2$	131,91	5,9	$\pm$ 0,5	(aus Oxyden)
$2\,FeO \cdot SiO_2$	203,79	346,0	$\pm$ 2,5	(aus Elementen)
$2\,FeO \cdot SiO_2$	203,79	11,06	$\pm$ 0,3	(aus Oxyden)
Fe_3P	198,53	39,2	$\pm$ 3,0	
$FeCO_3$	115,86	178,7	$\pm$ 3,0	
FeS	87,86	22,8	$\pm$ 0,3	($FeS_{1,0-1,14}$)
$FeSi$	83,94	19,2	$\pm$ 1,5	($FeSi_{0,98-1,0}$)
H_2O (l)	18,016	68,32	$\pm$ 0,01	
H_2O (g)	18,016	57,8	$\pm$ 0,01	
K_2O	94,20	86,4	$\pm$ 2,0	
MgO	40,32	143,7	$\pm$ 0,2	
$MgCO_3$	84,33	262,0	$\pm$ 3,0	
MnO_2	86,94	124,3	$\pm$ 0,5	($MnO_{1,96-2,00}$)
Mn_2O_3	157,88	229,4	$\pm$ 1,5	($MnO_{1,5-1,6}$)
Mn_3O_4	228,82	331,4	$\pm$ 1,0	($MnO_{1,33-1,41}$)
MnO	70,94	92,0	$\pm$ 0,5	($MnO_{1,0-1,12}$)
Mn_3C	176,83	3,6	$\pm$ 3,0	($MnC_{0,35}$)
MoO_2	127,95	139,5	$\pm$ 3,0	
MoO_3	143,95	178,2	$\pm$ 1,5	
Na_2O	61,982	100,4	$\pm$ 1,5	
NiO	74,71	57,5	$\pm$ 0,5	

Tabelle A-III (Fortsetzung)

Verbindung	Molgewicht	$-\Delta H_{298}$ (kcal/Mol)	Bemerkung
P_2O_5	141,95	370,0 $\pm$ 6,0	
PbO	223,21	52,4 $\pm$ 0,2	
SO_2 (g)	64,066	70,95 $\pm$ 0,1	
SiO_2 (α-Quarz)	60,09	210,2 $\pm$ 0,7	
SnO_2	150,70	138,8 $\pm$ 0,2	
SrO	103,63	141,0 $\pm$ 1,5	
Ta_2O_5	441,90	489,0 $\pm$ 2,0	
TiO_2	79,90	225,5 $\pm$ 1,0	(Rutil)
V_2O_3	149,90	299,4 $\pm$ 7,0	
V_2O_5	181,90	380,6 $\pm$ 8,5	
WO_3	231,86	200,0 $\pm$ 0,5	
ZnO	81,38	83,2 $\pm$ 0,3	
ZrO_2	123,22	259,5 $\pm$ 1,2	

Tabelle A-IV. *Zusammensetzung und Heizwert einiger technischer Gase* [3]
(Zusammensetzung in Vol.-%)

	Natur-gas Deutsch-land	Hochofen-gas	Koksofengas	Fern-gas	Generatorgas aus	
					Flammkohle	Braunkohle
CO		28−33	4,7−6,7	5,5	28−30	30−32
CO_2	2	6−12	1,5−2,4	2	3−4	3,5−4,5
O_2			0,3−0,6	0,5		
H_2		1−3	52−62	56	12−14	12−14
CH_4	91	Sp.	24−27	24	1,8−2,5	2,5
Höh. Kohlen-wasserstoffe			1,8−2,5	2	0,2	0,2
N_2	7	55−60	5−12	10	49−51	49−50
Heizwert (H_u) in kcal/Ncbm	7950	900−1050	4000−4200	4070	1300−1400	1300−1500

Tabelle A-V. *Zusammensetzung und Heizwert flüssiger Brennstoffe* [3]

Sorte		Heizöl				
		EL extra leicht	L leicht	M mittel	S schwer	ES extra schwer
% C etwa			84	90	85	
% H etwa			12	6	11	
% S	bis		0,8	1	3,5	
% Wasser	bis		0,2	1,0	0,3	
% Asche	bis	0,02	0,05	0,05	0,1	
H_u kcal/kg		10000	9800	9600	9400	9200

Tabelle A-VI. *Zusammensetzung und Heizwerte der festen Brennstoffe (Anhaltszahlen) [17]*

	Brennstoffe ohne Asche und Wasser							In trockenem Brennstoff	Gesamt-Brennstoffe		
	C %	H %	O %	N %	S %	H_u i. M. kcal/kg	flüchtige Bestandteile %	P %	Asche %	Wasser %	H_u[1] i. M. kcal/kg
Steinkohlen											
Gas- u. Gas-flammkohlen	82,0–87,0	5,2–5,6	5,0–10,0	1,2–1,8		8100	~ −50 30–40				7050–7550
Fettkohlen	87,0–89,5	4,6–5,2	3,0–5,0	1,2–1,8	} 0,8–1,2	8395	−30 19–30		nach		7300–7800
Eßkohlen	89,5–91,0	4,1–4,6	2,5–3,0			8450	13–19	0,02–0,04	Aufbereitung		7000–7900
Magerkohlen	91,0–92,0	3,8–4,1	2,2–2,5	} 1,1–1,7		8435	−20 9–12		und Sorte		7300–7500
Anthrazit	91,0–92,0	3,6–3,8	2,0–2,2		} 0,7–1,1	8397	5 7–9				6800–8000
Koks (Ruhr u. Aachen)	97,0	0,4	0,6	1,0	1,0	7950	0,5–1,0	0,03–0,05	6–10	2–10	6800–7300
Braunkohle (Rheinland)											
Brk.-briketts	66–68	5,3	26–28	1,0	0,2–0,5	6130	54–55	—	5–11	11–15	4500–5000
Rohbraunkh.	66–68	5,3	26–28	1,0	0,2–0,5	6130	54–55	—	2,0–3,5	50–60	1800–2500
Torf (luft-trocken)	60	6	32	1,7	~ 0,3	5270	70	—	10–12	25–35	2500–3500
Holzkohle (lufttrocken)	86–90	2–3	5–8	—	—	7800	—	—	5–10	2–3	~7200

[1] Den höheren Asche- und Wassergehalten entsprechen die niedrigen Heizwerte.

Tabelle A-VII. *Wärmeerzeugung durch verschiedene metallurgische Reaktionen der Verbrennungsprozesse* (Reaktionswärme in kcal bei 25 °C, Gase in cbm bei 0 °C; + exotherme Reaktion)

Verbrennung mit reinem Sauerstoff oder Luft (Luftwerte in Klammern):

A. Verbrennung der reinen Gase:

$$1,000 \text{ cbm } H_2 + 0,500 \text{ cbm } O_2 \text{ (2,381 cbm Luft)} = 1,000 \text{ cbm } H_2O +$$
$$(+ 1,881 \text{ cbm } N_2) + 2580 \text{ kcal} \qquad (1)$$
$$1,000 \text{ cbm } CO + 0,500 \text{ cbm } O_2 \text{ (2,381 cbm Luft)} = 1,000 \text{ cbm } CO_2 +$$
$$(+ 1,881 \text{ cbm } N_2) + 3027 \text{ kcal} \qquad (2)$$
$$1,000 \text{ cbm } CH_4 + 2,000 \text{ cbm } O_2 \text{ (9,524 cbm Luft)} = 1,000 \text{ cbm } CO_2 +$$
$$+ 2,000 \text{ cbm } H_2O \text{ (+ 7,524 cbm } N_2) + 8562 \text{ kcal} \qquad (3)$$

B. Verbrennung des reinen Kohlenstoffs (Koks-Kohlenstoff):

$$1,000 \text{ kg } C + 0,932 \text{ cbm } O_2 \text{ (4,438 cbm Luft)} = 1,865 \text{ cbm } CO +$$
$$+ 3,506 \text{ cbm } N_2 + 2300 \text{ kcal} \qquad (4)$$
$$1,000 \text{ kg } C + 1,865 \text{ cbm } O_2 \text{ (8,877 cbm Luft)} = 1,865 \text{ cbm } CO_2 +$$
$$+ 7,012 \text{ cbm } N_2 + 7944 \text{ kcal} \qquad (5)$$

C. Verschiedenes:

$$1,000 \text{ kg } H_2O \text{ (g)} = 0,622 \text{ cbm } O_2 + 1,243 \text{ cbm } H_2 - 3208 \text{ kcal} \qquad (6)$$
$$1,000 \text{ kg } S + 0,699 \text{ cbm } O_2 = 0,699 \text{ cbm } SO_2 + 2217 \text{ kcal} \qquad (7)$$
Heizöl-Zersetzungswärme 350 kcal/kg $\qquad (8)$

Tabelle A-VIII. *Bildungswärme verschiedener bei der Eisengewinnung in Betracht kommender Oxyde* (in kcal/kg), *s. auch Tab. A-I und A-III*

Oxyd	Bildungswärme kcal/kg	Oxyd	Bildungswärme kcal/kg
Al_2O_3	7413 (Al)	MnO_2	2262 (Mn)
CO (Graphit-C)	2198 (C)	Mn_2O_3	2087 (Mn)
CO (Koks-C)	2300 (C)	Mn_3O_4	2011 (Mn)
CO_2 (Graphit-C)	7830 (C)	MnO	1675 (Mn)
CO_2 (Koks-C)	7944 (C)	P_2O_5	5973 (P)
FeO	1150 (Fe)	SiO_2	7483 (Si)
Fe_2O_3	1764 (Fe)	H_2O (g)	28670 (H)
Fe_3O_4	1600 (Fe)		

Tabelle A-X. *Temperaturbereiche verschiedener Teilvorgänge der Eisengewinnungsprozesse*

	Temperaturbereich
Verdampfen der Feuchtigkeit	10— 100 °C
Austreiben des Hydratwassers	200— 300 °C
Indirekte Reduktion	800—1000 °C
Spalten $FeCO_3$ (100%)	650— 750 °C
Spalten $MgCO_3$ (30%)	650— 750 °C
Spalten $MgCO_3$ (70%)	750— 850 °C
Spalten $CaCO_3$ bis 30%	750— 850 °C
Spalten $CaCO_3$ (30—70%)	850— 950 °C
Spalten $CaCO_3$ (70—100%)	950—1100 °C
Direkte Reduktion (Fe)	1050—1400 °C
Direkte Reduktion (Mn, P, Si)	1200—1400 °C
Schmelzen des Eisens	1200—1400 °C
Schlackenbildung sowie Schmelzen der Schlacke	1300—1400 °C

Tabelle A-IX. *Wärme- und Stoffbedarf verschiedener metallurgischer Reaktionen der Erzvorbereitungs- und Eisenherstellungsprozesse (Reaktionswärme in kcal bei 25 °C, Gase in cbm bei 0 °C)*

	Wärmebedarf in kcal

A. Direkte Reduktion (je 1 kg Fe)

$1,430$ kg $Fe_2O_3 + 0,323$ kg C	$= 1,000$ kg Fe $+ 0,602$ cbm CO	1022 ± 22
$1,382$ kg $Fe_3O_4 + 0,287$ kg C	$= 1,000$ kg Fe $+ 0,535$ cbm CO	940 ± 20
$1,287$ kg FeO $+ 0,215$ kg C	$= 1,000$ kg Fe $+ 0,400$ cbm CO	656 ± 13
$1,430$ kg $Fe_2O_3 + 0,036$ kg C	$= 1,382$ kg $Fe_3O_4 + 0,067$ cbm CO	82 ± 15
$1,382$ kg $Fe_3O_4 + 0,072$ kg C	$= 1,287$ kg FeO $+ 0,135$ cbm CO	284 ± 12
$1,111$ kg $Fe_2O_3 + 0,084$ kg C	$= 1,000$ kg FeO $+ 0,157$ cbm CO	284 ± 21

B. Indirekte Reduktion mit CO (je 1 kg Fe)

$1,430$ kg $Fe_2O_3 + 0,602$ cbm CO	$= 1,000$ kg Fe $+ 0,602$ cbm CO_2	$- 57 \pm 38$
$1,382$ kg $Fe_3O_4 + 0,535$ cbm CO	$= 1,000$ kg Fe $+ 0,535$ cbm CO_2	$- 19 \pm 32$
$1,287$ kg FeO $+ 0,400$ cbm CO	$= 1,000$ kg Fe $+ 0,400$ cbm CO_2	$- 63 \pm 22$
$1,430$ kg $Fe_2O_3 + 0,067$ cbm CO	$= 1,382$ kg $Fe_3O_4 + 0,067$ cbm CO_2	$- 38 \pm 16$
$1,382$ kg $Fe_3O_4 + 0,135$ cbm CO	$= 1,287$ kg FeO $+ 0,135$ cbm CO_2	$+ 44 \pm 15$

C. Indirekte Reduktion mit H_2 (je 1 kg Fe)

$1,430$ kg $Fe_2O_3 + 0,602$ cbm H_2	$= 1,000$ kg Fe $+ 0,602$ cbm H_2O	211 ± 7
$1,382$ kg $Fe_3O_4 + 0,535$ cbm H_2	$= 1,000$ kg Fe $+ 0,535$ cbm H_2O	220 ± 6
$1,287$ kg FeO $+ 0,400$ cbm H_2	$= 1,000$ kg Fe $+ 0,400$ cbm H_2O	116 ± 3
$1,430$ kg $Fe_2O_3 + 0,067$ cbm H_2	$= 1,382$ kg $Fe_3O_4 + 0,067$ cbm H_2O	$- 8 \pm 13$
$1,382$ kg $Fe_3O_4 + 0,135$ cbm H_2	$= 1,287$ kg FeO $+ 0,135$ cbm H_2O	104 ± 9

D. Übrige Reaktionen

$13,951$ kg Fe $+ 1,000$ kg C	$= 14,951$ kg Fe_3C	450 ± 125
$1,582$ kg $MnO_2 + 0,437$ kg C	$= 1,000$ kg Mn $+ 0,815$ cbm CO	1256 ± 32
$1,437$ kg $Mn_2O_3 + 0,328$ kg C	$= 1,000$ kg Mn $+ 0,612$ cbm CO	1334 ± 30
$1,388$ kg $Mn_3O_4 + 0,292$ kg C	$= 1,000$ kg Mn $+ 0,544$ cbm CO	1340 ± 21
$1,291$ kg MnO $+ 0,219$ kg C	$= 1,000$ kg Mn $+ 0,408$ cbm CO	1172 ± 20
$13,722$ kg Mn $+ 1,000$ kg C	$= 14,722$ kg Mn_3C	300 ± 250
$2,139$ kg $SiO_2 + 0,855$ kg C	$= 1,000$ kg Si $+ 1,595$ cbm CO	5517 ± 75
$1,988$ kg Fe $+ 1,000$ kg Si	$= 2,988$ kg FeSi	$- 684 \pm 53$
$2,291$ kg $P_2O_5 + 0,969$ kg C	$= 1,000$ kg P $+ 1,808$ cbm CO	3744 ± 145
$5,409$ kg Fe $+ 1,000$ kg P	$= 6,409$ kg Fe_3P	$- 1265 \pm 65$
$1,889$ kg $Al_2O_3 + 0,668$ kg C	$= 1,000$ kg Al $+ 1,245$ cbm CO	5877 ± 126
$1,000$ kg $H_2O + 0,667$ kg C	$= 1,244$ cbm $H_2 + 1,244$ cbm CO	1675 ± 34
$1,865$ cbm $CO_2 + 1,000$ kg C	$= 3,730$ cbm CO	3346 ± 142
$1,000$ kg $CO_2 + 0,273$ kg C	$= 1,018$ cbm CO	912 ± 42
$2,274$ kg $CaCO_3 = 1,274$ kg CaO $+ 1,000$ kg CO_2		965 ± 27
$4,468$ kg $CaCO_3 = 2,503$ kg CaO $+ 1,000$ cbm CO_2		1896 ± 54
$1,000$ kg $CaCO_3 = 0,560$ kg CaO $+ 0,440$ kg CO_2		424 ± 12
$1,916$ kg $MgCO_3 = 0,916$ kg MgO $+ 1,000$ kg CO_2		551 ± 73
$3,764$ kg $MgCO_3 = 1,800$ kg MgO $+ 1,000$ cbm CO_2		1083 ± 144
$1,000$ kg $MgCO_3 = 0,478$ kg MgO $+ 0,522$ kg CO_2		288 ± 38
$2,633$ kg $FeCO_3 = 1,633$ kg FeO $+ 1,000$ kg CO_2		464 ± 72
$5,172$ kg $FeCO_3 = 3,207$ kg FeO $+ 1,000$ cbm CO_2		910 ± 142
$1,000$ kg $FeCO_3 = 0,620$ kg FeO $+ 0,380$ kg CO_2		176 ± 27

$2,745$ kg FeS (1 kg S) $+ 1,752$ kg CaO $+ 0,375$ kg C = $= 1,743$ kg Fe $+ 2,252$ kg CaS $+ 0,699$ cbm CO	1139 ± 122
$1,000$ kg Feuchtigkeit verdampfen	$583,3 \pm 0,6$
$1,000$ kg Hydratwasser austreiben	$75,0$

Tabelle A-XI. *Wärmebedarf verschiedener metallurgischer Reaktionen der Stahlherstellungsprozesse (Reaktionswärme in kcal bei 25 °C, + exotherm, − endotherm; Gase in cbm bei 0 °C*

A. Frischen mit gasförmigem Sauerstoff:

1 kg C (als Fe_3C) + $0{,}933$ cbm O_2 ($1{,}332$ kg O_2) = $1{,}865$ cbm CO + 2648 kcal

1 kg C (als Fe_3C) + $1{,}865$ cbm O_2 ($2{,}664$ kg O_2) = $1{,}865$ cbm CO_2 + 8281 kcal

1 kg Mn (als Mn_3C) + $0{,}204$ cbm O_2 ($0{,}291$ kg O_2) = $1{,}291$ kg MnO +
$\qquad\qquad$ + 1653 kcal

1 kg Si (als FeSi) + $1{,}139$ kg O_2 = $2{,}139$ kg SiO_2 + 6800 kcal

1 kg Si (als FeSi) + $0{,}797$ cbm O_2 + $3{,}993$ kg CaO = $6{,}132$ kg 2 CaO $\cdot SiO_2$
$\qquad$ ($2{,}139$ kg SiO_2) + 7875 kcal

1 kg P (als Fe_3P) + $0{,}904$ cbm O_2 ($1{,}291$ kg O_2) + $2{,}716$ kg CaO
$\qquad$ = $5{,}007$ kg 3 CaO $\cdot P_2O_5$ ($2{,}291$ kg P_2O_5) + 7321 kcal

1 kg Fe + $0{,}201$ cbm O_2 ($0{,}287$ kg O_2) = $1{,}287$ kg FeO + 1150 kcal

1 kg Fe + $0{,}301$ cbm O_2 ($0{,}430$ kg O_2) = $1{,}430$ kg Fe_2O_3 + 1764 kcal

1 kg S + $0{,}699$ cbm O_2 = $0{,}699$ kg SO_2 + 2217 kcal

B. Frischen mit gebundenem Sauerstoff:

I. Mit Fe_2O_3:

1 kg C (als Fe_3C) + $4{,}432$ kg Fe_2O_3 = $3{,}100$ kg Fe + $1{,}865$ cbm CO −
$\qquad\qquad$ − 2820 kcal

1 kg C (als Fe_3C) + $8{,}864$ kg Fe_2O_3 = $6{,}200$ kg Fe + $1{,}865$ cbm CO_2 −
$\qquad\qquad$ − 2655 kcal

1 kg Mn (als Mn_3C) + $0{,}969$ kg Fe_2O_3 = $0{,}678$ kg Fe + $1{,}291$ kg MnO +
$\qquad\qquad$ + 457 kcal

1 kg Si (als FeSi) + $3{,}790$ kg Fe_2O_3 + $3{,}993$ kg CaO = $2{,}651$ kg Fe +
$\qquad\qquad$ + $6{,}132$ kg 2 CaO $\cdot SiO_2$ + 3199 kcal

1 kg P (als Fe_3P) + $4{,}297$ kg Fe_2O_3 + $2{,}716$ kg CaO = $3{,}005$ kg Fe +
$\qquad\qquad$ + $5{,}007$ kg 3 CaO $\cdot P_2O_5$ + 2021 kcal

1 kg Fe + $2{,}859$ kg Fe_2O_3 = $3{,}859$ kg FeO − 76 kcal

1 kg Fe + $11{,}438$ kg Fe_2O_3 = $12{,}438$ kg Fe_3O_4 + 286 kcal

II. Mit Fe_3O_4:

1 kg C (als Fe_3C) + $4{,}820$ kg Fe_3O_4 = $3{,}487$ kg Fe + $1{,}865$ cbm CO −
$\qquad\qquad$ − 2931 kcal

1 kg C (als Fe_3C) + $9{,}639$ kg Fe_3O_4 = $6{,}975$ kg Fe + $1{,}865$ cbm CO_2 −
$\qquad\qquad$ − 2876 kcal

1 kg Mn (als Mn_3C) + $1{,}054$ kg Fe_3O_4 = $1{,}291$ kg MnO +
$\qquad\qquad$ + $0{,}762$ kg Fe + 433 kcal

1 kg Si (als FeSi) + $4{,}122$ kg Fe_3O_4 + $3{,}993$ kg CaO = $2{,}982$ kg Fe +
$\qquad\qquad$ + $6{,}132$ kg 2 CaO $\cdot SiO_2$ + 3104 kcal

1 kg P (als Fe_3P) + $4{,}672$ kg Fe_3O_4 + $2{,}716$ kg CaO = $3{,}381$ kg Fe +
$\qquad\qquad$ + $5{,}007$ kg 3 CaO $\cdot P_2O_5$ + 1914 kcal

1 kg Fe + $4{,}146$ kg Fe_3O_4 = $5{,}146$ kg FeO − 197 kcal

Tabelle A-XI (Fortsetzung)

III. Mit FeO:

$$1 \text{ kg C (als Fe}_3\text{C)} + 5{,}982 \text{ kg FeO} = 4{,}650 \text{ kg Fe} + 1{,}865 \text{ cbm CO} - $$
$$- 2701 \text{ kcal}$$

$$1 \text{ kg C (als Fe}_3\text{C)} + 11{,}964 \text{ kg FeO} = 9{,}300 \text{ kg Fe} + 1{,}865 \text{ cbm CO}_2 - $$
$$- 2418 \text{ kcal}$$

$$1 \text{ kg Mn (als Mn}_3\text{C)} + 1{,}308 \text{ kg FeO} = 1{,}017 \text{ kg Fe} + 1{,}291 \text{ kg MnO} + $$
$$+ 483 \text{ kcal}$$

$$1 \text{ kg Si (als FeSi)} + 5{,}116 \text{ kg FeO} + 3{,}993 \text{ kg CaO} = 3{,}977 \text{ kg Fe} + $$
$$+ 6{,}132 \text{ kg 2 CaO} \cdot \text{SiO}_2 + 3300 \text{ kcal}$$

$$1 \text{ kg P (als Fe}_3\text{P)} + 5{,}799 \text{ kg FeO} + 2{,}716 \text{ kg CaO} = 4{,}508 \text{ kg Fe} + $$
$$+ 5{,}007 \text{ kg 3 CaO} \cdot \text{P}_2\text{O}_5 + 2142 \text{ kcal}$$

C. Andere Reaktionen:

$$1 \text{ kg H}_2\text{O (g)} = 1{,}243 \text{ cbm H}_2 + 0{,}622 \text{ cbm O}_2 - 3208 \text{ kcal}$$

$$1 \text{ kg FeO} + 0{,}418 \text{ kg SiO}_2 = 1{,}418 \text{ kg 2 FeO} \cdot \text{SiO}_2 + 51 \text{ kcal}$$

$$2{,}139 \text{ kg SiO}_2 \, (= 1 \text{ kg Si}) + 3{,}993 \text{ kg CaO} = 6{,}132 \text{ kg 2 CaO} \cdot \text{SiO}_2 + 1075 \text{ kcal}$$

$$2{,}291 \text{ kg P}_2\text{O}_5 \, (= 1 \text{ kg P}) + 2{,}716 \text{ kg CaO} = 5{,}007 \text{ kg 3 CaO} \cdot \text{P}_2\text{O}_5 + 2614 \text{ kcal}$$

Tabelle A-XII. *Wärmeinhalt der Gase bei verschiedenen Temperaturen in kcal/cbm (Bezugszustand 0 °C)*

°C	CO	CO$_2$	CH$_4$	H$_2$	H$_2$O	N$_2$	O$_2$	Luft
25	7,8	9,8	9,4	7,8	8,9	7,8	7,9	7,8
100	31,2	40,0	40,3	31,0	36,0	31,1	31,8	31,1
200	62,8	85,4	87,4	62,2	72,8	62,6	64,4	63,0
300	94,8	133,5	141,3	93,5	110,7	94,5	98,0	95,3
400	127,2	184,8	202,0	124,8	149,6	126,8	132,4	128,0
500	160,5	238,0	268,5	156,3	189,8	159,8	167,5	161,3
600	194,4	293,4	341,4	187,8	231,0	193,2	203,4	195,0
700	229,6	349,6	420,0	219,8	273,7	227,5	240,1	230,0
800	264,8	408,0	504,8	252,0	317,6	262,4	277,6	266,0
900	300,6	467,6	592,2	284,9	363,2	297,9	315,5	301,5
1000	337,0	529,0	685,0	318,0	410,0	334,0	354,0	338,0
1100	374,0	589,6	777,2	351,5	457,6	370,7	392,2	375,1
1200	411,6	651,6	873,6	385,2	506,4	408,0	430,8	412,8
1250	430,0	682,5	920,3	402,6	531,1	426,7	450,1	431,6
1300	449,8	713,7	969,2	419,9	555,8	445,3	469,3	450,4
1400	487,2	777,0	1068,2	455,0	606,2	483,0	508,2	488,6
1500	525,0	840,0	1167,8	490,5	657,0	520,5	547,5	526,5
1600	563,2	904,0	1270,4	526,4	708,8	558,4	587,2	564,8
1700	601,8	969,0	—	562,7	761,6	596,7	626,5	603,5
1800	640,8	1035,0	—	599,4	815,4	635,4	666,0	642,6
1900	679,3	1100,1	—	636,5	869,3	673,6	705,9	681,1
2000	718,0	1166	—	674,0	924,0	712,0	746,0	720,0
2100	757,1	1230,6	—	710,9	978,6	750,8	786,5	759,2
2200	796,4	1296	—	748,0	1034,0	789,8	827,2	798,6
2300	836,1	1361,6	—	785,5	1090,2	806,2	867,1	837,2
2400	876,0	1428	—	823,2	1147,2	868,8	907,2	876,0

Tabelle A-XIII. *Wärmeinhalte verschiedener, bei der Eisengewinnung in Betracht kommender Stoffe*
(Bezug Zustand 0 °C; erste Kolonne Wärmeinhalt in kcal/kg, zweite Kolonne notwendige Wärmemenge in kcal/kg für den entsprechenden Temperaturbereich)

Temperatur °C	Feuchtigkeit	CO_2	Erz Kalkstein	Fe_2O_3	Schlacke 40% CaO, 30% SiO_2, 30% Al_2O_3	Reinkoks	Koks mit 10% Asche	Reines Fe	Roheisen weiß
25	25/609	5,0 (15,7)	4 (16)	3,9 (12,2)	4,6 (14,6)	4,6 (17,0)	4 (16)	2,8 (8,4)	
100	100/645 (93)	20,5 (47,1)	20 (43)	16,1 (37,2)	19,2 (44,5)	21,6 (54,0)	20 (55)	11,2 (25,0)	
300	738[1]	67,6 (169,0)	63 (173)	53,3 (142,5)	63,7 (172,2)	75,6 (256,4)	75 (255)	36,2 (107,9)	
900		236,6	236 (96)	195,8 (95,1)	235,9 (160,2)	332,0 (168,0)	330 (155)	144,1 (58,8)	145 (s) (115)
1250			332 (48)	290,9 (42,3)	396,1 (53,1)	500,0 (75,0)	485 (80)	202,9 (22,5)	260 (27)
1400			380	333,2	449,2	575,0 (117,0)	565 (55)	225,4 (22,1)	287 (18)
1500						692,0	620	247,5	305
Schmp. °C Schmelzwärme				(1457 °C)	1100 43,3			1530 62,9	1150 55

[1] $100 + 545 + 1{,}244 \, (110{,}7-36{,}0)$, Hydratwasser austreiben bei 300 °C: 75 kcal/kg H_2O.

Tabelle A-XIV. *Wärmeinhalt verschiedener Schlackenbestandteile (zwischen 0 und 1400 °C in kcal/kg)*

Tempe- ratur	$CaCO_3$	CaO	SiO_2	Al_2O_3	Fe_2O_3
200	43,0	38,8	40,6	42,8	33,8
400	93,6	85,6	88,8	94,4	74,4
600	151,2	139,2	142,8	152,4	120,6
800	216,0	200,8	200,8	213,6	170,4
1000	—	269,0	258,0	278,0	222,0
1200	—	344,4	314,4	345,6	277,2
1400	—	425,6	369,6	415,8	333,2

Tabelle A-XV. *Zusammensetzung einiger metallischer Rohstoffe und Legierungen*

	% Fe	% C	% Mn	% Si	% P	% S
A. Roheisen- **sorten:**						
Thomaseisen	94,3–92,0	3,2–3,6	0,5–1,5	0,3–0,5	1,8–2,5	0,05–0,08
Stahleisen	94,3–88,2	4,0–4,5	1,0–6,0	0,5–1,0	0,05–0,12	0,03–0,06
Hämatitroheisen	94,0–91,7	3,5–4,0	0,4–1,2	2,0–3,0	bis 0,1	bis 0,04
Gießereiroheisen	93,4–91,5	3,5–4,0	0,7–1,0	1,8–3,0	etwa 0,7	0,02–0,06
Luxemburger	94,0–90,2	3,5–4,0	0,4–1,0	0,5–3,0	1,6–1,8	bis 0,04
Temperroheisen	95,7–93,5	3,6–4,0	0,3–0,4	0,3–2,0	bis 0,06	0,02–0,15
B. Stahlschrott	99,38	0,1	0,4	0,02	0,06	0,04
C. Stahl	99,45	0,08	0,35	0,02	0,06	0,04
D. Ferrolegierg.						% Al
FeMn 75%	20	5	75			
FeSi 45%	54			45		1
FeSi 75%	23,5			75		1,5
FeSi 90%	8			90		2

Tabelle A-XVII. *Verschiedene Angaben*

1. *Luftzusammensetzung* (trocken) in Vol.-%: 21,00% O_2, 78,05% N_2, 0,92% Ar, 0,03% CO_2; Annäherung: 21% O_2 und 79% N_2; 1 cbm O_2 entspricht 3,762 cbm N_2; 1 kg O_2 entspricht 2,633 cbm N_2; N_2-Menge in cbm gleich 3,7619 fache, die Luftmenge gleich 4,7619 fache der O_2-Menge (in cbm).

2. *Luftfeuchtigkeit:* von klimatischen Verhältnissen abhängig; sehr unterschiedlich; in unserer Gegend entsprechend der Jahreszeit und den momentanen Wetterverhältnissen zwischen etwa 5 und 40 g H_2O je cbm Luft; Anhaltszahl 10 g/cbm; durchschnittliche Luftfeuchtigkeit in Abhängigkeit der Jahreszeit s. Abb. A.8.

3. Wärmeinhalt der Stahlwerksschlacke bei 1625 °C: 470 kcal/kg.

4. Wärmeinhalt des reinen Eisens und Stahls bei 1625 °C: 337 kcal/kg.

Tabelle A-XVI. *Zusammensetzung einiger Rohstoffe der Roheisenherstellung*
(in Gew.-%, bezogen auf trockene Substanz)

Bezeichnung	Fe	FeO	Fe_2O_3	Mn	P	SiO_2	Al_2O_3	CaO	MgO	Hydr.-Wasser	CO_2	C-fix	Fl. Best.	S	Nässe
A. Eisenerze															
Schweden (Fe_3O_4)	59–68			0,04–0,20	0,2–2,5	0,1–7,0	0,3–1,2	1,7–8,5	0,9–1,6						0,5–3
Itabirit (Fe_2O_3)	66		94,4	0,1	0,1	0,5–1,7	0,3–2,5	0,5–1	0,1		0,5–0,7				5
Minette (Fe_2O_3)	27–30		39–43	0,2–0,4	0,6–0,8	11–16	3–4	4–6	1–2	6	6–12				7–12
Wabana (Fe_2O_3)	47–51		67–73	0,2–0,3	0,8–1,0	12–16	5–6	2–3	1						1–2
Pyritabbrand	50–60		72–86	0,1–0,2	0,02–0,03	5–7	2–4	0,3–0,5	0,1–0,2						10–2
Marokko	60–64			0,2	0,2–0,3	4–5	0,6–0,8	0,2	0,2						2–3
steyr. Roherz	38,7	32,3	19,5	2,5	0,02	4,1	1,3	5,9	4,1		27,6			0,1	0,8
steyr. Rösterz	50,7	1,2	71,2	3,0	0,03	8,2	1,6	6,2	4,2		2,6			0,2	0,1
B. Kohlensorten															
Ruhrkoks	0,9					4,5	3,3	0,7	0,2			87,3	1,8	0,9	4,8
Elektrodenmasse	0,5					3,3	1,8	0,2	0,1			77,8	16,1	0,6	
C. Zuschläge															
Kalkstein	0,6		0,9			0,2	0,2	55,4			43,4			0,1	0,9
Gebr. Kalk	1,0		1,4			0,5	0,3	89,6	4,8		4,6			0,2	
Dolomit, gesintert			2,0			2,0	2,0	55,0	39,0						
Dolomit, gebrannt	2,2		3,1			3,5	4,7	54,3	34,3						

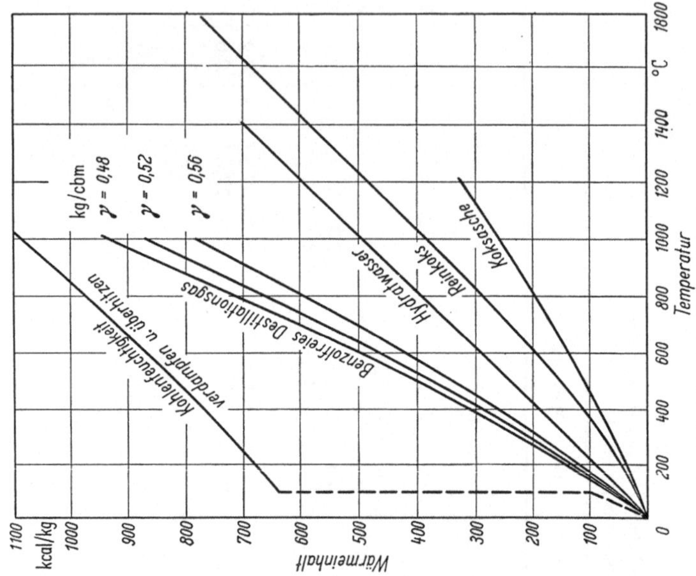

Abb. A.2 Wärmeinhalt der Verkokungserzeugnisse

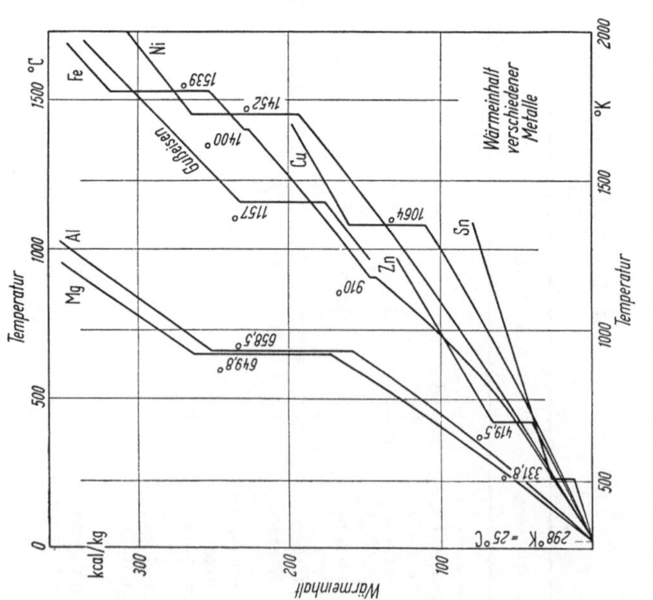

Abb. A.1 Wärmeinhalt verschiedener Metalle

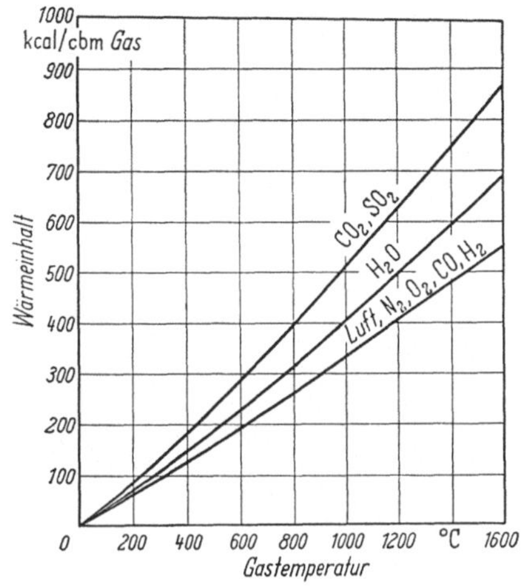

Abb. A.3 Wärmeinhalt verschiedener Gase

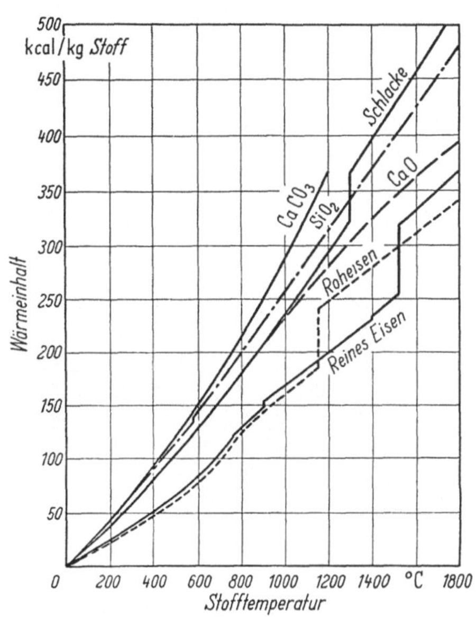

Abb. A.4 Wärmeinhalt verschiedener Stoffe
der Eisengewinnung

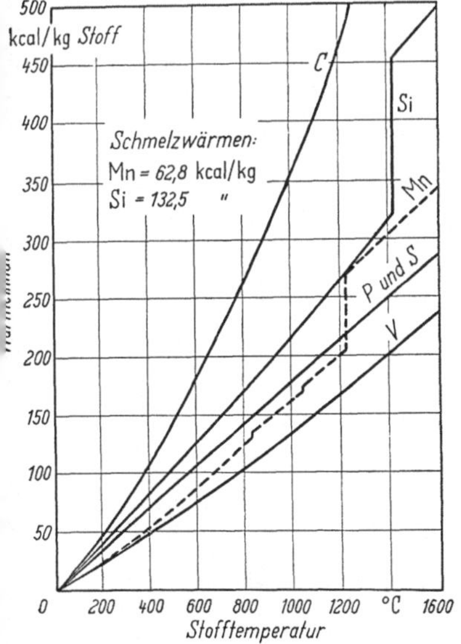

Abb. A.5 Wärmeinhalt
einiger Legierungs-Elemente

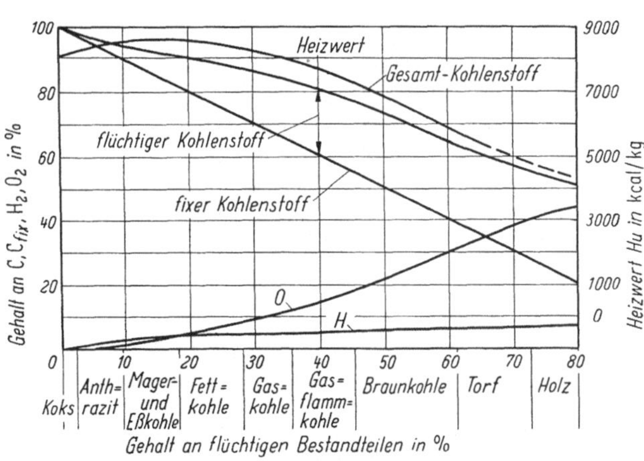

Abb. A.6 Elementarzusammensetzung fester Brennstoffe
wasser- und aschefrei) [3]

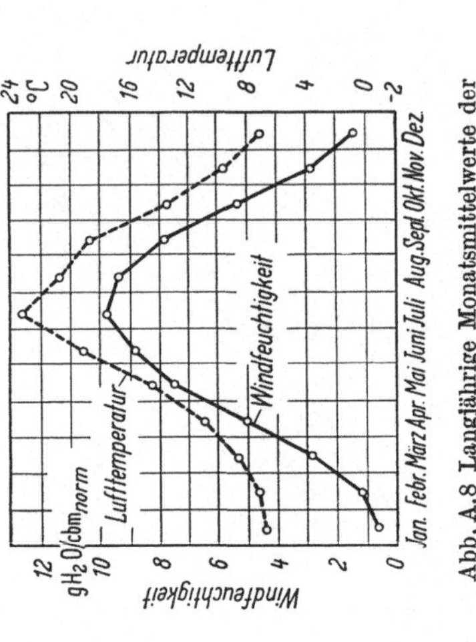

Abb. A.8 Langjährige Monatsmittelwerte der Lufttemperatur und der Windfeuchtigkeit

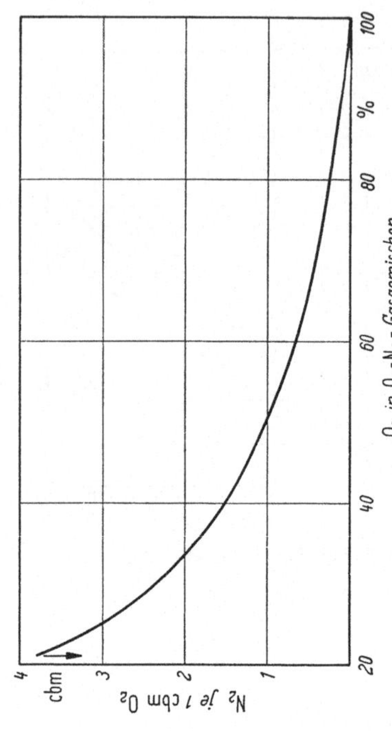

Abb. A.9 Stickstoffmenge, bezogen auf 1 cbm O_2 der O_2-N_2-Gasgemische

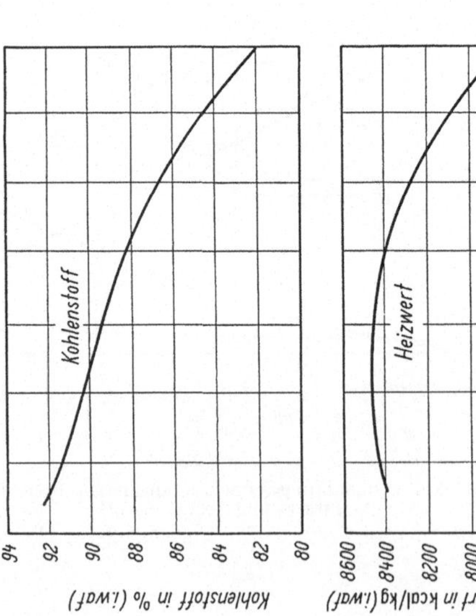

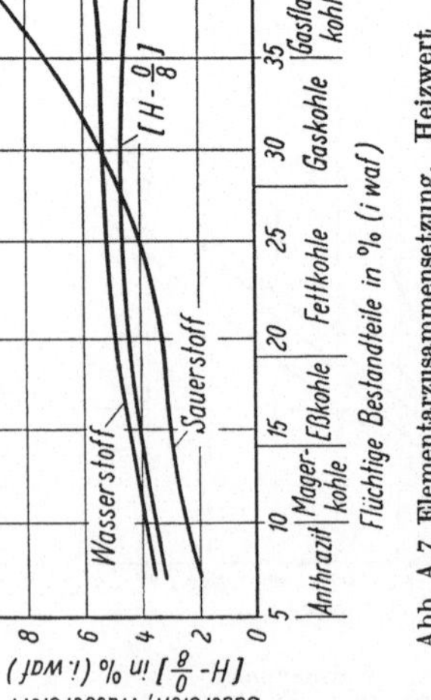

Abb. A.7 Elementarzusammensetzung, Heizwert und Flüchtige Bestandteile der Ruhrkohlen (wasser- und aschefrei, nach Ruhrkohlen-Handbuch) [3]

Sachverzeichnis